U0790801

瑞士及欧盟河流管理研究

尚宏琦　孙　凤　主编

黄河水利出版社

图书在版编目(CIP)数据

瑞士及欧盟河流管理研究/尚宏琦,孙凤主编.
郑州:黄河水利出版社,2008.12
ISBN 978-7-80734-558-9

Ⅰ.瑞…　Ⅱ.①尚…②孙…　Ⅲ.①河流-水资源
管理-研究-瑞士②欧洲联盟-河流-水资源管理-
研究　Ⅳ.TV213.4

中国版本图书馆 CIP 数据核字(2008)第 204419 号

出 版 社:黄河水利出版社
地址:河南省郑州市金水路 11 号　　　　邮政编码:450003
发行单位:黄河水利出版社
发行部电话及传真:0371-66022620
E-mail:hhslcbs@126.com
承印单位:河南省瑞光印务股份有限公司
开本:787mm×1 092mm　　1/16
印张:19
字数:331 千字　　　　印数:1—1 000
版次:2008 年 12 月第 1 版　　　　印次:2008 年 12 月第 1 次印刷

定价:72.00 元

《瑞士及欧盟河流管理研究》编译委员会

主　任：李国英

副主任：薛松贵

委　员：朱庆平　杨含侠　刘晓燕　张金良

尚宏琦　孙　凤　郜国明

主　编：尚宏琦　孙　凤

编　译：薛云鹏　孙扬波　李跃辉　范　洁

郑发路　袁中群　姬瀚达　李胜阳

张厚玉　倪卫红　张华兴

瑞士、西班牙“河流生态与生命”教育报告
(代前言)

黄河流域所面临的洪水、水资源和生态环境等重大问题世界瞩目,特别是近年来黄河上游天然来水的减少、河源区及上游出现荒漠化和生态环境的退化,带来一系列的问题,受到社会各界的广泛关注。近年来,针对黄河出现的一些新问题,根据水利部治水新思路,黄委相继开展了黄河调水调沙试验、黄河水资源统一调度、“三条黄河”(原型黄河、数字黄河、模型黄河)建设等一系列重大科学实践,并于2003年提出了维持河流健康生命的治河理念,引起社会各界的高度关注。

应瑞士联邦政府水与地质署和西班牙国家气象研究院的邀请,黄委李国英主任率“流域生态环境及河流生命”考察团于2003年11月16～29日前往瑞士、西班牙进行了为期12天的访问,收到较了好的效果。

瑞士是世界上生态保护最好的国家之一,是欧洲和世界环境治理与保护的典范,特别是在河流水资源管理、流域生态环境保护、防洪和水情信息监测等方面达到了很高的水平,值得黄委借鉴。西班牙是欧洲的农业和水利大国,在流域的信息化建设、生态环境保护、河流立法及政策法规、水资源利用及保护、节水灌溉、城乡供水等方面都积累了丰富的经验。

在瑞士重点访问了联邦水与地质署、瑞士国家水文中心、瑞士国家水力学实验室、洛桑大学等,在西班牙访问了大尤(Daju)流域管理局及水文监测中心、西班牙国家水利水电科学研究中心等单位。主要考察了瑞士国家河流管理,特别是河流生态、水资源信息采集系统、河流生态环境保护和流域管理模式及河流水文与生态环境监测的最新进展,西班牙主要河流(流域)的现代管理经验、河流生态监测、水资源配置及监控技术、生态模拟、洪水预报等。

一、瑞士:河流最小流量的确定

(一)问题的提出

随着经济社会的发展,人类对水的需求不断增长,无节制地索取和不恰当地利用使一些河流水质遭到污染甚至失去其多种功能,沿程水量大幅度减少

甚至出现在较长时段内和较长河段内断流干涸，湖泊缩小甚至大量消失，地下水因过度开采而造成地面沉降，湿地因日趋减少的淡水补给和经济开发而不断萎缩乃至消亡。

瑞士水资源丰富，80%的饮用水供水及生活用水供给都来自于地下水，饮用水质量非常高，加之瑞士的生态环境优美，被誉为“花园国家”。但20世纪后期出现了为数众多而且相当严重的污染事件，特别是1986年瑞士Schweizerhalle地区莱茵河污染事件（当时由于大量毒性灭火剂及燃烧后的化学物质流入莱茵河，致使绝大多数河中生物被毒死），使瑞士更加重视水域的管理问题。为保护水体不受破坏，维护人类、动物和植物的健康生存，保证饮用水的供给和经济化使用，维持自然生态中水生物对水的需求，维持水作为地貌景观基本要素的地位，提供休闲目的的用水，保证水文循环的自然运行，需要采取多种措施对水资源特别是流动水体进行管理，而保证河流适当的最小流量（水量）是其中的一个重要方面。但最小流量的确定非常复杂，必须经常考虑利益冲突问题，即一方面是经济利益特别是与能源供应相关的经济利益，另一方面是与环境保护相关的利益。为统筹考虑水资源保护的合理利益和发电等合理经济效益，尽可能优化最小流量，使瑞士境内水域得到有效保护，瑞士联邦政府于1991年1月21日颁布了《瑞士水域保护法》，1992年11月1日正式生效。

（二）最小流量计算方法

《瑞士水域保护法》规定，确定河流最小流量时，首先，应计算确定Q_{347}流量值；其次，计算与Q_{347}流量值相应的原则上必须保证的最小流量值；第三，分析有无例外情况，是否需要降低最小流量值；第四，进行利益权衡，分析是否需要增加最小流量值。

1.最小流量Q_{347}的确定

Q_{347}的定义为：超过10年平均的、每年有347天达到或超过的流量平均值，且此流量应为未明显受到水库调蓄、供（引）水影响的天然流量。

《瑞士水域保护法》第五十九条特别规定，当关于任何水体的情况都不清楚时，Q_{347}值将由其他方法获取，例如采用水文观测或数学模型分析。

2.确定原则上必须保证的最小流量

当从一个永久性河道（非季节性）取水时，原则上必须保证的最小流量根据表1计算。

表 1　　原则上必须保证的最小流量　　(单位:L/s)

Q_{347}	最小流量	Q_{347}每增加的流量	应增加的最小流量
60	50	10	8
160	130	10	4.4
500	280	100	31
2 500	900	100	21.3
10 000	2 500	1 000	150
60 000	10 000		

根据表 1 计算出的最小流量,如果由于其他原因不能满足以下 5 项要求,则需增加最小流量:

(1)尽管有引水和废水排放,但是仍须保持规定的地表水水质。

(2)能维持地下水补充过程,以保证依赖于地下水源的饮用水可得到满足,并且就农业而言土壤水状况变化不大。

(3)直接或间接依赖于水域的珍稀生境和生物群落必须得到维持。

(4)鱼类自由游动所需水深必须得到保证。

(5)在 Q_{347} 小于 40L/s 且海拔低于 800m 的情况下,若某水域是鱼类产卵或抚育幼鱼区,则这些水域功能必须得到保证。

3.降低最小流量值

按照联邦政府的规定,州当局可以在下列例外情况下降低根据表 1 计算出的最小流量值:

(1)若引水口位于 1 700m 高程以上且 Q_{347} 小于 50L/s,则引水口以下 1 000m范围内可降低最小流量值。这一情况是为考虑阿尔卑斯山各州经济利益而作出的让步。这一规定通常适用于山区非鱼类生活的水域。由于那里的许多支流在取水口的下游,一定距离后会对受到影响的水域进行必要的水量补充。

允许长度为 1 000m 的水段的最小流量为零。万一在这样地势高的水域中有鱼类生活和繁殖,则主管部门可依法增加最小流量。

(2)从非鱼类生存水域引水且最小流量至少相当于 Q_{347} 的 35%。此类水域通常是构成风景和水平衡的重要因素,也应保证最小流量,以便至少能够体现水域特点。

(3)如果通过适当增加引水可以经济有效地获得许多额外利益,并且引水点和需保护的水域是在一个有限的、具有有机水力联系的区域时，则可以适当降低最小流量，但保护和利用计划应得到联邦议会批准。

降低最小流量意味着对流动水域的额外利用，因此必须通过额外保护来达到平衡，应该通过采取额外措施带来的积极影响来平衡水域额外利用带来的消极影响，而不应简单地对两者的水量进行比较。如：通过对生态学上有重要意义的流动水域的额外保护来平衡那些对生态学意义不大的流动水域的额外利用，反之则是不可行的。

(4)仅为短时间引水，特别是饮用水供给、消防用水或农业灌溉。

在紧急或特殊情况下，如在极其干旱的情况下，主管机构可以将消防用水、饮用水和农业灌溉用水等视为例外情况，批准降低最小流量，在一定时间范围内增加引水。

4.增加最小流量值

联邦政府还规定，负责利益权衡的部门在综合考虑了引水带来的利益和引水导致的利益受损后，可以增加最小流量值。在作出决定时应留有一定的余地，只有在充分了解情况和兼顾各方利益的前提下才能作出决定，同时要注意合理性和可操作性，要经得起任何法律诉讼的考验。

(三)保障措施

于1992年11月1日生效的《瑞士水域保护法》对保护水域免受不利影响起到了重要作用。

在瑞士，各州享有水域自主权，在遵守联邦法规的前提下自行确定利用水域的条件。各州可以规定使用水域的补充条件或者完全放弃规定这些补充条件。

瑞士各州在《瑞士水域保护法》的范围内，可对各种特殊情况下适当的最小流量的计算和确定作出规定。

(1)《瑞士水域保护法》第二十九条规定，任何超出标准耗水的人都必须首先获得许可，包括：①从持续流动的水域(Q_{347}大于零)引水者；②从湖泊或地下引水并造成永久性水流明显变化者。

(2)《瑞士水域保护法》第三十条规定获得许可的条件是：①从持续流动的水域引水时，考虑其他所有引水，Q_{347}流量值减少20%以内并且总的引水量不超过1 000L/s，此时，无须考虑最小流量而直接授予取水许可；否则，按前述计算方法正确计算，确定最小流量并提交最小流量报告。立法者认为，从持续流动的水域取水，如果取水量较小，那么，其影响是微不足道的。对于这样的取水，不必规定必须遵守的最小流量，但必须限制取水量上限。②从湖泊或地下引水作为饮用水，泉水每年引用量不超过 80L/s、地下水每年引用量不超过 100L/s 时，无须考虑最小流量而直接授予取水许可。

(3)履行法律取水许可程序。申请人为获得取水许可，必须编制上报最小流量报告，相关机构以此来判断申请人所申请的工程是否符合法律规定。最小流量报告的详细程度取决于取水对这一水域的影响程度，产生的影响越大，要求报告详细程度越高。

(4)相关机构收到最小流量报告后，主管部门应听取对此感兴趣的专业机构的意见，在某些情况下还应听取联邦的意见。主管部门根据这些意见，再仔细权衡取水的利弊，最后作出决策。

二、西班牙：欧盟《水框架导则》及相关指南

(一)欧盟《水框架导则》

2000 年 12 月 22 日是欧洲水政策历史上的一个里程碑，欧盟成员国、挪威和欧洲委员会联合制定的 2000/60/DC 导则——《水框架导则》在这一天正式刊布并强制实施。此导则后来称为《水框架导则》(WFD)中的“共同行动战略”，用于规范成员国有关水政策的共同战略。导则是在专家、利益相关者和政策决策者等较大范围内，历经 5 年多讨论和谈判完成，强调在现代水管理关键原则问题上，达成更广泛的一致。

《水框架导则》的目的是建立内陆地表水、土壤水、滨海水和地下水的保护框架：

(1)防止水资源进一步恶化，加强水资源保护。

(2)基于长期的水资源保护，促进可持续的水资源利用。

(3)通过特定措施，加强和改进水环境。

(4)确保减少对地下水的进一步污染。

(5)致力于减轻洪水和干旱的灾害影响。

《水框架导则》关键目标是到 2015 年，在欧盟获得良好的水体状态。为此，成员国需要采取关键行动：

• 2003 年前，确定本国境内的流域范围及按流域分区设置流域管理机构；

• 2004 年前，根据流域用水压力，影响和经济状况确定流域的特征，包括登记流域分区内的保护面积；

• 2006 年前，联合欧洲委员会进行生态系统状态分类的相互校核；

• 2006 年前，建成操作性强的监控网络；

• 2009 年前，在有效监控和对流域特征合理分析的基础上，确定为取得《水框架导则》所提出的环境目标所需采取的行动计划；

• 2009 年前，制定并发布《流域管理规划》；

• 2010 年之前执行有利于水资源可持续发展的水价政策；

• 2012 年之前确保可操作性计划措施的实施；

• 2015 年之前实施措施计划和实现环境目标。

《水框架导则》主要的近期目标之一是针对各类技术问题，制定关于《水框架导则》非法律的、实用的指南文件。这些指南面向流域内实施水框架的专家和利益相关者，指南的结构、表达及术语尽可能做到满足这些专家需求，避免正式和法律化的语言。

(二)《流域规划过程指南》

根据《水框架导则》要求，欧盟各国最迟在 2006 年制定出流域管理规划的工作大纲和时间表，最迟 2007 年对流域重大水管理问题作出概述，最迟 2008 年编制出流域管理规划初稿。为此，欧盟成立了“流域规划的最佳实践”——《流域规划过程指南》的编写组，以完成《流域识别指南》、《规划过程指南》、《公共参与指南》、《流域一体化管理和规划指南》等 4 项指南的编写。

本次出访，我们取得了欧盟《规划过程指南》的文本，该指南主要分水资源规划的原理及决策过程需求、规划过程的考虑、《水框架导则》对规划过程的具体要求、规划过程的总体观点与全面流程等四方面阐述了流域规划的实施过程。

《流域规划过程指南》强调，一体化是指导《水框架导则》规划编制的关键：

(1)环境要素一体化。为了高度保护重要的水生态系统和保证其他水体处于良好的状态，环境要素包括水质、生态、水量。

(2)水资源一体化。水资源包括流域范围内的地表水、地下水和海水等。

(3)用水、水功能和水资源价值等的一体化，从而形成共同认可的政策框架。用水包括环境用水、为了健康和生存人类所消耗的水、经济发展用水、运输用水、娱乐用水、社会公益事业用水。

(4)规范、分析、专家意见的一体化。结合水文、水力、生态、化学、土壤、技术工程和经济来评估当前形势对水资源的影响和冲击。

(5)水法的一体化，从而形成普遍认可的框架。为了满足现代生态管理的思路，在《水框架导则》中，对一些旧的水法进行了重新规定。在经历了一个过渡期之后，这些旧的水法就会被废除。其他一些立法条款在流域水资源管理黄实践中不断完善维持黄河健康生命理论体系，以更好地指导黄河的治理开发与管理。

(4)维持河流中水生物的多样性和健康生长是河流健康生命的重要表现形式之一，应适时开展黄河水生物本底值科学调查，以了解和掌握水生物状况，制定相应的保护规划。

(5)加大对黄河干流和主要支流重要断面最小流量的研究并纳入黄河水资源规划、管理中。

在以往黄河水资源规划和管理中，在黄河兰州、河口镇、包头、利津等断面也提出了最小流量要求，在相当时期内起到了较好的作用，但已难以适应当前和今后黄河水资源管理的需要，应借鉴瑞士等国家的经验，加强这方面的研究。

(6)虽然国情等有较大差别，但欧盟等关于流域规划编制的理念和做法值得我们有选择地吸收和借鉴，特别是除了工程措施和技术措施外，要更加重视法规、政策、经济、宣传教育、公众参与等措施。欧盟业已完成的流域规划方面4项指南的实施情况和经验值得我们进一步了解和关注。

编译委员会

2008年6月

目 录

上　篇

确定最小流量(合适预留水量)指南

瑞士联邦环境、森林和农业局(BUWAL)

1 概述

1991年1月21日颁布的保护水域的联邦法律——《水域保护法》(简称GSchG)旨在保护水域免受不利的影响。关于保证预留水量的有关规定既考虑了水资源保护的合理利益,又考虑了发电的合理效益,立法者认真权衡了这两方面的利益。1992年11月1日法律生效后,在实施有关预留水量规定方面也积累了相应的经验。

本文的撰写以这些经验为依据,因此可以作为一种包含解决现实问题和实施问题的辅助工具,供方案设计者、提案人和有关部门使用。而所有这些问题对于如何根据GSchG第二十九至第三十六条确定适当的预留水量都具有重要意义。因此,本文的研究重点是经常出现的问题,并试图提供简单可行的解决方法。文中引用的事例并非可以系统应用的模型,而是适应特殊情况和当地条件的具体方法。因此,本文主要是一种辅助资料,用以设计取水方案并评价其对水域的影响,而不是对法律法规进行解释。

各州享有水域自主权,在遵守联邦法规的前提下自行确定利用水域的条件。各州可以规定使用水域的补充条件或者完全放弃规定这些补充条件。但本文不讨论各州制定的法规。各州应当也能够根据本文的说明,在前述法律法规的范围内,在各种特殊情况下,计算和确定适当的预留水量。

最后应当指出的是,本文反映了最新的知识发展。申请人和有关部门都应当了解在当前形势下与预留水量有关的最新知识。

1.1 一般规定

本文以1991年1月24日颁布的关于保护水域预留水量的联邦法律为基础,应作为一种辅助工具,供方案设计者、提案人和有关部门使用。具体而言,本文尝试解答以下问题:

(1)在首次取水的时候,在更新取水许可的时候,以及在为适应有关设备而必须根本改变已有取水许可的时候，应该怎样分别确定预留水量？

(2)为获得主管部门的取水许可而提交的取水申请应包括那些决定依据？

(3)授予取水许可应考虑哪些问题？

本文仅限于在根据GSchG第二十九条至第三十六条确定预留水量时需要注意的现实问题和实施问题。因此，本文对经常出现的问题提供简单可行的解决方法。本文涉及联邦环境、森林和农业局(BUWAL)和其他机构现有的证明材料和辅助材料。

对一般水资源和特殊流域进行管制涉及方方面面，而保证适当的预留水量只是其中的一个方面。为此，必须树立一种综合考虑包括防洪、流域监管和恢复措施等多项内容的总括性思考方法。对于这些不同的方面，许多联邦法律(GSchG，BGF，NHG，WBG，WRG)都有规定。这些法律在适用时需要互相协调，各州可以通过不同方式(例如指导性计划)实现协调目的。

各州享有水域自主权，在遵守联邦法规的前提下自行确定使用水域的条件。各州可以规定或者完全放弃规定使用公共水域的补充条件。

本文不讨论各州制定的法规。

1.2 制定适当预留水量规定的目标和原则

保证地下流动水域保留适当的预留水量并不是最终目的。保证适当的预留水量对于保持依赖流动水域生存的动植物种类的多样性、保护当地鱼群及其繁殖以及保持景观的多样性都十分必要。

在规定适当的预留水量时必须经常考虑利益冲突问题：一方面是经济利益，特别是与能源供应相关的经济利益，另一方面是与环境保护相关的利益。GSchG确定了一个原则，即确定应考虑的利益底线，并规定主管部门应适当权衡这些利益，以尽可能优化预留水量。

纯粹根据利益权衡来规定预留水量存在过度使用水域的风险。因此，立法者在GSchG中规定了用水下限(最低预留水量及例外情况)。

参与授予取水许可程序的有关人员不能忽视这个原则：如果申请人和环保人士愿意考虑现有的全部利益，则将使对话和寻找最佳解决方法的程序大大简化。

1.3 制定适当预留水量的法律基础

GSchG包括规定预留水量的法律基础(见词汇表)。

在首次取水的时候，在更新取水许可的时候，以及在为适应有关设备而必须根本改变已有取水许可的时候，应该怎样分别确定预留水量，这些基本上在GSchG第2章“保证适当的预留水量”(GSchG第二十九条至第三十六条)中得到了规定。此外,GSchG 和 1998 年 10 月 28 日颁布的《水体保护条例》(GSchV)还包括了其他与预留水量有关的规定。

GSchG 第二十九条规定了哪种取水必须得到许可?

GSchG 第三十条规定了授予许可的前提条件是什么?

GSchG 第三十一条规定了原则上必须保证的最低预留水量是多少?

GSchG 第三十二条规定了在哪些例外情况下最低预留水量可以低于 GSchG 第三十一条的规定?

GSchG 第三十三条规定了取水的利弊分别是什么?根据 GSchG 第三十一条和第三十二条的规定在利益权衡的范围内必须将最低预留水量提高多少?

GSchG 第三十四条规定了从湖泊和地下储水层取水时应注意什么?

GSchG 第三十五条规定了主管部门应该如何作出相关决定?

GSchG 第三十六条规定了补偿水量应该由谁控制?如何控制?

GSchG 第四条规定了 GSchG 中使用的概念是如何定义的?

GSchG 第四十五、第四十八条规定了由谁负责 GSchG 的实施?

GSchG 第五十九条规定了在测量结果不充足的情况下应如何计算排水量 Q_{347}?

水域保护条例详细说明了 GSchG 第二十九条、第三十二条和第三十三条的有关方面(取水许可、保护和使用计划、预留水量报告):

GSchG 第三十三条规定了从部分非持续供水的流动水域取水,何时需要得到 GSchG 第二十九条规定的有关部门的许可?

GSchG 第三十四条规定了申请许可保护和使用计划的申请书应该递交给哪些部门?申请书中必须包含哪些内容?

GSchG 第三十五条规定了根据 GSchG 第三十三条第 4 款,环境协议报告和预留水量报告的相互关系如何?

对于各州专业部门根据 GSchG 第三十五条第 3 款规定的职权范围对预留水量报告提出的意见,在哪些情况下 BUWAL 必须倾听?

1.4 水域保护法关于预留水量的规定

如果每次从持续供水(见词汇表)的流动水域取水超过共同使用范围,那么,根据 GSchG 第二十九条的规定,这种取水需要得到许可。该许可应保证取水后能保持法定的预留水量(见词汇表)。

如果没有从根本上影响持续供水的流动水域(见词汇表),该规定也适用于从湖泊或地下水储藏(包括泉水)中取水。

根据 GSchG 无须许可的取水，如果与有鱼群生活的水域有关，则应根据渔业法的规定申请有关部门的许可。

只要满足 GSchG 第三十条 a、b、c 款中的任意一个条件，取水就可以得到许可。GSchG 区别了从流动水域取水和从湖泊或地下水储藏取水的不同情况，以及大量取水和少量取水的不同情况。

1.4.1 从流动水域取水

大量取水适用 GSchG 第三十条 a 款的规定，而且只有在满足 GSchG 第三十一条至第三十五条的要求时才能得到许可。GSchG 第三十三条规定了最低预留水量，第三十二条规定了例外情况。GSchG 第三十三条为确定适当的预留水量打下了基础。据此，有关部门有义务依据预留水量报告（GSchG 第三十三条第 4 款）将预留水量提高到根据利益权衡（GSchG 第三十三条第 1 款）得出的水量。权衡取水带来的利益（GSchG：取水所服务的公共利益、经济利益和可能的能源供应）以及取水对利益的损害（GSchG 第三十三条第 3 款：水域保护、自然和景观保护以及农业灌溉）。有关部门可以根据时间的不同确定不同的补偿水量（见词汇表），但是不得低于 GSchG 第三十一条、第三十二条规定的最低预留水量（GSchG 第三十五条第 2 款）。

根据 GSchG 第三十条 b 款的规定，少量取水可以在一定的前提下得到许可，而不必满足 GSchG 第三十一条至第三十五条的要求。授予许可时应保证取水满足 GSchG 第三十条 b 款规定的前提条件。

1.4.2 从湖泊或地下水储藏取水

大量取水适用 GSchG 第三十条 a 款规定。在流动水域，只有根据 GSchG 第三十一条至第三十三条得到保护时，这种取水才能得到许可。

GSchG 第三十条 c 款为饮用水供应（见词汇表：饮用水）拟订了庞大的方案。如果一年内从泉水取水不超过 80L/s，从地下水取水不超过 100L/s，可以得到许可。

2 取水许可

2.1 取水必须获得许可

2.1.1 原则

根据 GSchG 第二十九条的规定，只有在从持续供水的流动水域取水超过共同使用范围时，取水才需要得到许可。不论这种取水的流动水域是天然的还是人工的（如排水渠），是公共的还是私有的，是公开的还是隐蔽的，均需按规定获取许可。

如果从湖泊或地下水储藏(包括泉水)取水超过共同使用范围,而且这种情况从根本上影响到持续供水的流动水域(见词汇表),则必须根据 GSchG 的规定获得取水许可。这与取水对象是天然的还是人工的水域、是公共的还是私有的水域均无关。

如果根据 GSchG 第二十九条,不存在必须获得许可的义务,则不适用 GSchG 关于预留水量的规定。

如果根据 GSchG 第二十九条必须获得取水许可,而根据渔业法的规定则不需要得到许可,而不属于预留水量规定对象的所有其他技术工程(鱼群通道的类别、制水装置、水库、下游的防洪设施等)根据渔业法必须得到许可,则必须注意不同义务的协调。

根据 GSchG 无须获得许可的取水,如果涉及有鱼群生活的水域,则根据渔业法必须获得许可。

2.1.2 持续供水和非持续供水

根据 GSchG 第二十九条,从预留水量段总排水量 Q_{347}(见词汇表)大于零的持续供水的流动水域取水需要得到许可。反之,如果取水和还水之间的总排水量 Q_{347} 刚好为零(非持续供水),则不要求得到许可。

在实践中,经常出现一个流动水域在某些水段持续供水,在另外一些水段(例如渗水段)不持续供水的情况。

根据 GSchG 第二十九条规定的许可义务,可把水域保护条例分成两种情况:

第一种情况:取水地点持续供水;第二种情况:取水地点非持续供水。

对于既有持续供水又有非持续供水的水域,只有当取水地点所在的水域是持续供水时,才适用许可义务(GSchV 第三十三条第 1 款)。只有在持续供水段取水才满足授予许可所需的前提条件(GSchG 第三十条)。在非持续供水水域必须使用其他联邦法律的保护规定,特别是 BGF 和 NHG。

如果取水地点的水域非持续供水(即取水地点一年中有 18 天以上干涸),则在通常情况下,只有在高流量和中等流量时进行的取水才会影响水域。GSchV 第三十三条没有规定这些情况下的许可义务。因此,预留水量规定也无法得到使用,但是必须遵守其他联邦法律的保护规定,特别是 BGF 和 NHG。

2.1.3 不调节水量的水电站

总站嵌在堤坝中的不调节水量的水电站不符合 GSchG 第二十九条的取

水定义。因为在这种情况下不存在预留水量情形，因此，它不适用 GSchG 关于预留水量的规定(见瑞士联邦委员会 1987 年关于修订 GSchG 的通告)。

现实生活中也有总站不是直接嵌在堤坝中而是建在堤坝附近的不调节水量的水电站，这些水电站的建设目的是为了实现堤坝附近的还水。如果还水地点距堤坝太近，以致堤坝和还水之间的水域在正常工作状态下低于水位线，而且与总站嵌入堤坝的不调节水量的水电站情况相同，则不适用 GSchG 关于预留水量的规定。

如果根据 GSchG 第二十九条的规定，这样的水电站不需要得到许可，但水域中的技术工程涉及渔业利益，那么，根据渔业法第八条的规定就存在许可义务。按照渔业法必须采取必要措施，以尽可能减少对渔业利益的损害(例如鱼群通道、水域布置，从而为水生动物创造有利的生存条件)。因此，应该定期清除堤坝和还水之间的水域可能存在的淤积情况(例如在清淤的基础上开展这项工作)。为了保证鱼群洄游的流动水域的持续性，必须尽可能持续地实现直接位于堤坝以下的鱼群自由洄游所要求的水层深度。更重要的是，上面提到的堤坝和还水之间的水域需要不断地更新其流水，以满足水生物对水质(温度、含氧量)的要求。通过对还水和鱼道的最佳布置或者通过持续的最小溢流口可以达到此目的。

2.1.4 水域分配

在瑞士经常发生这种情况：人工流动水域从一个干流分支出来后继续流向下游，然后又重新流入主干流(例如运河支流，水域改变等)。如果发生建筑上或法律上的改变(例如更新许可证、进行改建项目、颁布配水新法规等)，有关部门在个别情况下会遇到人工支流是否与取水有关，以及 GSchG 的预留水量规定是否适用的问题。议会曾在旨在修改 GSchG 的相关委员会会议上对这些疑难问题进行过讨论。此后的法律实施工作以该讨论的结果为基础，现有的设备(如小型水电站)有可能在受保护的运河支流上继续运转。

如果此类人工支流重新拥有了接近天然水域的水质，那么，根据 GSchG 第四条 a 款，应当把这类人工支流视为地表水域。尽管如此，因为关系人类取水活动，因此只有在条件适合的地方如此看待人工支流。但是，在某些情况下，这种看待方式以及在干流相应遵守 GSchG 预留水量规定会导致无法实现保护有生态价值的人工支流(例如在低水位小流量的小型流动水域)的目的。此外，从生态角度看，在被堤坝挡住的干流保持 GSchG 规定的预留水量也许并不合理，因为那样会把水从有生态价值的支流抽走。在这种情况下，上面提到的议会委员会把人工支流和干流一起看做改变后的水域，并把该项工作称为水域分配。

在把人工支流当做取水对象的地方，干流必须遵守 GSchG 的预留水量规定。人工支流的生态价值可以在根据 GSchG 第三十三条进行利益权衡时作为提高最低预留水量的利益加以考虑。

在水域分配时，干流和有关河段的支流组成了改变后的水域。根据 GSchG 第三十七条第 1 款 c 项，建筑上的改变必须符合 GSchG 关于改善现状的规定。水域必须接近天然，并能成为各种动植物的生存空间(GSchG 第三十七条第 2 款)。两条支流中必须至少有一条的流量充足，以保证鱼群自由洄游所要求的水深。低水位供水的合理分配取决于当时的情况。如果两条支流的生态价值明显不同，供水分配在通常情况下应该保证生态价值高的支流得到最佳供水。只要满足 GSchG 第三十七条的要求，有利于水资源利用的中水位人工支流应享有优先权：鱼群上游辅助建设则适用渔业法第九条。

如果只有一项法律上的改变(例如更新许可证而没有建筑上的改变)，则适用类似规定。

如果要用位于干流的不调节水量的水电站代替位于人工支流的水电站，那么，只有当干流水电站能达到改善水域系统的目的时，现有的支流才能被取消(GSchG 第三十七条第 1 款 c 项)。一方面，全部排还水给干流有利于改善其现状；另一方面，取消支流会导致动植物的生存空间减少。因此，在为了改善水域系统而取消支流之前，必须认真权衡取消支流的利弊。

2.1.5 许可证更新，改变现有的水利设备

如果许可证到期而且以前的或新的许可证持有者希望继续使用水资源，则有必要更新许可证。由于水资源利用法没有规定授予新许可证的法定权利，所以决定许可证更新相当于决定新设备。在许可证更新时必须遵守有效的环境法律的相关规定。因此，在更新许可证范围内所有现行的必须得到许可的取水，应视同必须得到许可的全新取水，必须根据 GSchG 第二十九条获取许可。

在许可证到期前大幅度延长许可证期限的方式与更新许可证所用的方式相同。

从预留水量的角度看，存在水利设备的改变是否会对排水监管产生根本性影响的问题。当改变水利设备涉及以下几点时，该问题尤其突出：

- 新制水设备；
- 已有制水设备所在地改变；
- 已有制水设备制水量提高；

• 发电站生产管理发生根本改变。

以上只列举了其中的一些内容，在某些情况下必须弄清这些问题。如果改变水利设备对排水监管有根本影响，在通常情况下，有关内容必须符合许可证的规定(例如可用水量、使用类型，见 WRG 第五十四条)。许可证协议内容的根本改变可与在协议终止的同时缔结新协议的司法协议的改变相比较。这种改变与许可证更新相同。根据 GSchG 第二十九条，在改变对排水监管有根本影响的水利设备时，所有取水都必须得到许可。

如果改变水利设备，如更新个别设备(例如涡轮机、发电机、高压管道、总站等)没有根本改变尚在生效的许可证，则许可证不必更新。在这种情况下，已有的取水不需要根据 GSchG 第二十九条获得新的许可，而且不需要审查其是否遵守 GSchG 关于预留水量的规定。但是，GSchG 第八十条规定的净化义务仍然适用。

如果新取水的取水权在 GSchG 生效前已经存在，例如：要进行的取水在 GSchG 生效前已被授予许可证，但需在许可范围内扩充取水水量，而以前制定的法律在很长时间内没有得到应用等，则新取水必须根据 GSchG 第二十九条的规定获得许可。然而，在这些情况下，取水权和充分贯彻 GSchG 预留水量规定之间可能会发生矛盾。根据 GSchG 第八十三条第 1 款的规定，如果许可证是在 1987 年 6 月 1 日和 1992 年 11 月 1 日之间被授予的，则取水权无效。

2.2 授予许可的前提条件

获得取水许可必须满足的前提条件依水域和取水类型的不同而不同(GSchG 第三十条)。另外，各州可以为公共水域的使用规定补充条件或者完全放弃授予使用权。

2.2.1 从流动水域取水

立法者认为，从持续供水的流动水域取水，如果取水保持在自然的平均供水排水变化范围之内，那么，其影响是微不足道的。对于这样的取水，不必规定必须遵守的预留水量，而必须限制可能发生的取水量：与其他取水加到一起最多占 Q_{347} 的 20%，每次取水最多1 000L/s (根据 GSchG，从排水量 Q_{347} 少于 50L/s 的小型水域取水可与其他取水一起共取 Q_{347} 的 20%)。与之相对应，GSchG 第三十条 b 款只规定，这些取水必须根据第二十九条的要求申请获得许可。这种许可义务应保证证明取水确实是少量取水。

从不属于以上类型的持续供水水域取水，则必须遵守 GSchG 第三十一条至第三十五条规定的条件。

2.2.2 从湖泊和地下水储藏取水

如果取水对某个持续供水的流动水域的供水产生根本性影响(见 GSchG 第二十九条 b 款,GSchG 第三十四条),那么,从湖泊或地下水储藏取水必须满足 GSchG 第三十一条至第三十五条的条件。

如果为了保证饮用水供应(见词汇表:饮用水),在一年中从泉水最多取水 80L/s 或者从地下水最多取水 100L/s,可以根据 GSchG 第三十条 c 款授予取水许可。

立法者认为,如果从湖泊或地下水储藏取水没有从根本上影响持续供水的流动水域的供水,则属于少量取水。根据 GSchG 第二十九条,这样的取水无须经过许可(见 GSchG 第二十九条 b 款)。

2.2.3 从流动水域中少量取水

除共同使用以外,根据 GSchG 第二十九条,利用持续供水从流动水域中取水须经许可。GSchG 第三十条规定,从流动水域中取水最高不超过排水量 Q_{347} 的 20%,每次取水最多不超过 1 000L/s。如果满足了这些要求,则无须考虑其他关于保证相关流动水域中预留水量的规定。从环保的角度或许应注意其他的法律规定(比如 NHG 和 BGF)。

主管部门规定,如果从流动水域中少量取水,必须提供相关证明材料。一般来说,至少应提供下列证明材料:

- 附有计划取水量和制水装置类型的项目说明;
- 合理计算和测定的排水量 Q_{347};
- 对在相关流动水域现有取水和计划取水的说明;
- 描述保证计划取水和其他取水不超过排水量 Q_{347} 的 20% 的计划措施。GSchG 第三十条 b 款规定,可以在同一水域多次取水,这一点尤其重要。例如实施风险灌溉工程时,所有制水装置同时运作(流动水域的预留水量,为灌溉目的而进行的取水,BUWAL,1997b)。

取水不得超过排水量 Q_{347} 20% 的限制不是对某些日期或特殊季节的专门规定,而是一种在任何时候都必须遵循的限制规定。

申请人最重要的任务就是完成预留水量报告,在报告中阐明项目并对结果进行澄清,即:

- 提供项目描述;
- 说明科技和环保科技基础;
- 说明取水的利弊;
- 说明最低预留水量;

• 指出可能发生的特殊情况。

申请人应把预留水量报告递交给主管部门。收到报告后,主管部门应听取对此感兴趣的专业机构的意见,在某些情况下还应听取联邦的意见。主管部门根据这些意见,再仔细权衡取水的利弊,最后作出决策。

1)申请人的任务

GSchG 第三十三条要求申请人在预留水量报告中说明取水的利弊。所要求的调查可以借助不同的预留水量说明来进行,应当依照生态和经济方面的标准确定预留水量说明书。调查结果应当说明有关标准的合理基础。在此基础上,主管部门作出决策并客观说明相关理由。

(1)说明取水的益处。解释各种取水益处,得出工业用水对经济的影响。在说明书中,申请人需要恰当说明工业用水量,并推测工业用水量的最低经济界限。

(2)说明取水的弊端。解释各种取水弊端,由此阐明不同预留水量对生态的影响。

(3)依照 GSchG 第三十一条计算最低预留水量。按照 GSchG($Q_{\min \text{Abs1}}$)第三十一条第 1 款,应根据排水量 Q_{347} 计算最低预留水量。接下来测试是否满足 GSchG 第三十一条第 2 款的要求。如果没有满足要求,则可相应提高 $Q_{\min \text{Abs1}}$。或者采取其他合理措施。第三十一条第 2 款的要求是预留水量条款不可缺少的组成部分。在任何情况下(GSchG 第三十二条规定的特殊情况除外),整个预留水量段都应满足这些要求。应在预留水量报告中说明结果(1987 年瑞士联邦委员会关于修订 GSchG 的公告)。

在 GSchG 第三十二条所规定的特殊情况下,申请人可以向主管机构提交申请,要求根据 GSchG 第三十一条的规定,提高最低预留水量标准。

根据 GSchG 第三十三条第 1 款,除了申请人的预留水量报告,主管部门权衡利益时尤其应当听取对此感兴趣的专业机构的意见(GSchG 第三十五条第 3 款)。此外,在管理许可证和总功率高于 300kW 的水利设备时,主管部门应听取联邦专业主管机构 BUWAL 的意见(GSchG 第三十五条第 3 款)。在州的审批机构表明立场之前,BUWAL 负责对各州专业机构提供的针对剩余水量报告的意见进行审核,甚至可以否定专业机构的意见。各州的审批机构在其决定中可以制定补充水量和其他措施,这些对于保护属于取水对象的水域十分重要。根据 GSchG 第三十五条第 2 款,各州的审批机构可以按照不同的时间规定补充水量,而根据 GSchG 第三十一条、第三十二条的规定,取水后水量不得低于预留水量(GSchG 第三十五条第 2 款)。

在通常情况下，在解释使用权（使用取水许可证）时，要根据取水影响的事后测试来临时规定补充水量。仔细澄清取水的影响至关重要，这样，主管机构可以明确规定补充水量和其他措施。

鉴于所获许可权的稳定性，事后提高补充水量是极其容易的，也是可能的。必须弥补多数公众为这些其他利益所付出的代价。

审批机构负责控制补充水量，经营者必须通过测试证明自己遵循了补充水量的相关规定。如果预期的花费不是过高，那么经营者可以通过计算水分平衡提供证据（GSchG 第三十六条第 1 款）。

如果经营者证明，流入的水量在短时间内低于规定的补充水量，那么在这段时间中他必须保证补充水量相当于流入的水量（GSchG 第三十六条第 2 款）。这种情况首先出现在小型水域水位较低的时候，也出现在位于上游的相关取水设备影响流动水域供水的时候。在这种情况下，流入的水量长时间低于规定的补充水量，而且至少持续到上游设备的许可证得到更新之时。但是，在发放下游设备的许可证时应力求达成协议，比如说，允许使用储存容量的一部分来尽可能保证全年有足够的预留水量可供使用。

2）其他环境条例的限制性规定

GSchG 第三十一条至第三十五条规定了环境保护的所有方面，这对规定取水的预留水量具有重大意义。这些规定构成了一种调节机制，保证从持续供水的流动水域中取水时保留适宜的剩余水量。如果在联邦环境法的其他规定中出现了其他与预留水量相关的要求，那么应当在 GSchG 第三十一条至第三十五条解释的范围内提出这些补充要求。这特别适用于 GSchG 的其他规定，特别是 BGF 和 NHG。另外，需要格外注意其他没有涉及预留水量规定的法律所提出的环保要求。

对于没有进水口的发电厂，根据 GSchG 第三十一条至第三十五条的要求，必须特别规定预留水量。

例如，从渔业角度考虑，在整个预留水量段上，水的深度必须保证鱼群的自由洄游（GSchG 第三十一条第 2 款）。

在预留水量规定方面，必须考虑 GSchG 第三十一条、第三十三条和 GSchG 的其他规定，例如全面保护地下水资源。GSchG 第三十一条和第三十三条对确定预留水量时必须考虑的保护自然环境的要求作了规定。

渔业考虑没有涉及对预留水量的规定，比如，在制水装置附近建鱼口，或者利用相关技术在水流中建设制水装置，对这些 BGF 都作了规定。但是，就地下水资源保护而言，这些法规没有对诸如施工对地下水保护区的影响等与预留水量有关的方面作出规定。至于取水对地下水保护区的损害或者施工过程中地下水位的下降等,GSchG 都作出了相关规定。但是,这些法规没有涉及预留水量的自然环境保护问题,诸如因施工而导致河岸植被死亡等情况也只是在 NHG 中得到了规定。

3)预留水量段和标准状态

(1)预留水量段。经过一次取水后,整个预留水量段的多次取水必须注意 GSchG 第三十一条至第三十五条的要求。剩余水量段在根本上受取水影响。

规定合适预留水量的第一步是标明预留水量段。下面的三个例子表明了其操作过程。

【例 1】 从不调节水量的水电站取水

以从不调节水量的水电站取水为例,在这种情况下,预留水量段在 GSchG 第二十九条规定的范围内明显受到制水装置和还水间距离的限制(1987 年瑞士联邦委员会关于修订 GSchG 的公告)。水段上每个点的预留水量都小于自然流出。因为缺少导入水,还水下游的排水量再次符合自然流出。

【例 2】 水力发电厂

以水力发电厂为例,在这种情况下,水坝和还水间的水段情况与上述例 1 预留水量段的情况相同。通过水力发电厂的能源生产来满足能源需求,由于能源需求随时间的推移而发生显著变化,因此产量和涡轮排水同样在不断变化。还水处的下游也会出现暂时的剩余水量情况。例 2 说明还水处下游某个位置的日存储量和排水量。预留水量段向上受到水坝的限制,向下延伸至流动水域。由于存在流入水量,取水没有受到根本影响。

在许多情况下,根据 GSchG 第三十一条至第三十三条算出的预留水量很少随着预留水量段的变化而变化。根据 GSchG 第三十一条至第三十三条,为遵循取水和还水要求所需的补充水量,足够满足有关还水处下游的法律要求。

其他情况下,为满足 GSchG 第三十一条第 2 款和第三十三条的要求,与上游相比,下游的预留水量段需要提高最低预留水量标准。在例 2 中,根据 GSchG 第三十一条第 2 款的规定,为了满足第 2 款的要求,最低预留水量应满足上游段(山谷段)的需要。相反,鱼群的自由洄游决定了下游水段需要更多的预留水量(GSchG 第三十一条第 2 款)。可以通过许多方法解决这个问题,如:

• 在发电厂安装更多的涡轮,这样可以持续产生所需水量,满足 GSchG 第三十一条至第三十三条有关还水于下游的要求。

• 在中心和还水处之间建造补偿水池和补偿水道。不论从环保角度(补偿每天的流出变化),还是从能源经济角度(不降低能源产量)看,该方法都是最有研究价值的。

即使在最佳状态下,建造补偿水池也会导致取水和还水之间的一段预留水量段受到限制。

【例 3】 无还水的取水

在无还水取水中,取出的水不排回,或者只是随便排回流动水域(饮用水、灌溉等)。在这种情况下,流动水域中受取水根本影响的预留水量段受到限制。在其他水域中也存在类似的无还水取水的情况。

(2)确定预留水量的标准状态。根据 GSchG 第三十一条第 1 款,排水量 Q_{347}对确定最低预留水量十分重要。根据 GSchG 第四条规定确定排水量 Q_{347}时需要考虑取水、水阻塞或水导入等影响因素。

下列状况对确定排水量具有决定性作用(GSchG 第三十一条第 2 款,第三十三条):

- 接近自然的状态(不受人类起源和发展影响的状况或受其影响极小的状况);
- 原始状态(许可取水时的状况);
- 未来状态(获得取水许可证后的长期适应状况)。

原始状态(授予许可时)在一般情况下与实际状态(调查时)相符。如果实际状态和原始状态之间出现变化,同样应予以重视。

测定未来状态包括使用土地规划手段(州或地区的方案、指导方针、使用计划以及其他可能的规划基础)。

就水质而言,根据 GSchG 第三十一条,原始状态可以作为确定最低预留水量和其他措施的标准。如果已预料到原始状态和实际状态之间会发生变化(例如由于已经计划拆除污水过滤设备而会导致有关变化的发生),就需要考虑这方面的情况。

根据 GSchG 第三十三条,提高最低预留水量时应考虑水域的未来状态(例如人口增长导致废水量增加、工业化、旅游业等)。就饮用水供应而言,根据 GSchG 第三十一条,原始状态可以作为确定最低预留水量和其他措施的标准。

根据 GSchG 第三十三条,提高最低预留水量应考虑饮用水供应的未来发展(未来状态)。

从渔业角度应考虑接近自然的状态、原始状态和未来状态。以流动水域为例,在接近自然的状态中很少出现共栖现象(GSchG 第三十一条第 2 款 c

项）。如今，由于干旱和洪涝等产生直接影响的事件的发生，在这种颇有争议的水域段中不会发现共栖现象。但是，也许将来会重新构成一种生物群体。因此，根据 GSchG 第三十一条，潜在的生存空间必须显示足够大的预留水量和其他措施，以保证少数生物群体的生存。如果在接近自然的状态中鱼群的自由洄游已根本不可能，那么，在这种情况下，不用考虑 GSchG 第三十一条第2款 d 项的规定。根据 GSchG 第三十三条的规定，在利益权衡范围内也许可以提出消除障碍的要求。

从渔业角度考虑，在实施自然保护方面，例如为保护国家级河流（GSchG 第三十一条第2款 c 项），各种措施应该一致。如果因为水坝把原始状态下的河流与流动水域隔开，就会使其受到污染，那么此时应注意最低预留水量和其他措施。这样，根据 GSchG 第三十一条，此时就不会导致原始状态的恶化，并应考虑恢复措施。

更新许可证和从根本上改变现有许可证等于重新制定法律，因而从理论上讲必须根据水域的实际状况考虑问题。离开了许可证的授予，发电厂的水域状况问题也就无从谈起。

排水量通常在普遍范围内界定。根据 NHG，对其他相关方面（如再生产措施和替代措施）的界定会更困难一些。

为确定预留水量（GSchG 第三十一条第2款和 GSchG 第三十三条），应把目前尚未取水的流动水域视为原始状态。在水文学领域和水文地质学领域的特定范围内，测定尚未取水的状况完全有可能（供水、地下水水位等），这种方式同样可以判断实际流动水域中是否有鱼类生存。

在该过程中，有些地区没有受到影响而有些地区受到微弱影响，对这些具有相似性的地区进行比较为我们提供了有用的指导。这种比较也为其他与预留水量有关的领域（如河流）提供了有用的指导（取水、清理过程中的行为——根据 GSchG 第80条第2款，BUWAL修订版）。

4）最低预留水量

（1）GSchG 第三十一条第1款规定的最低预留水量。根据 GSchG 第三十一条第1款，最低预留水量实际上是从曼特雷（Matthey）公式推导出来的。根据水文学中的参数 Q_{347} 确定 $Q_{\min Abs1}$，其中排水量 Q_{347} 与流动水域中的某一点有关，从而确定相应的 $Q_{\min Abs1}$，原则上整个预留水量段必须满足 GSchG 第三十一条第1款的要求。

在实践中，大多数情况下可以在制水装置上测定排水量 Q_{347}，可以根据 GSchG 第三十一条第2款测定相应的最低预留水量，从而可以确定必需的补偿水量。在通常情况下,整个预留水量段应遵循 GSchG 第三十一条第 1 款的要求,因为安装了制水装置的流动水域通过水的流入得到供给,这样就以自然的方式解决了预留水量问题,但这仅仅满足了有关要求。根据 GSchG 第三十一条第 1 款、第三十一条第 2 款和第三十三条,为了满足要求,预留水量段的其他位置在"标准状态"下也可以作为标准。

根据 GSchG 第三十一条第 1 款规定的最低预留水量,对于标准状况流动水域中取水处下游的排水量发生部分或者全部渗漏的问题,需要开展进一步的调查。在这种情况下,GSchG 关于持续供水的预留水量规定只适用于预留水量段内的流动水域段。

(2)GSchG 第三十一条第 2 款规定的最低预留水量。关于 GSchG 第三十一条第 2 款规定的最低预留水量(Q_{min})问题,它通常不足以对某一水域最重要的功能进行保护。因此,当 GSchG 第三十一条第 2 款规定的要求没有得到履行,并且无法通过其他途径得到履行时,必须强制提高 Q_{min} 第 1 款的最低预留水量。这些要求构成了对最低预留水量的完整要求,必须在整个预留水量段得到履行(可能出现的特殊情况根据 GSchG 第三十二条的规定可除外)。这些要求不同于 GSchG 第三十三条规定的要求。是否履行这些要求不是进行利益权衡的考虑因素。

至于最低水量必须是全年都应经常性地得到调整还是按季节调整,则要视具体情况而定。对预留水量的规定以及为遵守 GSchG 第三十一条第 2 款的规定而对必要措施作出的规定,首先必须尽可能准确地掌握预留水量段关键部位的水文地理、水利和水文地质数据(自然流量及受影响的流量,如流水路线、水深、水宽及与不同流量相应的流速等)。水文地理结构越复杂,所需信息的全面性要求越高。

根据 GSchG 第三十一条第 2 款的规定,下面我们以河滩林为例,研究在河滩林范围内的最低预留水量的多样性。预留水量主要涉及以下几个方面:

- 全年:为防河滩干涸,预留水量要高于 Q_{min} 第 1 款;
- 植物生长期:充沛期的流量必须与正常流量曲线相一致,达到最高水平。须防止洪涝灾害,充分供应地下水。

5)最低预留水量的特殊情况

基于 GSchG 第三十二条,联邦和各州都允许在某些情况下存在不确定最低预留水量,而不是完全实施第三十一条的规定。

不属于特殊情况的河段仍然以 GSchG 第三十一条和第三十三条的规定为准。

(1)在地势高的小水域中取水(GSchG 第三十二条 a 款)。根据 GSchG 第三十二条 a 款的规定,在海拔高于 1 700m、流量 Q_{347} 低于 50L/s、长度为 1 000m的水域中取水,就属于特殊情况下的取水。

这一情况是为考虑阿尔卑斯山各州经济利益而作出的让步。该规定通常适用于山区非鱼类生活的水域(见词汇表)。由于那里的许多支流在取水处的下游,因此要确保离开取水处一定距离后对受到影响的水域进行必要的预留水量补充。

根据 GSchG 第三十二条 a 款的规定,允许长度为 1 000m 水段的预留水量为零。万一在这样地势高的流域中破例涉及有鱼类生活和繁殖的水域,则可以在 GSchG 第三十三条的基础上增加预留水量。

如果长度为 1 000m 的水段中只有部分水域海拔在 1 700m 以上,而且不能保证鱼类赖以生存的水域的功能,那么,这样的特殊情况不应在允许之列。

(2)从非鱼类生存水域中取水(GSchG 第三十二条 b 款)。GSchG 第三十二条 b 款允许在特殊情况下从非鱼类生存水域中取水(见词汇表)。但这样的水域通常是构成风景和水分平衡的重要因素。因此,根据 b 款的规定,即使在非鱼类生存水域也应保证最低水量,以便至少能够体现水域特点。

与这一规定有关的通常是鱼类生存水域的上游或支流。在非鱼类生存水域,尤其在山区,已减少的预留水量有时足以确保为顺流而下的生物群提供食物来源。在山谷地区,预留水量的减少会极大地损害生产率、危害种群的多样性(不利的水温、废水的流入以及流速较低等)。在这样的情况下,可考虑在利益权衡框架内允许的特殊情况。

(3)保护和使用规划(GSchG 第三十二条 c 款)。保护和使用规划(SNP)这一工具是由立法者拟定的。可以想像的是,通过偏离最低剩余水量,可以经济有效地获得许多额外能源。在这样的情况下,各州可以采取适当的解决办法。

但是,GSchG 第三十二条 c 款不允许在平衡的状态下使鱼类赖以生存的水域全部流干。

要获得许可,保护和使用规划必须首先实现以下条件:

• 相关流动水域必须处在一个有界限的、与地貌相关的区域内(保护和使用规划、范围);

• 减少的流量必须在同一区域内得到补偿,例如放弃在其他地点取水(平衡);

• 预先设计的平衡措施必须借助合适的规划得到确定,而规划(保护设

置)对许可期和个人均具有约束力;

• 在预留水量报告中必须说明结果;

• 保护和使用规划需要得到联邦委员会的许可。

下面将进一步阐述这些条件。

①GSchG 第三十二条 c 款对保护和使用规划的范围有严格的规定,不允许在两个相距较远的区域间(如位于伯尔尼高原的哈斯里山谷和吕绮能山谷之间,或位于瓦莱州的巴尔特希德山谷和土特曼山谷之间)进行补偿。确切地说,受保护的和频繁使用的流动水域应该处在同一流域,不仅在地形上而且在水理学上都形成统一的整体(如位于密斯特尔山谷的罗姆溪流和它的支流之间,或者位于提契诺州贝得雷托山谷的两侧左右水域间)。

如果补偿措施规划在依赖流动水域生存的生物共栖群居区中设置保护,则保护和使用规划的范围必须包括这些生物区。生物区必须整个置于保护之下,哪怕只是对某一对象的某一部分实行了具体的保护措施,或只有某些部分处于不同的保护状态下(区域性的生物共栖区)。

②坚持平衡原则。流量减少意味着对流动水域的额外利用,因此必须通过额外保护来达到平衡。必须证明的是,预先规定的措施足以达到平衡(GSchV 第三十四条第 2 款 b 项)。平衡必须符合一定的质量要求:应该通过采取额外保护措施带来的积极影响来平衡额外利用水域所带来的消极影响,而不应对两者的年水量进行比较。因为,根本不可能通过对某一非鱼类生存水域的额外保护来平衡对某一鱼类生存水域的额外利用。反之则是可行的,即通过对生态学上有重要意义的流动水域的额外保护来平衡对那些生态学意义不大的流动水域的过分利用。

③平衡:非平衡措施或不完全是为平衡而采取的措施。根据联邦环保法规定的措施在此不予考虑(GSchV 第三十四条第 3 款)。

• 提高 GSchG 第三十一条第 1 款规定的最低预留水量,达到 GSchG 第三十一条第 2 款规定的要求,如对与水域规模和类别直接或间接相关的稀有生物共栖群居区进行保护;或者保证在预留水量段鱼类的自由洄游。这些不应被视为平衡措施,因为这些要求原本就必须得到履行;

• 按照 GSchG 第三十三条的规定,在利益权衡的基础上提高最低预留水量(GSchG 第三十一条第 1 款和第 2 款),不应被视为平衡措施,因为 GSchG 本来就要求进行利益权衡;

• 放弃对目录中列举的国家级、地区级或地方级流动水域(如瀑布)的利用,不能被视为平衡措施,因为这些目录针对的保护目标已经禁止了一切形式的利用。

其他不适用于作为平衡措施的有：

• 在早期规划中采取的措施，但当时不作为义务被列出；

• 不依赖于保护和使用规划的措施或不依赖于保护和使用规划但已实施的措施；

• 放弃那些本来就在禁止之列的会造成环境污染的措施(如禁止筑堤、建下水道和禁区取水)。

放弃对可利用性较小的流动水域的利用(如由于成本太高等原因而放弃利用)，这些流动水域虽然能在某个保护和使用规划中获得许可，但这只能被视为有限的平衡措施。

④可能采取的平衡措施。达到平衡最重要的就是尽可能放弃对水的利用。可以通过以下途径达到这一点：

• 放弃其他取水点(GSchG 第三十二条 c 款)。例如可以放弃对山谷一侧一部分支流或所有支流的利用。对此应尽可能保护整个流域，使它们交织成水网，而不是孤立地保护某段水域。

• 提高其他得到利用的流动水域中的预留水量。减少山谷两侧支流的预留水量而增加主流域中的预留水量(如位于山谷密斯特尔 GR 的罗姆溪流的支流与罗姆溪流本身之间的平衡)；反之亦然。

• 增加同一流域中其他水段的预留水量。这里要提到的例子就是第一份由联邦委员会批准的保护和使用规划。对位于上游、陡峭且生态意义不大的水域部分进行较多的利用，而对处于下游、不太陡峭且在生态学上具有重大意义的水域部分进行较多的保护，从而达到平衡。无论从能源的角度(上游河水落差较大)还是从生态学的角度(扩大了水生动物可利用的生存空间)，这都是一个建设性的解决办法(积极的均衡)。

还可考虑那些有利于保护依赖水域生存的生物的措施(GSchV 第三十四条第 3 款)。例如，恢复已建筑堤坝的流动水域，增加依赖水域的生物区(如河谷低地、水草地等)，水域交织成水网以扩大生物生存区。应致力于对水域及其周边环境的大范围的保护。但要注意，对生物区的保护措施从总体上来说只可能实现有限的平衡，且只在流量足够大时这些措施才有效。因此，通常必须把它们与上文提到的其他措施结合起来。

⑤平衡措施的可行性。规划的措施必须在法律上、技术上和经济上是可行的。对与某一流动水域相关的某一生物区而言，如果相应的土地面积不可支配或者对这一区域的实际利用与预想的保护目标发生冲突并且无法放弃这

种利用时,那么对这一生物区的升值不予考虑。

⑥平衡:利益权衡。在特殊情况下,主管机构有义务根据 GSchG 第三十三条的规定权衡利益。从纯体系结构的角度看,根据 GSchG 第三十二条 c 款,在验证特殊情况后要进行利益权衡。从实用角度看,对有无保护和使用规划的不同解决办法间进行比较通常很有意义。最终效果是相同的:申请人建议以 GSchG 第三十二条 c 款规定的预留水量为准。该预留水量小于最低预留水量且符合申请人看法。这一流量与 GSchG 第三十一条和第三十三条规定的必需流量之间的差别体现了对水的额外利用情况。这必须通过对水的额外保护措施来达到平衡。

⑦保护措施。为使保护和利用规划得到批准,必须保证保护规定在未来能持续下去,并且对每个人都有约束力(GSchV 第 34 条第 2 款 c 项)。否则,GSchG 针对的水域保护就不会再得到保证。在确保保护措施方面,各州有极大的发展空间。以下是可以考虑的几种可能性:

- 根据 RPG 第 17 条第 1 款建立保护区;
- 对保护措施不到位进行相应处罚(RPG 第 17 条第 2 款);
- 如果各州法律对此有相关的法律规定,可制定州利用规划;
- 其他措施,在个别情况下必须检验是否因此足以确保能提供充分的保护。

在申请获得批准保护和使用规划时,保护措施尚不具备法律效力。最关键和最起决定性作用的因素是它的保护方式,即它如何进行保护。

⑧预留水量报告中的证明。平衡的目的是为了达到总的生态平衡。这一生态平衡应由申请人借助适当的指标和标准(如水量、流域面积、相关水域长度和生态学重要性、在缺乏保护的情况下该水域在未来被利用的可能性等)加以证明, 以利于审批机构理解这些论据,并对它们的适当性加以评估。有关证明必须从以下几个方面描述相关水域:

- 该水域作为风景要素的意义;
- 该水域作为生物共栖区对依赖其生存的动植物的意义;
- 给水域对实现水质要求的意义;
- 该水域对于地下水分平衡和获得饮用水的意义;
- 确保农业灌溉用水。

此外,申请人还须证明所建议的措施是可以付诸实施的。

⑨由联邦委员会批准保护和使用规划。由于各州主管机构负责颁发取水许可,因此这些机构必须负责实现相关的保护和使用规划审批程序与许可程

序的协调一致。对此,除了各州专业机构以外,作为审批保护和使用规划指导机构的 BUWAL 也要参加听证会。预留水量段报告递交给听证会。在此需要指出的是,BUWAL 的意见只对自己负责,不对联邦委员会负责。然后,各州主管机构向 BUWAL 递交保护和使用规划申请,以获得联邦委员会的批准(GSchV 第 34 条第 1 款)。该申请包括通过各州主管机构决定的保护和使用规划(GSchV 第 34 条第 2 款 a 项):

- 简要报告:证明规划符合联邦立法,是奠定预留水量报告的主要基础,该报告要最早提到 BUWAL;

- 规划:确定保护和使用规划的范围并概述最重要的因素(水文说明、额外利用、额外保护等);

- 为保证保护措施的实施,相关法律文件中应包括明确的但尚不具有强制法律效力的草案(与保护有关的处罚、保护规章细则等)。

由于颁发许可的前提就是获得联邦委员会对保护和使用规划的批准,因此必须及时向联邦委员会递交审批申请。

(4)紧急情况(GSchG 第三十二条 d 款)。在极其干旱的情况下,当支流的水量低于规定的补充水量时,应禁止从现有的取水部位取水。与大水域相比,小水域更容易出现这种情况。而农业灌溉用水在干旱时期是不可或缺的,为此常常需要从小水域取水。出现这一情况和其他的紧急情况(饮用水供给、消防用水),主管机构可以视其为例外情况,批准在一定时间范围内授予现有的或新出现的取水点取水许可。

6)利益权衡

通常认为,随着 GSchG 第三十一条对最低预留水量的确定,GSchG 关于预留水量的要求也就得到了实现。但是,这种认识是错误的。根据 GSchG 第三十一条而保持最低预留水量通常并不意味着保证适当的预留水量。这一条规定不可能全面考虑到每一流动水域间的生态差异,因此不足以实现宪法的要求,即保证有适当的预留水量。

如果 GSchG 第三十一条规定的最低预留水量遇到利益权衡问题,即规划的取水点是利大于弊还是弊大于利,按 GSchG 第三十一条的规定,主管机构有义务在一定范围内提高这一最低预留水量的标准。即使根据 GSchG 第三十二条遇到特殊情况时,主管机构仍有义务进行利益权衡。

根据 GSchG 第三十三条,水域的补充水量取决于有关方面对具体情况的具体判断。判断的目的是确定最终预留水量,或确定其他尽量考虑各种不同保护利益的措施。只有这样才能充分保证提供必要的保护。

如规划中有许多取水点,此种规划在进行利益权衡时不仅要考虑各取水点的利益权衡,而且要考虑整个规划的利益权衡。

(1)取水利益(GSchG 第三十三条第 2 款)。在 GSchG 第三十三条第 2 款中列举了各种取水利益。这一列表不是一成不变的。针对具体情况还可进一步扩大利益权衡的范围。而 GSchG 第三十三条第 2 款所涉及的利益必须在任何情况下都要得到验证。有待评判的利益必须是与相关取水点直接有关的内容。

①公共利益。有助于公共利益的取水,如饮用水供给和消防用水。

②水源区的经济利益。立法者应考虑水源区的经济利益,尤其是水源区位于山区时更应如此考虑。具体而言,经济利益指从取水付费中得到的收入、税收和就业机会。间接带来的好处(如无偿或优惠的能源)有助于为基础设施(道路等)提供资金和支持。

③申请人的经济利益。该利益指取水为希望取水者即申请人带来的经济利益。关于取水给申请人带来的利益,申请人必须证明在有水电站的情况下,增加最低预留水量对能源成本和水电站运转带来的直接影响。可以通过比较成本和售价来确定不同预留水量情况下水电站的经济效益。颁发长期取水许可则必须注意成本和售价的长期发展。

在农业用水计划方面,比如在灌溉用水减少时,可以估计出有关回报。为能评判这一结果,对水电站运转结果有影响的相关补充说明是非常重要的。

④能源供应。取水为能源供应带来的好处是促进与水有关的能源生产,从而给公众带来利益。

(2)取水带来的利益受损(GSchG 第三十三条第 3 款)。在 GSchG 第三十三条第 3 款中列举了取水带来的利益受损,但这份清单并不全面,在个别情况下可能还要权衡更多其他的利益。但是,在 GSchG 第三十三条第 3 款中列举的利益必须得到考虑。

以下是对取水带来的受损利益的说明。对于单项权益,可参阅其他相关的规定和文献:

①作为地形要素的水域的重要性(a)。在 a 中立法者强调了水域作为地形要素的重要性,但故意没有对此作出明确解释。所以就保护区以外的水域也要指出其作为地形要素所必需的预留水量。流动水域对地貌的形成和改变起着决定性的作用。同时对当地人们的生活也有很大的影响。

依据地貌学和山溪的水流情况,在考察流动水域的特征时应注意以下几点:

• 地貌的多样化；

• 上游及当地的水流流动情况；

• 视觉和听觉上的特征。

②作为生活区域的水域的重要性(b)。b是关于作为动植物赖以生存的水域的重要性，此水域包括丰富的物种，尤其是鱼群，其丰富的产量、自然繁殖与第三十一条第2款不同，该法规不仅针对所有现有鱼群提供保护，即一般所说的保证鱼群的自由洄游(见第三十一条第2款d项)，而且还包括对稀有动植物生活区域和生活群体的保护(见第三十一条第2款c项)。另外还须加倍保护水域内的鱼群产量和自然繁殖以及包含丰富物种的所有生活区域和与之息息相关的动植物世界。

③对水域水质的长期保护(c)。在取水时要保证供水可长期满足GSchV对水质的要求，第三十一条第2款a项便是此规定的延伸。不仅要保证当前的水质，还要使水质得到长期保护。

④保持地下水的水分平衡(d)。d阐述了取水会破坏用以保证未来饮用水开发、当地土地利用及植物种植的地下水水分平衡。第三十一条第2款b项便是此规定的延伸，不仅须保证当前饮用水的供应，还须保证将来的饮用水开发得以继续。保持地下水水分平衡不仅应保证农业方面的土地利用，还要保证当地的其他土地利用和植物种植。此规定不只针对水域的河岸地区。

⑤确保农业灌溉。预留水量的确定要以保证预留水量段内农业灌溉的取水为基础。

7)预留水量报告

只有在根据GSchG第三十一条至第三十五条的要求进行大规模取水时才需要开展预留水量报告的工作。

预留水量报告应由参与取水的相关人员来完成。

(1)预留水量报告的内容。相关机构在批准依据GSchG第二十九条进行取水时需要获得一份预留水量报告，以此来判断申请人所申请的工程是否符合法律规定。

根据GSchG第三十三条第4款，预留水量报告必须包含以下几方面的说明。

①关于对GSchG第三十三条第4款的说明，包括以下两方面：

• 各类大规模取水对取水所得利益的影响，特别是对水力发电及其成本的影响(GSchG第三十三条第4款a项及第2款)；

• 取水带来的可预见的利益损害及可能的预防措施。

②关于对 GSchG 第三十一条和三十二条的说明。根据 GSchG 第三十五条第 2 款,在批准中确定的补偿水量不得少于 GSchG 第三十一条和三十二条所规定的预留水量。所以,在关于预留水量的报告中,除对以上两点进行说明外,还须阐明在进行计划内取水时是否达到了第三十一条和第三十二条的要求,以及达到要求的方式。

③关于预留水量的说明。依据 GSchG 第三十三条第 4 款 a 项,需考察不同规模取水所产生的影响。因此,在报告中应从以下对预留水量的说明出发,进行利益权衡并判断其产生的影响,尤其是在经济和生态方面的影响。

- GSchG 第三十一条规定的预留水量;
- GSchG 第三十二条规定的预留水量;
- 针对取水带来的利益或利益受损的个别情况提供的进一步说明;
- 申请人提出的自己认为合理的补偿水量的方案。

此外,还要考虑根据不同时间确定的不同补偿水量。在预留水量报告中还应包含取水点下游水域所必不可少的保护措施。

(2)预留水量报告的详细程度。预留水量报告的详细程度取决于取水对这一水域的影响程度:产生的影响越大,对报告详细程度的要求就越高。

(3)预留水量报告和环境协调报告。根据 GSchG 第三十三条第 4 款的规定,不管是否需要进行 USG 第九条规定的环境协调测,试预留水量报告都是不可或缺的。

如需进行环境协调测试,则预留水量报告应成为 USG 第九条第 2 款所提及的环境协调报告的组成部分(GSchV 第三十五条第 1 款)。

如没有环境协调报告,则建议在预留水量报告中引入对其他联邦法规(如 BGF,NHG)及 GSchG 其他规定的必要解释或说明。

(4)与其他机构的合作。申请人在编制预留水量报告时应先与负责审批的相关机构取得联系,以便在工程早期达成共识,避免不必要的误会。在此,各方义务手册的制定可为预留水量报告提供很大帮助。

8)特殊情况:渗漏

在实际生活中,当流动流域的流量在取水点的下游发生部分或完全渗漏时,会产生各种不同的情况。现有文献不可能将它们详细列举并进行阐述。只有在持续供水的时段内才需满足 GSchG 第三十一条至三十五条规定的要求。目前,只有两种计算最低预留水量和确定符合规定的补偿水量的可行办法。

第一种方法:GSchG 第三十一条第 1 款规定的最低预留水量($Q_{\min\ Abs1}$)由渗漏水段流量 Q_{347} 的函数来确定;然后,根据 GSchG 第三十一条第 2 款的要求,测试在持续供水时段内是否必须提高最低预留水量;最后确定适当的补偿水量。

第二种方法:第一步,只根据取水时的流量 Q_{347} 来计算最低预留水量。第二步,根据 GSchG 第三十一条第 2 款的要求,在持续供水时段内尽量提高最低预留水量或采取其他措施。取水所必需的补偿水量的确定取决于是否在持续供水时段内遵循 GSchG 第三十一条第 2 款的要求,不必再对是否遵循了 GSchG 第三十一条第 1 款的渗漏水段要求进行测试。

为了使问题简单化,以下范例均假设一直存在渗漏。实际上渗漏还可与以下因素有关:

- 水域的实际流量;
- 地下水水位;
- 水域河床和地下水之间的下土层的饱和度。

在实际操作时必须认真研究每个与严重渗漏有关的具体情况,并将其记入预留水量报告。在这里,一般要求较详细的研究,如可能还包括补偿水量的研究。

3 用于供应饮用水的泉水和地下水取水工程

如果抽取地下水(包括泉水)并非为满足大众使用(见词汇表)需求,且由此产生的持续供水在本质上影响了流动水域的供水(见词汇表),则根据 GSchG 第二十九条 b 款的规定,需得到相关许可才能取水。相反,符合 GSchG 第三十条 c 款所述条件的用于饮用目的的取水则可直接得到许可,而无须考虑其他关于保证适当预留水量的规定。环境保护的其他方面则可参见其他有关法律规定,如 GSchG 第四十三条。所需的材料由相关的负责机构决定。一般情况下,以下是用于评估的必备材料:

- 包含计划取水量的工程说明及供水方式;
- 对可能进行的或计划进行的其他关于该地下水储藏取水工程的说明;
- 对取水的其他与饮用水有关的用途的说明(如用于能源生产),在此要指出用于饮用水供应所必需的需求量。

4 较大规模的湖泊、地下水取水工程

如果抽取湖水和地下水并非为了满足大众使用(见词汇表)需求,且由此产生的持续供水在本质上影响了流动水域的供水(见词汇表),则根据 GSchG 第二十九条 b 款的规定,须得到相关许可才能取水。

为了判断是否存在对流动水域的本质影响,相关主管机关规定了应提供的事实说明。一般而言,以下两点为重点内容:

(1)对取水前和有计划取水后的流量监管(如长期曲线,见词汇表)的评估;

(2)对可能进行或计划进行的针对此湖泊或地下水储藏的其他取水工程的说明。

如存在本质上的影响,则应按照 GSchG 第三十一条至第三十三条的主要精神来保护流动水域。因为从湖泊和地下水取水对流动水域所造成的影响一般是无法精确计算的,在 GSchG 第三十一条至第三十三条的具体应用中提出了相关变量。

在任何情况下,都必须根据 GSchG 第三十三条第 4 款的规定,编制预留水量报告,相关机构由此来判断有关工程是否遵循有关规定。

5 排水量 Q_{347}

排水量 Q_{347} 指按照 GSchG 第三十一条第 1 款的规定来确定最低预留水量($Q_{\min Abs1}$)。这里应当注意的是,$Q_{\min Abs1}$ 的规定仅仅是确定合适预留水量的第一步,另外还应满足 GSchG 第三十一条第 2 款和第三十二条的要求。

GSchG 第四条对排水量 Q_{347} 的定义是:“在平均超过 10 年的时间段中每年平均 347 天能达到或超过的,基本不受储水、取水或输水影响的排水量。”这个定义说明了排水量 Q_{347} 来自测量结果。尽管联邦、州以及其他方面都拥有紧密的测量网络,但日常的实际情况一再表明,在那些能规定预留水量的地方,排水量的情况并不总是精确的。GSchG 中的第五十七条第 5 款考虑了这种情况:如果对某水域而言,其测量结果并不充足,那么就应采取其他方法,比如水文学观测和模型演算,对水量 Q_{347} 进行测量。根据 GSchG 中第五十七条第 5 款的规定,可授权有关联邦机构来颁布专业技术指导。

5.1 排水量 Q_{347} 的特征

5.1.1 排放制度

排放过程受气候、地文学识别值的控制。与土地空间的多样性相吻合，排水应视各地区具体情况而异。阿尔卑斯山地区的低水位排放范围和延续时间在根本上有别于中部地区、朱辣山脉以及阿尔卑斯山南部的低水位地区的低水位排放范围和延续时间，因此平均水位区有效的排放制度类型也是各不相同的。

5.1.2 低水位排放过程

上述地区的低水位排放有不同的排放过程：在阿尔卑斯山地区，冬季降水以冰和雪的形式储存在地表。此间的排放值最小。阳光照射和气温作为气候因素，斜坡、布局和高度作为地文学识别值，共同控制排放范围和低水位延续时间。地下储存标志着中部地区、朱辣山脉的低水位排放过程。根据水的来源(降水或是雪融水)的不同，储水主要是在冬季和春季进行。低水位排放在储水耗竭时出现，降雨会中断这一过程。中部地区和朱辣山脉的区别可以在水文学错综复杂的情况中找到。

5.2 排水量 Q_{347} 的变化

(1)空间变化。当人们考察一个地区低水位的排放细节时，我们可以确定，尽管一般的趋势和变化是相互协调出现的，但是，各流域之间还是有区别的。最小区域内的低水位排放有很大的变化。一个地区的协调一致只有通过长期观测才能得到确定。因此，一般而言，不能将一个地区的测量结果转移应用到另一个地区。

(2)时间变化。排水量 Q_{347} 会受自然变化的影响，旱季和雨季或是寒季都会对它产生决定性的作用。变化不仅显示在每年的 Q_{347} 值上，也显示在10日平均值上。按时期出现的旱季和雨季更是可以通过作为变化曲线展示出的移动平均值得到识别。在阿尔卑斯山区，每年最高 Q_{347} 和最低 Q_{347} 值之间的比例可以通过较长时期的观测获得，其最高值为4。10日平均值在1.3～1.5之间浮动。

排水量 Q_{347} 的变化范围与特定的制度类型基本没有联系。人们也仅仅是根据地区特点对其进行解释。很明显，变化范围与高度存在明显的内在联系，也就是说，流域的海拔越高，那么10日平均值的变化就越小。但我们却无法证明排水量 Q_{347} 的变化范围与冰川或流域面积之间的关系。有趣的是，它和平均排放量之间存在依赖关系：每年平均排放量越多，变化越小；但是把这种论点倒过来说就是错误的。在低水位地区，也存在每年排放量和变化都比较小的流域。

5.3　确定排水量 Q_{347}

LHG 已在其建议书中公布了在阿尔卑斯山流域确定或估计排水量 Q_{347} 的方法（阿斯瓦登，阿尔卑斯山瑞士流域的低水位排水量 Q_{347}，1992）。根据从 1992 年开始的研究（阿斯瓦登等人：排水量 Q_{347} 是一种基本规定，1999），可以通过研究人员的经验以及各州的解决方案（州水文学和地质学新闻，LHG，1993）对有关建议进行补充。如今，有一系列根据实际情况成功运用的估算方法已为人们所熟知。图 1 展示了确定排水量 Q_{347} 的一般情况。

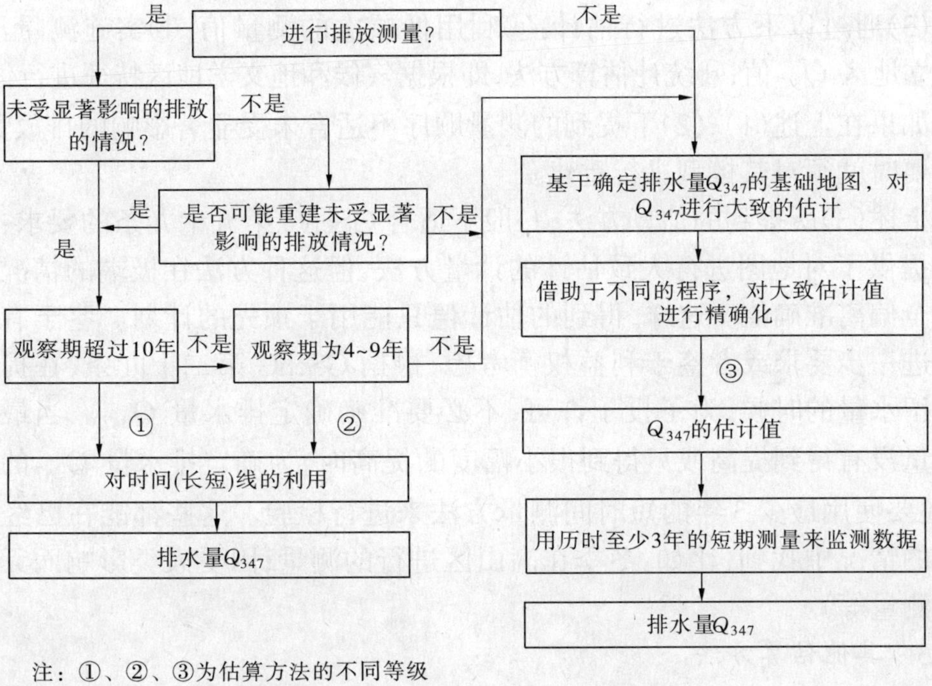

注：①、②、③为估算方法的不同等级

图 1　排水量 Q_{347} 的一般情况

5.3.1　*方式方法*

在附件中得到解释的图表和另一张辅助表格一起，成为确定不受显著影响的排水量 Q_{347} 的基础。图片的细节会在第 5.4 节得到进一步描述。在这些方案的基础上，可以对很多我们感兴趣的河床截面做出大致估计。对该领域的决策依据是实现所有能对该问题进行解释的联邦、州和私人测量机构的一体化，并安排用下列估算方法中的某一种或几种来进一步精确计算所得到的大致估计值。

其他的依据包括 LHG 和各州的水文学年鉴、水文学网络插图、瑞士水文学地图中流动水域的影响(BWW,1973, 1990)以及现有的各州取水清单。

5.3.2 估算方法的不同层次

尽管排放建模和数据基础已取得巨大进步,但是,水文学的极值模型化还存在问题。在低水位的情况下,模型和估计程序达不到精确测量所能达到的准确度。出于这些原因,与低层次或应用相邻情况测量值的估算方法相比,直接涉及测量值的估算方法属于根据气候和地文学地区特征得出的一种估计,一般处于较高层次。总体而言,可有以下不同层次:

(1)较长时间的测量顺序(大于等于 10 年)。

(2)较短时间的测量顺序(4~9 年),并在较长的时间段内分类。

(3)通过以下方法进行估计:ⓐ利用低层次的测量值;ⓑ实施测量活动;ⓒ建立地区 Q_{347} 值;ⓓ统计估算方法,即根据气候和地文学地区特征进行估计。

如果在上述(1)、(2)下提到的测量顺序不适合未受显著影响的排放情况,在必要时就须对其模型进行重建。

上述(3)所提到的估算方法,一般不适合 GSchG 第五十九条的要求:虽然它们提供了对地图进行大致估计的计量方法,但这种方法在极端的情况下可能完全偏离准确值。这样,得到的估计值只能用于预先的计划。鉴于有关法律的进一步要求或者鉴于利益权衡考虑,根据 GSchG 第二十九条,在提高最低预留水量的时候,为了授予许可,不必要准确确定排水量 Q_{347}。当最低预留水量没有得到提高或只得到很小幅度的提高时,为确定排水量 Q_{347} 的估计值,还要使用最少 3 年的短时间测量方法来进行检验。这些都能在已经得到解释的情况中找到(比如:冬季在高山区进行的测量;因受人类影响而无法进行的测量等)。

5.3.3 其他估算方法

本书并未全部列举估计排水量 Q_{347} 可以应用的所有方法。测量网络的扩大使得数据基础更加广阔。同时,LHG 推动了原先低水位数据的发展,因而使得排放过程更易于理解,并产生了长期认识基础。今后,可以依靠该基础来促进基于低水位情况估计的可靠排放模式的发展。在目前尚未被人熟知的估算方法中,还须增加重新评价清单或全新 LHG 排列方式。

6 LHG 的服务项目

LHG 的服务项目较多,现就主要项目介绍如下:

(1)时间(长短)线。如果在有关水域的截面存在未受显著影响的较长排放时间顺序,那么人们就会考虑利用这一点来确定排水量 Q_{347}。应当清楚的是,根据定义,横坐标平均时间曲线的值也称时间(长短)线。在95%的情况下达不到符合排水量 Q_{347}的水量,或者说,只有在5%的情况下会达到与排水量 Q_{347}一致的水量。Q_{347}属于标准测量尺寸,会在联邦和州的水文年鉴中得到公布。时间曲线是按其大小顺序排列的,对等值观测的统计。在水文学、水文经济学领域以及所有的教科书中,都会对其进行描述。每年关于 Q_{347}的报告不会导致正确的结论(瑞士联邦委员会修订 GSchG 的公告,1987,第四十六条;低水位排放量 Q_{347},阿斯瓦登,1992)。

(2)观测时期。GSchH 第四条关于确定排水量 Q_{347}的规定来源于长达10年的观测。瑞士联邦委员会信息处于1987年对该条规定进行了补充,他们坚持认为,数据应当来源于新的、现实的测量期,以考虑气候的长期变化和其他因素的影响。从统计的角度出发,应当注意到,观测时间越长,对平均值的估计也就越准确。因此,鉴于低水位较强的时间变化性,LHG 建议如下:如果从每年的排水量 Q_{347}数据中得不出有特色的统计趋势,就必须使用完整的运营期来建立时间(长短)线。在明确可以发现统计趋势的测量顺序中,对排水量 Q_{347}的确定局限在10年的时间阶段中。

(3)旧测量顺序。只有在用其他现今普遍使用的方法进行测量的时候,才有必要开展额外的测量(监督测量)。这种情况最先适用于20世纪初的测量顺序,即每周都用水标尺来测量决定冬季的低水位。如今的标准则是,通过持续显示的水标尺高度,并借助测流管、量水或稀释方法对排水进行确定。必须尝试根据其在时间上的代表性并借助于长期的气候资料或排放显示来进行评价。在测量准确性方面,LHG 可以提供必要的答复。

(4)短时期测量顺序的使用。如果可使用的排水测量顺序的期限短于10年(4~9年),那么这一测量期的 Q_{347}值就可作为最接近10年 Q_{347}值的数值。

(5)时间代表性。观测时期越短,对时间代表性的评价就越重要。一般情况下,可以通过与相邻测量站或下游测量站进行对比,或借助气候测量顺序来开展此种评价。鉴于自然空间特点的相似性,我们可以假设流域处于相似的气候或水文条件之下。调查显示,即使在最小空间内,排水量 Q_{347}也会发生很大变化。其影响要素目前尚无法量化。LHG 的经验更清楚地显示,鉴于周围的测量站不可能是封闭型的,因此量化的评价在一个较短测量期内仍具有代表性。这意味着,就排水量 Q_{347}而言,如果缺乏对低水位排放过程的了解,那么，从短期测量顺序得出的数值是不能更改的，因为在这种情况下，更改方向和更改数值均无法明确确定。因此，LHG 建议，在存在不确定更改因素的情况下，不能随便更改 Q_{347} 数值。

(6)测量期为 1～2 年。如果排放顺序少于 3 年，则对时间代表性的评价就有了更深的意义。一般情况下，测量顺序应由短期测量进行补充，尤其是在测量结束后(参见上边的部分)的补充。如果测量顺序来自于较新的时间段，就应在考虑费用和可行性的前提下，对期望由额外测量获得的信息进行评价。

(7)对未受显著影响的排放情况的重建。如果测量顺序没有反映未受显著影响的排放情况，而且缺乏比较陈旧的(未受显著影响)测量值，就出现了重建问题。必要时，可以已有数据(如能源生产数量)对未受显著影响的排放情况进行重建。在特殊情况下，尽管已进行测量(如对预留水量、单个饮水点、集水通道等的测量)，但是，根据情况和已安装的设备，我们无法对自然情况进行重建。在这种情况下，必须通过测量技术对其影响进行考虑或估计。从受影响的测量中，结合对测量的估计，得出排水量 Q_{347} 的估计值。必须逐个对估计的特点进行评价(参见阿斯瓦登，1992a，S. 26－28)。

(8)进行估计。如果没有对排放进行直接测量，就可以估计排水量 Q_{347} 的数值。在此方面可以应用很多估算方法(见图 2)。

(9)利用下游的观测站。利用流域下游的观测站可以对整个流域的水文情况进行整体测量。上游转用其信息就可以获得很好的机会，得出比较可信的排水量 Q_{347} 估计值。在考虑流域地文学特点的同时，可以转用排放值(MQ 年，Mq 最小，Q_{347})或者是 Pardé 系数(将排放管理作为估计排放平均值的基础，沃因加纳等人，1992) 。只要存在上述情况，就可将 LHG 的估算方法与解决方法一起在阿尔卑斯山区(阿斯瓦登，1992)进行应用。

(10)测量活动。可以通过测量活动得出比较优质的排水量 Q_{347} 估计值。估算方法有，对某个地点进行个别排水测量，或在整个流动水域对低水位情况进行一次或多次测量。此后，周围观测站在相应时间会将排放值与常年 Q_{347} 值进行比较，从而得出对比值，这个对比值可以转用于在测量活动中获得的排放量。必要时可以计算平均值。在此基础上，很多州发展了这种估算方法，使之更为精确(州水文地文新闻，LHG，1993；流动水域的预留水量，取水，尤其是用于灌溉目的的取水，BUWAL，1997)

(11)地区平均值。包括相邻测量站的专门排水量 Q_{347}，或者已得到考虑的地区平均值偶尔也会有助于对比工作的进行。在转用地区平均值时应当注意在同类水文地区进行转用。一般情况下,流域参数以及海拔高度、冰蚀、水文学特征、植被覆盖或是土地使用状况都可用来对该问题进行评价。运用地区平均值的缺点在于,在特定地区情况下可能会导致严重偏差,但这种情况有待进一步查实。

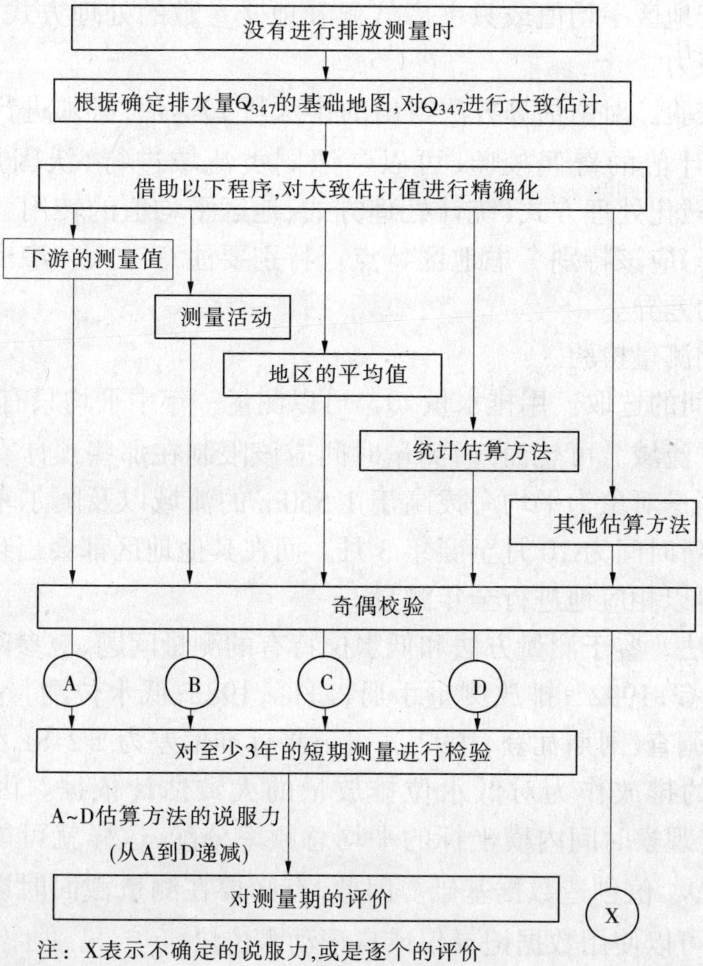

图 2　估计排水量 Q_{347} 的方式方法以及对各处理方式说服力的评价

(12)统计估算方法。进行估计的另一种方法是借助气候和地文学的参数,在流量和流域布置相互统计关系的基础上计算排水量 Q_{347}。LHG 在 1992 年第一次介绍了相应的估算方法(阿斯瓦登,1992)。不过,当时中部地区还不包括阿尔卑斯山南边的低地和朱辣山脉。在此期间出现了新情况(排水量 Q_{347}标准的确定,阿斯瓦登等人,1999),允许在瑞士全国范围内进行估计。尽管数据已得到改进(包括州的测量网络),用于测量流域参数的 GIS 技术也得到了发展,但人们还是无法对统计处理方式进行严格的整体评价。虽然处理方式达到了一定的准确程度,但最大偏差还是很高。

(13)准确性。必须采用不同方法对估算方法的准确性进行评价。最合适的方法是,转用相隔不远的观测站的排水量值。测量活动的质量很大程度上取决于排放测量(地点的选择、测量方法)的执行、测量时间和有代表性测量站的选择。相对于地区平均值或只考虑气候和地文参数的处理方式,这两种处理方式更有说服力。

(14)奇偶校验。对由估算方法得出的排水量 Q_{347} 值,必须进行严格的检验。比如,对估计值的奇偶校验,可以参照同类流域进行(沃因加纳等人,1992)。所有地域化处理方式(统计处理方式、地区平均值的转用、测量活动、对观测站的选择)应该特别考虑地区特点。特别要注意渗入和渗出以及地表和地下流域间的差异。

(15)用短期测量检验。

- 测量时间的选取。用排水量 Q_{347} 可以测量一年中平均只有 18 天未超出排水量标准的流域。可想而知,测量时间应该限制在那些预计有低水位排放的时间段。测量对象为平均海拔高于 1 550m 的流域以及阿尔卑斯山南部的高寒流域,测量时间为 10 月至翌年 3 月。而在其他地区都会出现全年降水排放,这样,就可以相应地进行全年测量。

- 测量方法。鉴于测量方法和低水位特有的测量问题,应参阅大量的专业文献(阿斯瓦登,1992 ;排放测量手册,LHG,1982;低水位测量,西格里斯特)。根据最新调查(阿斯瓦登,1992),可以将标准偏差为 $\pm 2.8L/(s \cdot km^2)$ 的 $4.9L/(s \cdot km^2)$ 的排放作为对低水位排放量的大致估计依据。因为排水量 Q_{347} 来源于一定观察时间内横坐标的平均总频率分配,这样就可能为确定单项测量活动的 Q_{347} 值创造数据基础。因此,有必要在测量截面时以持续方式显示水位,为此可以使用数据记录仪或自记动水位仪。

在所有观测时间过后,对展示数据的利用就应局限在实际出现的低水位时期。如果将观测过程和借助时间曲线确定的排水量 Q_{347} 局限在几个月中进行,则在低水位排水量 Q_{347}(阿斯瓦登,1992a)中会对其进行描述。

对时间代表性进行评价适用于"利用短时间测量顺序"一节所阐述的方法。这里就不再赘述。我们需要做的是针对过去十年的情况获取更加优质的测量数据。

附录

一、词汇表

径流量 Q_{347}——通过计算10多年中每年347天平均达到或超过的水量可算出径流量。流出量很大程度上不受储水、取水、导流的影响。

补偿水池 ——开放的补偿水池或岩洞可以暂时调节导入和导出水量。

持续曲线 ——标有日平均流出数量和其频率的图表。

补偿,补偿水量 ——为了在取用水时保证一定的剩余量,赠送是保证一定预留水量的措施。

共同使用 ——按照法律和公共条约的规定使用某公共资源。原则上来说所有人(数量不定的受益人)都能同时无须许可免费使用该公共资源。

淤积 ——由于沉积在水体底部表面(外淤积层)的杂物在流体动力学作用下逐渐进入水体内部(内淤积层)引起水体底部流速减慢。

地形 ——地形具有地质和文化构成,并兼有地表一定范围内因发展建设有效构造的总特征。地形是诸多自然因素共同作用的产物,其中包括岩石、土地、水体、气候、植被、动物以及人类起源和文化的影响。

径流式水电站 ——径流式水电站是一种不带存储器的水力发电设备,它能随着水流的流入不断发电。

无鱼水域 ——《联邦水保护法》规定无鱼水域即指水域中无鱼类生长和繁殖(包括暂时性繁殖),也指鱼类不会由此迁徙,它的自然条件也不适合鱼儿迁徙。

紧急情况 ——在定义紧急情况时,为农业灌溉留有一席之地。如果一种情况在相当短的时间内有规律出现,那么就不能称之为紧急情况。在制定农业灌溉项目计划时就不能以紧急情况有规律出现(如1年)为出发点。

预留水量 ——某流动水系一次或多次取水后的径流量。(《联邦水体保护法》(GSchG)第四条)。预留水量包括补偿水量、可能的溢流水量和该流域的所有入流量(还水量和取水量之差;不包括地下水径流量)。预留水量随预留水量段的变化而变化。此处需要说明的是:在预留水量渗入预留水量段的情况下,预留水量会减少。如果地下水渗出,预留水量会增加。

预留水量段 ——一次或多次取水主要影响河流的段落。抽水蓄能式发电站的预留水量段向上以水库和制水装置为界限,向下延续到河流主要受影响的地方。

135～136 ——抽水蓄能式发电站——一种水力发电站。它可以立即使用自身容量的部分水资源并储存其余水资源，几小时、几周或几个月再使用。

持续供水 ——径流量 Q_{347} 大于零。

饮用水 —— 饮用水必须符合食品法规定。食品生产加工和食品业清洁用水也必须达到饮用水的质量标准。

主要影响 ——流动水体及其取水由于各州的高度和地形情况不同而有很大区别，所以很难制定全国统一的针对主要影响的规定，而且针对的目标也不明确。各州都应立足自身的情况进行相关实践。当从流动水体的取水量(包括其他取水量)最高达到 Q_{347} 的 20%，而且没有超过 1 000L/s 时，不会给水体带来不良影响，因为由此带来的影响还在平均自然浮动范围内。此种取水不会引起主要影响。

如果取水量超过 Q_{347} 的 20% 或者超过 1 000L/s，各州也可以从《联邦水体保护法》找到依据基础。它是衡量非主要影响的标准，但前提是取水量保持在平均径流量 Q_{347} 的自然浮动范围内。

正如在“取水整顿”(《联邦水体保护法》(GSchG)第八十条第 1 款，联邦环境、森林和农业局，1997c)中所说，这个概念最容易和标准偏差联系起来。使用变量系数(C_v)则更好区分。它包含了标准偏差和平均值。(x)：$C_v = S_x \cdot 100/x$。调查空间可变性的变量系数仍然缺乏。阿尔卑斯地区的变量系数(C_v)为 10%～20%，地中海地区为 20%～40%。只有等州水文、地质部(LHG)完成瑞士低水位统计以后，才能公布确切的说法。

二、缩写词

(参见法律条文、文献或词汇表对专业概念的解释。)

Auenverordnung ——《奥恩条例》。

BGE ——联邦法院判决。

BGF ——《联邦渔业法》，1991 年 7 月 21 日颁布。

BUWAL ——联邦环境、森林和农业局。

BWG ——联邦水利地质部，截至 1999 年底：联邦水利科学部。

EAWAG ——瑞士联邦水利供给、污水净化、水体保护部。

Flachmoorverordnung ——《保护低位沼泽条例》，1994 年 9 月 7 日颁布，

具有全国意义。

GSchG ——《联邦水体保护法》,1991 年 1 月 24 日颁布。

GSchV ——《水体保护条例》,1998 年 10 月 28 日颁布。

JSG ——《联邦狩猎和保护野生哺乳动物和鸟类法》,1986 年 7 月 20 日。

LHG ——州水文、地质部(自 2000 年 1 月 1 日起;联邦水利地质部)。

Moorlandschaftsverordnung ——《沼泽地风光保护条例》,保护国家级沼泽地特殊美景,1996 年 5 月 1 日。

$MQ_{JAHR}(m^3/s)$ ——平均年流出量。

$Mq_{minmol}[L/(s\cdot km^2)]$ ——平均最小月流出量。

NHG ——《联邦自然家乡保护法》,1966 年 7 月 1 日。

NHV ——《自然家乡保护条例》,1991 年 1 月 16 日。

$Q_{347}[L/s]$ ——参见词汇表对流出量(Abflussmenge)的解释。

$Q_{347}[L/(s\cdot km^2)]$ ——特定流出量 Q_{347}。

Q_{min} ——《联邦水体保护法》第三十一条第 1、2 款要求的最低预留水量。

$Q_{min\ Abs1}$ ——《联邦水体保护法》第三十一条第 1 款要求的最低预留水量。

PRG——《联邦空间计划法》, 1979 年 6 月 22 日。

RPV——《空间计划条例》,1989 年 10 月 2 日。

SNP——保护和使用计划。《联邦水体保护法》第三十二条 c 款规定保护和使用计划。

SR——联邦法律体系合集。

USG——《联邦环境保护法》。

UVPV——《环境承受力调查条例》,1988 年 10 月 19 日。

VBGF—《联邦渔业条例》,1993 年 10 月 24 日。

VBLN——《联邦风光和自然景观清单条例》,1977 年 10 月 10 日。

WaG——《联邦森林法》,1991 年 10 月 4 日。

WBG——《联邦水利设施建设法》,1991 年 6 月 21 日。

WRG—《联邦水利资源利用法》,1916 年 12 月 22 日。

卢加诺湖中鲈鲉(Rotaugen)的生态特性(TI)*

瑞士联邦环境、森林和农业局(BUWAL)

在过去的十年中,瑞士卢加诺湖的捕鱼结构已经发生了根本性的变化:一种俗名阿鲍雷拉鲤(Alborella)的鱼已濒临灭绝,这种经济价值很高的鱼种,其利润曾经占整个利润的50%还要多。现在,因为鲈鲉(Rotaugen)的出现,鲤鱼类(又称白鱼)在赢利水平上已让位于鲈鲉。现在鲈鲉在利润排行榜中名列前茅,给渔民带来了65%~75%的利润。在瑞士的提契诺州,这种鱼的市场需求远没有达到饱和。

在20世纪80年代引入的鲈鲉是否应该对阿鲍雷拉鲤的灭绝负责呢?为了能作出正确的评判,人们开始了对鲈鲉的生物学研究。研究人员总共对418条不同种类的鲤鱼进行了测量,对其中的278条进行了年龄测定,对117条进行了胃部分析。研究人员从四个生存研究项目中重点提炼了有关生存区域要求,并通过回声探测器对空间和时间的分配进行了处理分析。

研究结果发现,被研究的鱼类状况良好、增长迅速、鱼卵成熟期较短、群体繁殖能力强大,在这些方面均超过了平均水平,成为被研究区域良好环境条件的有力证明。那里的水温高于阿尔卑斯山北麓的许多湖泊的水温,同时卢加诺湖的养分水平也对鲈鲉的生存起到了积极促进作用。还有一种可能性就是,鲈鲉的密度低于养分水平和区域资源密度。

鲈鲉快速繁殖,其增长速度超过了它的主要天敌——河鲈和梭鲈,在这一点上,鲈鲉远胜于阿鲍雷拉鲤。这种惊人的繁殖速度给了鲈鲉战胜阿鲍雷拉鲤的优势。鲈鲉的主要食物是浮游动物,特别是水蚤类,而这恰恰也是阿鲍雷拉鲤的主要食物。与阿鲍雷拉鲤不同的是,鲈鲉还能以水生植物,如藻类等为食。鲈鲉具有快速生长的能力,故从两岁起,即能食用洄游的贝类。于是,对阿鲍雷拉鲤而言,鲈鲉成为了它们争夺食物的强劲对手。此外,鲈鲉猎食范围广泛,故它们在猎食方面,特别是在浮游动物缺乏的时候占据了很大的优势。

与阿鲍雷拉鲤一样,鲈鲉产卵的主要地区也在湖岸区域。但有别于阿鲍

---

* 此篇为瑞士74号渔业报告。

雷拉鲤的是,鲈鲉对于产卵的条件,如鱼卵的生长基,湖岸的类型和深度不是很挑剔。带有砾石生长基的湖岸是阿鲍雷拉鲤比较偏爱的产卵区域,鲈鲉对此同样也能适应。鲈鲉产卵期较早,在阿鲍雷拉鲤刚刚开始产卵的时候,鲈鲉的鱼卵已经得到了很好的生长。

年幼的鲤鱼在夏季直接呆在湖岸区域,直到秋天才离去。

在夏秋两季,鱼类主要集中在水面到水面以下 4m 处,在 4m 以下的区域,鱼的密度相对很小。在晚秋和冬季,鱼类集中分成大大小小的不同群体,停留在较为集中的一些区域。与 10 年前阿鲍雷拉鲤统治水域时的鱼类种群结构状况相比,如今以鲈鲉为主的鱼类种群仍然保持着相似的空间和时间分配。

鲈鲉的生物学特性和地区分配正好说明,与阿鲍雷拉鲤相比较,鲈鲉具有不少优势。然而,究竟是不是这些优势使鲈鲉对阿鲍雷拉鲤产生了威胁,还不能过早地下结论。要得到更确切的结论,还必须了解鲈鲉产卵前后,两种鱼的食物及习惯性选择的情况。特别应该注意的是,关于阿鲍雷拉鲤的生物特性,目前尚缺乏基本的研究资料。

在近几十年中,可能还有其他因素(如其他种类的鱼)导致了阿鲍雷拉鲤的灭绝。因此,我们不能排除其他鱼类的影响,在尚未了解其习惯性选择和营养生态的情况下尤其不能排除这些因素。

种群的变化也使得营养物质以及透光度等因素在最近几年中发生了很大的变化。所以,对于阿鲍雷拉鲤的灭绝原因尚不能盖棺定论。

就鲈鲉而言,大规模的猎杀和灭绝一般不可能发生。根据北阿尔卑斯的经验,鲈鲉是一种能够得到很好的利用并满足市场需求的鱼。本文对卢加诺湖也提出了相应的建议。

1 概述

1.1 背景介绍

在近几年中,瑞士卢加诺湖的鲈鲉有了很大的发展,与此同时,卢加诺湖的阿鲍雷拉鲤却濒临灭绝。鉴于阿鲍雷拉鲤所剩无几,所以已不太可能通过研究这种鱼类来找出其消亡的原因。

鲈鲉与阿鲍雷拉鲤同属鲤鱼科,它们在欧洲北阿尔卑斯山脉及比利牛斯山脉广泛地生长繁衍;而在南欧,鲈鲉则很少出现,取而代之的是属于其近亲的鱼类,如在瑞士的提契诺州和意大利北部生长的皮格鲤,又如在瑞士的提契诺州、整个意大利和亚得里亚海沿岸国家中大量生长的特奥多鲤(Triotto)。

需要指出的是,虽然到了瑞士中部地区,鲈鲉的群体数量大幅减少,但鲈鲉很早就已进入瑞士的提契诺州,这表明,提契诺州有十分适合鲈鲉生存的自然条件。

1.2 确定目标

通过对卢加诺湖鲈鲉开展生态研究,人们可以加深对这一鱼种的生态特性和生活方式的了解。而对这种如今在卢加诺湖中随处可见的鱼种所进行的系统分类,以及对不同种类的鲈鲉进行区分则是整个鲈鲉研究项目的基础所在。

为了将所研究的鱼种(特别是鲈鲉和阿鲍雷拉鲤)的不同竞争优势进行全面的展示,则必须了解它们在栖息地选择和食物生态方面的有关情况。

以下是本次研究所涉及的内容:

• 对经常出现的鲈鲉科所进行的详尽的种类鉴定(系统的分类和种类标记);

• 生长和成熟;

• 食物生态;

• 不同发展区域中的栖息地选择;

• 产卵行为和产卵数;

• 结论和展望。

1.3 任务

根据 1998 年 12 月 4 日的决定,HYDRA 小组分配到一项任务,那就是,研究卢加诺湖鲈鲉的生态特性。

由于施特凡·格斯特尔另有任用,担任了索洛图恩州狩猎和捕鱼管理的科学合作伙伴这一职务,这项研究工作的具体实施就转交给约阿希姆·古多霍夫和阿克瓦提卡股份有限责任公司。施特凡·格斯特尔继续参与领导该项目的实施及本报告的修订工作。

瑞士的卢加诺州通过联邦财政向本项目提供财政支持(联邦环境、森林和农业局的渔业处)。

1.4 鲈鲉的生态特性

1.4.1 分布

鲈鲉属鲤鱼科,其最初的活动范围从西面的比利牛斯山脉和爱尔兰一直延伸至勒拿河畔(西伯利亚),从加勒比海(北冰洋)延伸到黑海南岸、里海南岸,直至咸海。在中欧,阿尔卑斯山脉构成了其活动范围的南部边界。

从环境适宜的山湖(渔业监察员,1999)到欧洲大河入海处的咸水沼泽水域,均可看到鲈鲉的身影。在南欧,则生长着它们的近亲,如意大利北部和瑞士的提契诺州的皮格鲤,又如生长在瑞士的提契诺州、整个意大利和亚得里亚海沿岸国家的特奥多鲤。

在瑞士,鲈鲉是最常见的鱼种之一。在瑞士的鱼类和环口亚目类的红色名单上,鲈鲉属于“没有危险”的种类。当然,在最近几年,在许多海域和流域中,大面积的捕捞和种群数量锐减的情况仍然时有发生。

1.4.2 生活周期、生活空间和食物

鲈鲉大部分生活在海洋中,另有一些则生活在河流中。在河流中,通常它们会选择水流缓慢的地方作为定居的场所。在波的尼亚湾沿岸的河流入海口处(米勒,1982)以及其他一些水域(《女性与时尚》,1979),鲈鲉过着一种溯河产卵的生活。也就是说,它们生活在海洋里,而到了产卵季节却洄游至河流入海口处,并在长成幼鱼后再返回到大海(米勒,1982)。

年幼的雄性鲈鲉和雌性鲈鲉在 2～4 岁时才发育成熟(波菲克里奥里,1997;瑙维尔克,1999)。而在通常情况下,大多数雌性鲈鲉均会比雄性鲈鲉晚发育一年(洛特,1969;米勒,1983;拉瓦斯,1988;波菲克里奥里,1997)。一般而言,当水温达到 10℃时,也就意味着鲈鲉的产卵期开始了,当然这也得视 4 月中旬至 6 月中旬这段时间水域的具体情况而定(拉瓦斯,1988)。在产卵期(产生了精子)准备交配的雄性鲈鲉游弋在沿海的水域中,尤其是水藻茂盛的地方。几天之后,雌性鲈鲉就会主动游过来。接着这些鲈鲉会密集地聚集在一起并开始交配(赛佛特,1984)。每条完全成熟的雌性鲈鲉可产卵 50 000～100 000枚(拉瓦斯,1988;波菲克里奥里,1997)。平均每条青年雌性鲈鲉的产卵数则要少1 740～5 570枚(汤檄德和泊柔,1989)。由于产卵数量随着雌性鲈鲉所产鱼卵重量的增加而增加,所以经常以产卵重量来表示产卵数量。就鲈鲉而言,1kg 卵平均含 75 000 枚卵(格斯特尔,1998)。这些卵只有 1～1.5mm 大小,它们或是附在树枝、水生植物或石块上(拉瓦斯,1988),或是随波冲上海岸。根据水温的不同,鲈鲉产卵后受精卵在 7～15 天之间开始孵化,在孵化后的几天内它们附着在水下植物或石块上并在那里逗留,直到卵黄囊中的能量存储全部耗尽为止。随后它们便开始自己觅食了。

幼年鲈鲉只聚居生活在沿海一带(霍费拉等,1996)。比如在日内瓦湖,它们首先是以轮虫的幼鱼为食。在能够独立行动时它们就可以吃糖蚊的幼鱼了(波顿和施托菲克,1987)。在其他水域,鲈鲉在这一阶段首先是以浮游植物为食(斯瓦得森,1976)。两周后这两种食物结构就发生了变化,体型更大的糖蚊成为鲈鲉的主要食物(瑙维尔克,1999)。在其他水域,浮游动物早就在幼年鲈鲉的食物结构中扮演着十分重要的角色,并且是成年鲈鲉的食物之一(埃罗兰

塔,1978;布色尔,1980;瑙维尔克,1999)。鲈鲉主要在海洋生物区寻觅浮游生物。在鲈鲉生长旺盛的年度,甚至会出现它们所偏爱的浮游叶足类蝲蛄完全消失的情况(汤橶德和泊柔,1989)。

沿海鲈鲉以软体动物(主要是游走的贝类)、微生物腐质和水生植物为食(布色尔,1980)。在冬季,鲈鲉的胃中通常会有少量食物和软体动物,其中昆虫和海底生物占多数。每年年初,鲈鲉捕食在蒙得湖中繁衍的海藻以及一些更高级别的水生植物(瑙维尔克,1999)。鲈鲉主要是在没有其他食物可吃时才选择这种食物组合(斯瓦得森,1976)。正是因为鲈鲉的这种食谱及其随机的生活方式,人们把它列入了具有强大竞争力的鱼种行列(斯瓦得森,1976;佩尔森,1983)。鲈鲉不仅能适应贫瘠的水域(斯瓦得森,1976),而且与河鲈相比,其竞争力还能随着水域养分水平的提高而增强(斯瓦得森,1976)。许多研究人员在其文章中将鲈鲉的优势同其所在水域的富含食物、富含养分的浑浊条件联系在了一起(布洛克顿,1986)。

夏季水生植物特别丰富的海岸成为鲈鲉的重要生活空间,不过在更早的时候,有时也会出现个别鲈鲉成群游回海洋生物区的情况(斯瓦得森,1976;霍费拉和佩尔顿,1994;霍费拉等,1996)。

冬季鲈鲉会离开海岸游入海洋,或潜入浅水航道。因此,在冬季的小船港口经常可见大群的鲈鲉聚集在一起(罗色尔,1995)。

1.4.3 年龄、生长、条件和出生比例

在瑞士和其他国家,目前已知的、经过调查确定的最年长的鲈鲉为 15 岁,长 40cm,重 1kg。据传,最大的鲈鲉长 50cm,重量为 2.9kg(拉瓦斯,1998)。在其生命的第一年中,鲈鲉的生长十分迅速。据观察(斯瓦得森,1976),中型鲈鲉群在冬季明显增加,斯瓦得森用其长期形成的死亡率来解释这种现象。另一种解释是,在所有与其温度和养分水平相似的水域中,在其第一个生长阶段,鲈鲉的长度从未达到 40~45mm 的范围。因此,在不同的水域中,鲈鲉产量很高的年份总是夏季气温高、十分有利于鲈鲉生长的年份(米勒和曼,1986;拉瓦斯,1988;波菲克里奥里,1997)。

在水流湍急的水域中,鲈鲉多为瘦长型,形似鱼雷,而在平静的或是流速缓慢的水域中,它们就会肥硕得多。在更为优越的条件下也表现出这种现象。这种鱼的生长情况受养分水平的影响:生活在富含营养的水域中的鲈鲉比生活在贫瘠水域中的鲈鲉更为肥硕和健壮。随着生活空间的不同,鲈鲉会表现出极大的变异性,因此向其他种类(如红羽鱼)转变就成为可能(格斯特尔,1998)。随着水域中食物的增长,人们观察到大量的鲈鲉进入成熟期(哈特曼,

1978)。鲈鲉在波登湖富营养化过程中的增长情况证明，目前，瑞士各湖泊中食物的减少并没有引起鲈鲉增长情况的回落(米勒和曼,1986;布色尔和楚米,1987;拉瓦斯,1988;波菲克里奥里, 1997)。一种可能的解释是除了食物供给,在同一时间内回流的鱼群的密度对鲈鲉的增长同样起着十分关键的作用(拉瓦斯,1998)。

一般而言,在达到成熟阶段后雌性鲈鲉比雄性鲈鲉生长的更快。随着年龄的增长,产卵后的鲈鲉群的性别比例会发生变化,表现在雌性鲈鲉所占的份额日益增大。这点可以通过雄性鲈鲉成熟后死亡率升高的事实得到说明(草克,1987)。

1.5 皮格鲤、特奥多鲤和阿鲍雷拉鲤

1.5.1 皮格鲤(Pigo)

1)体形、外观

同鲈鲉完美的体形相比,皮格鲤(Pigo)的身体更为狭长,两侧更为平缓。其上唇向外突出以至嘴稍微偏下。皮格鲤的头在身体中所占的比例较小。其背为青灰色,两侧比鲈鲉更为明亮(《女性与时尚》,1979)。与鲈鲉不同的是,皮格鲤的鳍和眼珠从来不呈红色。其鳍为黑色,眼珠为黄色;咽齿十分发达,整整一排(5(6)~5);两侧的鳞在46~51片之间;体长可达40cm。

2)分布

皮格鲤分布在玛吉瑞流域北部、卢加诺湖、科摩湖、加尔达湖、波、埃池、布列塔尼、斯勒、皮阿维和利文撒等地。其种群在海洋中为中等规模,在河流流域(流速0.5~1m/s)中则属于较小规模。

在瑞士,因皮格鲤分布地区减少,人们认为皮格鲤受到了潜在的威胁。

3)生态特性

在海洋中,皮格鲤主要活动于比较深的海底凹处,到四五月间产卵期来临时才往上游到更高些的水层中。其食物主要为蠕虫、软体动物和小蝌蚪。

在卢加诺湖中皮格鲤的经济作用并不显著,这也是人们对其种群活力和生态特性知之甚少的一大原因。

1.5.2 特奥多鲤(Triotto)

1)体形、外观

特奥多鲤的体型中等。其尾鳍和臀鳍很长,而鳍根相应较短;两侧下倾,直至低于身体高度的三分之一。背部为暗褐绿色,胸、腹和尾鳍呈浅红色。眼球虹膜从黄色渐为瓦砾红。有的时候,沿其闪闪发亮的银色的两侧会出现两条铅灰色的细带。最大的特奥多鲤可达25cm长。

2)分布

特奥多鲤是鲈鲉的一种比较小的变种,生活在阿尔卑斯山脉以南。

它们的活动范围大于皮格鲤:瑞士的塔戈里亚门托、埃池、波,在意大利从北部一直到卡拉布利尔,在希腊从达玛奇一直延伸到阿斯普洛普塔摩斯。

3)生态特性

特奥多鲤属于生活在高层水域的聚居型鱼类,但它们也侵入形成中的海岸地区(主要在4~6月的产卵季节)。它们以小蝌蚪、昆虫幼虫和蠕虫为食,但有时也吃飞虫。有些地方特奥多鲤很多,因而相应具有经济意义。在卢加诺湖的情况则不是这样。

卢加诺湖中的特奥多鲤生长缓慢,到1989年,7岁以上的特奥多鲤体长仅在18~20cm之间(米勒和曼,1992)。这些极少被捕捉、被研究的鱼类主要来自拜肯北部。

早在19世纪(帕维斯,1871~1872年;米勒和曼,1992),特奥多鲤就已生活在卢加诺湖中。从20世纪初期至20世纪中叶,特奥多鲤虽然存在,但发展缓慢(黑第尼,1910;斯泰曼,1936;米勒和曼,1992)。1991年,卢加诺湖出现了中等规模的特奥多鲤群,并被划入无濒危风险鱼种。如今,人们尚不清楚卢加诺湖中大约有多少特奥多鲤,因为渔民们在捕鱼时并不区分特奥多鲤、皮格鲤和鲈鲉(其他种类)。尤其值得注意的是,体型比较小的鲈鲉和特奥多鲤在基本形态特征上几乎无法区别。

1.5.3 阿鲍雷拉鲤(Alborella)

1)体形、外观

阿鲍雷拉鲤有着狭长的、两侧极为平缓的身体和一张上翘的嘴。其背由蓝绿色逐渐转为灰绿色。两侧是银色的,腹部由白色渐为银色。阿鲍雷拉鲤体长最长可达到20cm,在卢加诺湖捕到的阿鲍雷拉鲤大多长约16cm(雷曼,1900)。阿鲍雷拉鲤与常见的卢加诺湖鲤鱼不同,其独特之处在于其长长的上面带有许多鳍条的臀鳍。

2)分布

阿鲍雷拉鲤生活在瑞士南部的拉哥马其奥里、卢加诺湖、提西诺河、特雷萨河及韦德奇奥河中。从波到易松如,甚至在南斯拉夫的达尔马提亚和阿尔巴尼亚都有它们的身影。

3)生态特性

阿鲍雷拉鲤是一种生活在海岸边高层水域的聚居型鱼类。1989年初秋(9月),大量鱼聚集在卢加诺湖0~14m深的水域中,随便一撒网便可捞到许多鱼(雷曼,1990;米勒和曼,1992)。在捕捞到的各种鱼中,总共有 10 000 多条是阿鲍雷拉鲤。据估计,高温和丰富的食物使得阿鲍雷拉鲤十分偏爱高层水域(米勒和曼,1990,1992)。人们认为,10m 以下水层中少量酸性物质的聚集导致了南湖深层水域中阿鲍雷拉鲤数量的减少。

阿鲍雷拉鲤主要以浮游动物为食。对卢加诺湖中的调查显示,它们偏爱吃特定种类的浮游动物:尽管湖中的叶足类蝌蛄和环足类蝌蛄数量相同,但阿鲍雷拉鲤还是偏爱叶足类蝌蛄(雷曼,1990)。

它们的产卵期相对较晚,每年从 5 月持续到 7 月。

阿鲍雷拉鲤生长缓慢。在卢加诺湖中,它们每年只长 2.5cm,其鳞片每 2 年长一次。1989 年捕到的卢加诺阿鲍雷拉鲤大多数体长在 10~13cm 之间,而它们已是生长了 3~6 年的阿鲍雷拉鲤。

卢加诺湖的阿鲍雷拉鲤在当地有着重要的经济意义。1986 年,在一个面积约3 070 hm^2 的湖区中(卢加诺湖的瑞士部分),捕捞到的阿鲍雷拉鲤达 16.5t,占渔民总捕捞量的 47.2%。1984~1986 年间,卢加诺湖阿鲍雷拉鲤的捕捞量达到颠峰。截至 1995 年,渔民们每年可捕到 5~10t 阿鲍雷拉鲤。1996 年,阿鲍雷拉鲤的捕捞量锐减,在 1997 年,渔民们则再也捕捞不到阿鲍雷拉鲤了。不过,在 1997 年人们还是钓到了少量的阿鲍雷拉鲤(864kg)。但是,据说那也只是比较小的阿鲍雷拉鲤而已(波力,1999)。人们目前尚不清楚阿鲍雷拉鲤鱼种整体灭绝的原因。在卢加诺湖生存的外形相似的鲤鱼种类的主要特征及生物学特性见表 1。

1.6 卢加诺湖的湖泊特性和水质

国际保护意大利和瑞士水域委员会在其《关于卢加诺湖变化的研究报告》中描述了卢加诺湖在过去 17 年中发生的变化。

1.6.1 标志数据

基于对不同地貌以及由此产生的水生生物学区别的考虑,调查时以美利德大坝为分界线,把卢加诺湖分成两个湖区分别开展调查。此外,对风德-特瑞莎前的第三个湖区进行了独立调查(见表 2)。

1.6.2 水体更新和循环流动行为

通过氚分析(巴尔蒂等,1949;雅克,1964;佛伦外德,1965;齐默曼,1969;巴比利等,1989)进行了湖底氧气含量测量(里希蒂,1994)和深处水体年代测定。结果表明,在过去,北部湖区的水体至少有时候会向深处循环流动。但是,自 20 世纪 60 年代中期以后,深处的水体就没有和外部大气再有过接触(里希蒂,1994)。调查认为,热力层的增长(表面温度升高)和化学层的增长

表 1　外形相似的鲤鱼种类的主要特征及其生物学特性说明(卢加诺湖)

(拉吉斯和瓦格特等人,1979;佩德罗提等人,1991)

鱼的种类	拟鲤	皮格鲤	亚的里亚拟鲤	阿鲍雷拉鲤
鳍放射数量(背部)	12～14	12～14	12～14	10～12
鳍放射数量(肛门)	12～14	14	11～14	14～16
鳍放射数量(胸部)	16	17～18	17～18	16
鳍放射数量(腹部)	10	10	10	10
鳍放射数量(尾部)	19	19	19	19
咽部骨头(牙齿)	5(6)～5	5(6)～5	5～5	2.5～5.2
长度(cm)	40(大多数 25～30)	＜40	＜25	＜20
身材	粗壮	细长	粗壮	细长
眼睛颜色	红色		淡黄—砖红	
侧线形状			直到身体下方三分之一的部位	
侧鳞数量	(36)40～47(48)	46～51		
雄鱼是否受到雌鱼排卵影响	是	非常强烈		
产卵数量(枚)	5 000～100 000	40 000～60 000		
颜色:胸部、腹部	淡红		微红	
颜色:肛门	红色		微红	
颜色:背部、尾部	灰红			
嘴		上唇突出		上部突出
鱼卵孵化成幼鱼长度(mm)	4.5～6.5			
生活区域	沿岸	较深处	较深处	湖泊表面
产卵地	沿岸			
产卵温度	＞10℃			
排卵期	4～5 月	4～5 月	4～5 月	5～7 月
排卵持续时间	4～10 天			
初次鱼卵成熟	2～3 岁			1(?)～2 岁

表 2　湖泊学和水生生物学标志性数据(卢加诺湖)(里希蒂,1994)

表面	48.8km²
北部湖区	27.5km²
南部湖区	20.3km²
风德－特瑞莎	1.0km²
最大深度	
北部湖区	288m
南部湖区	95m
风德－特瑞莎	50m
平均深度	130m
北部湖区	171m
南部湖区	55m
风德－特瑞莎	33m
水量	5.86km³
北部湖区	4.69km³
南部湖区	1.14km³
风德－特瑞莎	0.03km³
平均流量	25.2m³/s
理论上水的停留时间	8.2 年
北部湖区	12.3 年
南部湖区	1.4 年
风德－特瑞莎	14 天
流域面积(湖泊除外)	
北部湖区	269.7km²
南部湖区	587.5km²
流域瑞士部分的常住人口	175 000 人
总人口(包括旅游和工业人口)	320 000 人

(均温层养分和盐分的浓度增加)是造成这种现象的原因(里希蒂,1994)。所以,受季节变化影响的水层深度已经由 20 世纪 80 年代的 125m 下降到 90 年代的 75m。

由于缺少和表面水体的混合,深处水体得不到氧气供应。细菌分解生物遗体也需要消耗氧气。如果氧气消耗完了,只能由厌氧细菌来分解生物遗体,这样释放出的就是类似于臭鸡蛋气味的硫化氢和其他不带原子的化学物质。这些化学物质对于生活在上层的大多数生物体都是有害的。而这些物质发生氧化作用需要消耗大量的氧气(从而进一步加剧缺氧现象)。60 年代,在北部湖区的最深处还能证明偶尔有氧气存在,到了 70 年代,缺氧问题日益严重。一般情况下,氧气浓度必须达到 4mg/L,鲑科鱼类才能生存。1998 年,满足这种条件的最大深度为 60m。后来有一段时间水体循环流动很明显,使得 1999 年 2、3 月份的最大深度重新下降到 80m 左右。

南部湖区由于水层较浅以及风力分布的原因,水体每年都能进行一次完整的循环流动。自从 70 年代养分水平开始提高以来,在水不流动的时候,湖底的氧气浓度也会下降到零。此外,在 90 年代,由于湖内最上部水层温度升高,导致水体循环流动的时间减短——每年最多 30 天。1998 年,全年只有两个月(2 月中旬至 4 月中旬)时间测得的氧气浓度大于 4mg/L。1998 年秋天(8 月下旬至 11 月中旬),氧气浓度只有在 20m 的深度范围内才超过 4mg/L。因为在变温层(这个区域的温度有着很明显的变化坡度),有许多下沉的生物遗体被分解,因此变温层夏季的氧气消耗很大,氧气浓度很低。这种均温层氧气最少的现象在南部湖区表现得特别明显。例如,1996 年夏季,在不到 10m 深的地方氧气浓度就在 4mg/L 以下。与此同时,在 5m 深的地方温度就已超过 20℃。在温暖的表面水层和氧气含量很低的深层水体之间,生活着一些在较低的温度和较高的氧气浓度下才能存活的鱼类(鳟鱼、红点鲑、白鲑),它们在这段时间就只有非常狭小的深度区间供其生存。

1.6.3 养分水平

1964 年,北部湖区的磷含量只有 20~40μg/L,负荷相对较小。由于“经济奇迹”所带来的后果以及旅游胜地的不断增多,1960~1965 年间富营养化的压力越来越大(里希蒂,1994)。1976 年,甚至在每年水体循环流动部分以下的水层,磷的浓度也达到了 74μg/L。有关方面在流入湖泊的河流流域采取了相关措施(1976 年起开始使用各种 ARA),并从 1986 年起禁用含磷洗衣粉,从而使磷含量在 1992 年下降到 52μg/L,到 1998 年更是下降到 23μg/L。但是,均温层的磷含量仍然很高,并且有不断升高的趋势,因此目前整个水域的总体磷含量平均还是稳定在 150μg/L。鉴于水停留时间过长,加上循环流动不畅,要实现将养分控制在中等水平(也就是磷含量为 25~30μg/L)的既定目标,还需要走很长的路。因此,一般认为,整个湖泊的水质好转还需要几十年时间(巴尔比利和莫塞罗,1992;里希蒂,1994)。

1964 年,南部湖区的富营养化压力也很小,磷含量只有 15μg/L。但是,和北部湖区一样,磷含量上升得非常快,到 1984 年已达到 140μg/L。由于水体更新持续的时间短,加上完全的循环流动,河流流入的水量减少后,南部湖区很快有了反应——平均含量下降很明显，到 1992 年只有 65μg/L，1998 年的周期值只有 60μg/L。但为了达到治理目标，磷含量还必须下降很多。

在北方的中部地区，湖泊流域的农业灌溉用水主要来自这些湖泊，所以湖泊内富营养化的压力更多来自于氮含量的增加。卢加诺湖和这些湖泊不同，尽管总的氮含量在 1988～1990 年之间增长了 40% 左右，但是，南部湖区的氮含量只有 1.4μg/L，北部湖区为 0.72μg/L，都很低。1998 年，在 50m 深度的北部湖区最底层，氮含量略高于 1μg/L，在湖面以下 100m 深的地方，氮含量还停留在 1990 年的水平，在 0.5～0.7μg/L 之间。

南部湖区 1998 年的周期值也仅为 1.2～1.3μg/L，与 1990 年相比没有什么变化。

1.6.4 浮游动植物的初级生产

1976 年，首次在南部湖区的阿格诺测量了浮游动植物的初级生产，其碳含量为 690g/(m^2·a)。这个数值在过去的几年中已持续下降。在初级生产水平比较低的湖泊（碳含量小于 150 g/(m^2·a)）中，尽管过多的养分已经开始减少，该数值仍然很高。但是，如果把初级生产分开来研究，则可以发现其中的变化。纤维状的蓝藻减少，则有利于硅藻和夏季出现的绿藻的生长。

因此，1988～1994 年，一些种类的浮游生物迅速增长，它们可以过滤浮游植物（叶足类动物等），这样，在夏季的几个月中，就可以看到湖水呈现非常清澈的状态（博利和西莫纳，1992）。自 1989 年以来，可以发现食草的甲壳动物的"食物压力"在北部湖区持续大约 4 个月（4～7 月），南部湖区大约 2 个月（5～6 月）。

自 20 世纪 90 年代中期以来，湖水清澈状态的持续时间延长，可见深度从 1988 年的 4.6m（北部湖区）和 2.7m（南部湖区）分别增加到 5～6m。

1.6.5 养分水平

根据 0～100m 深水层的总体磷含量，北部湖区在 1961 年被定义为中等富营养化，在 1975 年被定义为高度富营养化，在 1988 年又重新被定为中等富营养化。南部湖区在 1964 年被定义为较低的中等富营养化，在 1975 年被定为高度富营养化，在 1988 年被定为富营养化。1988～1994 年，两个湖区的养分水平开始下降，但是，仍然不可忽视北部湖区均温层庞大的养分储备。

1.6.6 渔业经营、捕捞统计

1）渔业经营

19 世纪，卢加诺湖总共生存着 22 种本地鱼和一种外来鱼（鲤鱼）。其中的 10 种鱼以及它们的亚种只生存在阿尔卑斯山南部。

在1900年前后，卢加诺湖同时引进了9种在原产地一带被视为美味佳肴的鱼类，如红点鲑、茴鱼、白鲑等，人们希望通过捕捞这些鱼类获得更多的商业利益。

其中的一部分外来鱼在卢加诺湖定居下来，有的甚至产量很高。1954年，梭鲈首次被放养。金鱼、黑鲈等也被私下引进。所以首次引进的时间很难考证。小型鲟和六须鲇也同样被捕捞。

因为引进了许多外来鱼，所以卢加诺湖的鱼类在20世纪90年代初增加到了30种左右(穆勒和蒙，1992)。

这些引进的纯种鱼在一开始产量很高。20世纪50年代中期，捕捞量开始减少。Sonnenbaarsch鱼只是被少量捕捞。而在这段时间中，鲤鱼的捕捞比重却开始增加。这种情况主要是20世纪80年代中期以前富营养化的不断加剧造成的(穆勒和蒙，1992)。一般认为，在磷含量不明显下降和富营养化状况得不到明显改善的情况下，湖中鲑科鱼类的数量主要和投放的数量有关(巴比利等人，1989，1992，被穆勒和蒙引用)。

2)捕捞统计

1986年9月到1988年7月初，由于担心切尔诺贝利核电站泄漏事故对鱼群造成放射性污染，在卢加诺湖的瑞士部分实施禁渔。另外，这些统计数据并没有包括所有年份卢加诺湖意大利部分的捕捞量。但是这些捕捞数据能清楚地反映出1982年以来鱼类总量的变化。

从瑞士部分的产量比较就可以看出卢加诺湖的平均鱼产量。一般情况下，每年都在30～53t之间浮动，对应的单位面积产量也就是9～15.5 kg/hm^2。1987年，只有意大利部分用网捕捞获得丰收，所以数据下降很多。1994年和1995年产量分别为63t和65t(18.4 kg/hm^2 和19.0 kg/hm^2)，比其他普通的年份高出许多。

1982～1987年，主要生活在浮游生物层的鱼类(鳟鱼、白鲑和阿鲍雷拉鲤)占了网捕总捕捞量的40%～50%。此后，生活在浮游生物层的鱼类的捕捞量大幅度下降，到1999年才达到总捕捞量的4.8%，其主要原因是阿鲍雷拉鲤的捕捞量急剧减少。1994年，阿鲍雷拉鲤仍然占据浮游生物层鱼类捕捞总量的80%，但3年之内阿鲍雷拉鲤的实际产量跌为零。

在沿岸生活的鱼的产量增长很快，其主要原因是各种鲤科鱼类的产量增长。自1997年起，鲤鱼以拟鲤为主(博利，1999)。没有人知道，从何时起在沿岸生活的鱼类捕捞量中拟鲤占据了主导地位。在20世纪80年代，人们还尚未在卢加诺湖捕捞拟鲤，即使捕捞，其数量也很小，其证明是当时的鱼类分布图以及瑞士的环口亚目动物目录(佩德罗利和俄他,1991)均未提及这种鱼。但是,80 年代中期以后,拟鲤的捕捞量增长很快。

这种变化也有着重要的经济意义:到 1987 年,利润较高而且好吃的鱼类的平均捕捞量占了总捕捞量的 76%。但是,在过去的 3 年中,这一平均比例已经降到了 30%以下,而 72%的捕捞量都是鲤鱼(大部分是拟鲤)。不过,在阿尔卑斯山南部,拟鲤到现在还没有市场。

1997 年以后,在卢加诺湖的瑞士部分,除了用网捕鱼,也出现了一些垂钓者(博利,1999)。垂钓产量大约占了总产量的 22%(9 222t/hm^2)。另外还可以看出,在过去的 4 年中,总产量一直呈下降趋势。在北部湖区,垂钓者每年的垂钓量超过南部湖区。

在数量的分布上,通过垂钓获得的那些特别美味的鱼(鳟鱼、红点鲑、鲤鱼、梭鲈、梭子鱼和鳗鱼)比网捕获得的同类鱼更为均匀。这说明,垂钓者一方面通过有目的地选择钓鱼方法(钓鱼地点、时间、深度和鱼饵),另一方面通过放掉不需要的鱼来选择他们想要的鱼。而撒网捕鱼者则与此相反,他们必须收下所有的鱼,包括那些卖得不好的。因此,网捕所得的鱼差不多四分之三都是鲤鱼。从中也可以得出结论:鱼种的变化对网捕的冲击甚于对垂钓的冲击。

另外有些鱼(河鲈和鳕鱼)在网捕和垂钓产量中所占的比例很接近。只有阿贡鱼(agone)是例外,其在网捕产量中所占的比例超过其在垂钓产量中所占的比例。

此外,值得注意的是,如果不考虑拟鲤,那么,外来鱼种在垂钓产量中所占比例超过 50%,而在网捕产量中占据的比例大约只有 20%。

2 方法

2.1 鲈鲉的捕捞(拉网捕捞、专门捕捞)

从 1999 年 2 月 16 日至 2000 年 12 月 8 日这段时间中,渔民出售了大量的鲈鲉和其他种类的鱼,这些鱼都是通过拉网捕捞或者直接垂钓所得。其中尤其值得一提的是两种金红鱼种:特奥多鲤与皮格鲤。而拉网捕捞的渔民十分重视对不同渔网不同功能的合理使用。他们根据捕捞日期、捕捞地点及鱼的种属区分捕捞的鱼,并装入不同的塑料袋中,然后根据捕鱼条款的附加规定在低温条件下把鱼冷冻,最后在低温冷冻条件下把鱼运往上魏赫特拉赫地区并在那里接受检查。

一般在专家绘测鱼类栖息地图的同时都会顺便进行捕鱼作业(见第 2.7 节)。一般用无缝渔网捕捞幼鱼,用带诱饵的渔网(网眼大约 5mm)捕捞成年大鱼。而在专门捕捞中，一般在捕获之后将收获的鱼直接放到浓度为70%的乙醇中保存。

这一次一共有418尾鱼接受了检查，其中128尾通过无缝渔网捕得，7尾通过移动渔网捕得，158尾通过诱饵渔网捕得，还有125尾没有标明捕捞方式。有115尾鱼来自北部流域，225尾来自南部流域，还有78尾没有标明捕捞地点。通过检查总共有8个不同品种的鱼类，其中有393尾鲈鲉，12尾皮格鲤，7尾劳特菲德恩(Rotfedern)，1尾施莱依(Schleie)，1尾卡尔芬(Karpfen)，1尾阿莱特(Alet)和1尾基波尔(Giebel)。还有一尾鱼不能确定其种属性，因为它既有鲈鲉的特性还兼具皮格鲤的特点。根据检查只知道它是一条雄性鱼，很可能是一尾杂种鱼。

2.2 身长和体重的测定

大部分的鱼都是在鲜活条件下进行身长和体重测试。在测量身长时，先把鱼放到一杆标有毫米刻度的标杆上，然后从嘴部起到尾鳍止测出其自然伸长状态下的身长，结果精确到毫米。而体重是通过磅秤称量，结果精确到克。对较大的鱼还要测出其表皮的重量，在称量发育成熟的鱼时，还要算出其生殖腺的重量。

也有一部分鱼先在70%的乙醇中存放，然后再来测体重身长。这里共有55尾身长不同的鲈鲉进行了身长比较测量和体重测试(低温冷冻保鲜、从70%乙醇中取出)。用剔除法可以计算出下面的换算函数。函数如下：

$TL(\text{gefroren}) = TL(\text{frisch}) \times 0.993 - 0.235$

$TL(\text{gefroren}) = TL(\text{Alkohol}) \times 1.009 - 0.1298$

$G(\text{gefroren}) = G(\text{frisch}) \times 0.987 + 0.858$

$G(\text{gefroren}) = G(\text{Alkohol}) \times 1.2050 + 0.5361$

TL = Totallaenge(mm) = 总长度(mm)

G = Gewicht(g) = 体重(g)

2.3 鱼种测定

一周岁以上的鱼都可以根据相关文献上的资料来测出其属性。在测定三种金红鱼属性的过程中，经常会面临的困难是：就在几年前它们还生活在不同的水域，其在水里的生存深度也不尽相同，它们以阿尔卑斯弧线为分界线，生活在各自的水域里。正是由于这一原因，在绝大多数时候，测定的关键在于对鱼种所在区域的划分，而不在于对鱼种各自不同特性的分析。对于卢加诺湖现今存在的难以辨认的不同鱼种，其种属测定原则在表1中得到了清楚的陈述。

可以根据多种不同的原则区分鲈鲉与皮格鲤。①通过清点两种鱼的侧线鱼鳞片来进行辨别,皮格鲤的侧线鱼鳞片看起来明显多于鲈鲉。②因为两种鱼的鳞片上有一定的相同之处,因而也可以通过其眼球的虹膜颜色来辨认彼此。皮格鲤眼球虹膜的上半部分呈黄色,而鲈鲉却呈明显的红棕色。③在满一周岁之后,鲈鲉腹鳍和臀鳍部分的颜色就会变得越来越红,而皮格鲤则完全相反,它的腹鳍和臀鳍一般都呈现深灰色。④皮格鲤的嘴位于下方,而鲈鲉的嘴位于最前方。⑤雌性皮格鲤在产卵期间会产生一些明显的鱼卵斑疹。

可以通过识别特奥多鲤矮壮的身材及其在侧面的一条黑带来判断其鱼种属性,从而区分特奥多鲤与其他两种金红鱼(鲤鱼)。同时,在测定其种属时,还应该有针对性地与有计划的基因检验联合作业,具体方式是:渔民应在大家所熟知的存在这些鱼种的指定卢加诺湖区域捕鱼,并且还应该知道哪里主要出现哪种鱼。专门捕捞的基础是渔民对捕鱼地点的了解和提挈诺湖生物专家的专门知识。捕捞地点一般选择在以前出现过特奥多鲤的地方。然而,令人失望的是,无论是在卢加诺湖和拉格玛基奥拉,还是在其他湖泊流域,都不曾找到任何独一无二的样品。根据基因测试的结果表明,特奥多鲤来自于拉格底珂姆地区。

也可以用相同的方法来测定阿鲍雷拉鲤的种属。但是,如果想在卢加诺湖里捕捞阿鲍雷拉鲤,拉网捕捞和专门捕捞的方法都不太行得通。根据对其样品的基因测定得出的结论是:阿鲍雷拉鲤来自拉格底姆扎诺地区。

2.4 年龄测试

把鳞片放在一个塑料袋中低温冷冻。在接受年龄测试之前还应用超声冲洗液把鳞片洗涤干净。然后把鳞片装到两片显微镜镜片中间,并把其置于双筒放大镜(放大倍数为6.5~40倍)之下进行年龄测试。

由于瑞士出产的鲈鲉不是专门饲养的,因而要想直接获知每条鱼的年龄是不可能的。因此,测试鳞片上的环带是否与其实际年龄一致就变得尤为重要,因为这是测试其年龄的标准。而与此相关的以下几个问题则必须得到回答:

- 鲈鲉的鳞片在一年之中是否会形成几道圆圈?
- 会不会存在根本不形成环带的年份?
- 鲈鲉是否在不到一周岁时就开始长鳞片并在鳞片上形成环带?

要回答这几个问题,以下的做法很重要:

- 对不同年龄段的鱼,包括最年幼的鱼都要进行检查;
- 引进不同年龄段的样品;

· 说明环带的形成发生在哪个月份;

· 标明环带的形成究竟发生在一年中的哪段特定时间。

为了彻底弄清楚环带形成的特定时间,共对278尾鲈鲉的鳞片长度先进行了测量,这里测的是鳞片的半径长度,而这278尾鱼在此之前已经被做过了年龄测试。然后测出鳞片相对于其前一年的长度的新增长幅度,并计量新增长幅度相对于鳞片半径新增长长度的比例,描述其每年的增长趋势。又因为随着年龄的增长,鱼的体长以及与此相关的鱼鳞长度的增长速度也随之减缓,因而,根据年龄的不同,对其鳞片长度增长的描述也就显得断断续续。

根据有关规定,北半球的鱼类的年龄从1月1日起算(黑勒,1950),因此对于在1～4月之间捕捞的鲈鲉以及所有在5月捕捞的鲈鲉,在计算其年龄时,应该在规则规定的年龄上再加上一岁。与上一年的鳞片环带半径相比,这些鱼的鳞片已经新增10%以上(1～2年的鱼)或5%(2年以上的鱼)左右,可以在这些数据和鳞片的基础上计算鱼的实际年龄。对于在6～12月之间捕捞的鱼,其年龄确定则无须调整,直接以年龄更替时测出的数据为准。

对于大多数鲈鲉来说,年龄测试是相当简单的事,当然这主要是指相对比较年轻的鲈鲉。

当然,用这种方法计算得出的年龄值还应加上捕捞的月份值。一尾在11月份捕捞的两年出头的鱼的年龄值是2.83岁,即2+10/12。它的增长曲线可以用以年龄为 X 轴,总长为 Y 轴的坐标系来表示。

在许多研究著作中,鱼的年龄值根据其年终长度来表示,年终长度也就是指在鱼的鳞片上环带半径在上一次形成时的长度。因而,根据年终长度可以直接得知鱼在水域的生长年份。对每条鲈鲉的鳞片环带的整个半径及鳞片环带相对于上一年的新增长值的测量尤其重要,因为它们是计算年龄值的基础。然后通过对两个长度值的减法运算就可以得出鳞片在上一个环带形成时的环带半径值。

除上述方法外,还有许多不同种类的测试手段可供使用。在对鲈鲉进行年龄值测试时,一般主要应用以下两种方法:

(1)列出一个线性方程,通过两个已知量的运算得出年龄值,这也就是上面所演示的方法,即运用该线性方程,在已知每条鱼被捕捞时的两个长度量(鳞片半径总长及新增环带长度)的基础上计算出年终长度。

(2)一些专家通过运用多项式方程组来计算年龄值的迅速增长。在这一计算方法中,通过运用一个回归方程和鳞片半径值来计算年终长度。

在这种方法中,必须注意的是鳞片不应只取自一个部位,此外,与其他方式相比，这种方法产生的偏差比较大。而线性方程式计算出的结果在已知的范围内相当精确。因此，人们倾向于选择线性方程式。

$$L[\mathrm{ann}] = (L[\mathrm{tot}] - SR[0])/(SR[\mathrm{tot}] - L[0])$$

式中：$L[\mathrm{ann}]$为上一年度的身体长度（年终长度）；$L[\mathrm{tot}]$为捕捞时的身体长度；$L[0]$为环带形成时的长度；$SR[\mathrm{tot}]$为鳞片半径总长（捕捞时）；$SR[\mathrm{ann}]$为上一次鳞片半径长度。

2.5　鱼卵的成熟、繁殖能力

总共对250尾鱼进行了性别鉴定测试，其中包括：231尾鲈鲉、9尾皮格鲤、7尾红羽毛、2尾阿雷特鱼和1尾综合了鲈鲉和阿鲍雷拉鲤特征的鱼。为了进行测试，对所有的鱼都进行了解剖。

生殖腺重/体重指数表明了鱼的生殖腺发育成熟度，也决定了其产卵的时段。此外，这个生殖腺重/体重指数还能显示鱼在成熟阶段的年龄及体长。

在调查过程中，研究人员通过重力测量的方法对5尾鲈鲉的繁殖能力进行了测定。那些在5月份（即产卵期即将来临的时候）捕捞的雌性鲈鲉的生殖腺在捕捞之后应当放到70%的乙醇中储藏。从100个卵细胞中取出三个样本，以滴入的方式移到吸水纸上，接下来放到一个分析磅秤上称量（精确到毫克）。然后再称量剩余的卵细胞。最后整个卵细胞数量就可以用以下的公式计算：

$$F = G(\mathrm{tot} - 300) \times 100 / MW(100) + 300$$

式中：F为绝对的繁殖能力；$G(\mathrm{tot} - 300)$为剔除300个卵细胞后的生殖腺重量（三个样本）；$MW(100)$为三个样本的平均值（100个卵细胞的重量）。

然后就可以计算出其相关的繁殖能力了。

2.6　胃部分析（觅食种类分析）

这里总共对117尾鲈鲉和10尾其他鱼种进行了胃部分析。首先从这些刚解冻的新鲜鱼体内取出其胃部和肠道侧翼部分，并把其切成块状，放至70%的乙醇中。再用放大镜（放大倍数为25～40）对它们进行观察分析。

通常使用的方法是以下两种：

（1）出现的频率。每种食谱相同的鱼群在整个种群中所占的比例都用百分比表示（贝戈拉尔，1978）。因为有许多鱼是同时捕食不同食物的，因而各百分比之和经常超过100%。

（2）平均所占份额。许多鱼同时食用不同的食物，研究人员对各种食物占其觅食总量的份额比率进行测试，再把各份额平均划分。杂食鱼种在重量上并不超过单食鱼种，因为每条鱼的觅食总量并不是确定的，也许单食鱼种的食量超过杂食鱼种。

2.7 栖息地调查

2.7.1 鱼卵栖息地调查

根据文献记载,当海滨地区的水温达到10℃时,鱼的产卵期便会来临,产卵期一般会持续一周左右,因此有必要在产卵期开始阶段对有关的环境条件进行密切关注。根据1996～1998年的气温测量(巴尔比里,1998,1999),南部流域(4月7～12日)的气温要比北部流域(4月12～18日)更早达到这一温度。因而应当从4月中旬起对湖滨的不同地点进行温度测试。在1999年4月15日,南部流域(卡斯拉诺)的水温达到了10℃,而北部流域(摩黎第的北部湖坝地区)的水温是在4月17日才达到这一水平的。1999年4月18日,渔民首次表示,他们已经对产卵期的鲈鲉做了大致的观察。1999年4月21日,人们分别在不同湖滨地区的船上和岸上对产卵期的鱼种及其鱼卵进行了有组织的调查。

在这一过程中,研究人员主要做了以下几方面工作:

- 从湖中发现了许多沉积物,捞起了许多海底生物,并检查其中是否有鱼卵;
- 在许多石头和块状物上寻找鱼卵;
- 对水中的树枝、树根和水生植物都进行了检查,看是否有鱼卵附着在上面。

然而,研究人员根本就没有见到任何卵细胞,更没有发现有活力的鱼卵。当时湖滨的水温在10.2～12.1℃之间。

1999年4月29日,人们在摩黎第的湖坝地区观察了鲈鲉的鱼卵。

1999年5月3日和4日,人们又分别从船上和岸边用上述方法进行了有组织的鱼卵栖息地形绘测。方位的选择很特别,以至于在很小的范围内都会出现许多不同种类的绒毛膜,通过这种选址方案还可能了解栖息地的优先排序。

通过对被观测地(产卵地或非产卵地)的调查记录得出了表3所列出的参数:

由于纯粹从船上和岸边绘测不能完全描述鱼卵栖息地的复杂地形,因而工作人员还在一些熟悉地点进行潜水作业。这样就可以获悉鱼卵在不同深度水层的分布情况,还可以观察到哪些鱼种在产卵。

为了对产卵期的鱼种进行鉴定,工作人员用类似于气管鳃的渔网在一个产卵区进行专门捕捞作业。

表 3　　在绘测鱼卵栖息地的过程中获得的参数

方位区域	X 轴	Y 轴	备注
海滨类型			
地基类型			
芦苇属	是	否	
温度			
海滨间隔	最大值	最小值	最佳值
水深	最大值	最小值	最佳值
是否存在成熟鱼种	是	否	
鱼种的成熟度	最大值	最小值	最佳值
是否存在卵细胞	是	否	

2.7.2　幼鱼栖息地考察

1999 年 5 月 27 日，也就是产卵期过后一个月左右，在已经进行过鱼卵栖息地考察的地点又搞了一次幼鱼栖息地考察。与前一次一样，这次仍然采取船上作业与岸上作业同时进行的方式。不同的是，这一次增选了两个地点作为考察对象。与前一次一样，对各种不同的绒毛膜都进行了观测。

为了预测幼鱼的存量密度（见表 4），人们发明了以下方法：把一个筛状网兜（直径为 6.5cm）迅速放入水中，在水中拖行 1m 左右的距离，再把网兜从水

表 4　　在幼鱼栖息地考察中获得的参数

方位区域	X 轴	Y 轴	备注
湖滨类型			
地基类型			
地基	范围	主导地位	
水中植物	是	否	
芦苇属	是	否	
水温			
存量密度			
湖滨间隔	最大值	最小值	最佳值
水深	最大值	最小值	最佳值
鱼的成熟程度	最大值	最小值	最佳值
样本	是	否	

中取出,清点里面的幼鱼数量。如果捕捞量很大,就把这些幼鱼直接放入70%的乙醇中,事后到实验室清点其数量。如果在不同时间对特定区域的多次测试结果彼此有很大的出入,就应当进行更多测定,然后再取其平均值。

2.7.3 成年鱼栖息地考察

从1999年7月12～13日至1999年10月6～8日这段时期中,专家们对成年鱼种进行了一次栖息地绘测。1999年10月6日又在摩黎第湖中央的一个地方进行了一次样本捕捞,当时用的是带诱饵的渔网,顺便还对捕鱼的海鸥进行了考察。

最后,在每个地点的测量都得出了与在幼鱼栖息地考察时相同的参数。成年鱼种的存量密度参数是一个例外,因为成年鱼种的存量密度不可能被测出。

成年鱼种在不同水深的分布情况通过潜水作业(1999年10月8日)的方式得到了进一步的考察。通过潜水,还观测到了许多鲈鲉鱼群。在7月份,人们甚至可以用玻璃器皿捞到成年鱼种。但到了10月份,就只能用带诱饵的渔网才能捕到鲈鲉。这些被捕到的成年鱼直接放入70%的乙醇,并根据捕捞地点及绒毛膜的不同分别装入不同的塑料袋中。

2.8 阿尼奥海湾的回声测量仪(Transekte)

在1999年的8月和10月,2000年的2月和3月,研究人员应用Transekte牌回声测量仪在阿尼奥海湾地区先后进行了四次考察。测量仪下水最深时达到了水下20m。在每次考察中,所有的回声测量仪都与同一艘船只一起以极慢的速度在水中游弋。同时每次都保持同一个恒定的行使速度。甚至在每次的考察中回声测量仪的焦距都调节到同一个数值(见表5)。

表5 回声测量仪的调节(马珂－劳伦斯)

倾斜度	20℃
口径长度	200μs
最大深度	20m
行使速度(节)	3(4)
分辨率	0

为了获得可供对比的数据,四次考察都尽最大可能沿着同一条路线来进行。

声波传回的数据需通过人工分析并得到记录,一般只考虑1.5～20m水深的数据所反映的情况。在1.5m深的水层,超声波起不到任何作用(门戈与米勒,1990)。

只有在鱼量稀少的地方才能够区分单条的鱼：当有鱼群经过时,超声波不只是显示单个的回声信号,而是一群回声,这样就可以数出相应的鱼的尾数。当一群鱼在不同的水深处结伴而行时,我们还可以测出不同水深处的鱼的数量。

由于这种锥形回声测量仪的测量半径数值是与潜水深度的平方成正比(随着水深的增加而增大,见表6),因而它入水越深,发现鱼的可能性也就越大。根据这一规律,研究人员实行了几次调整。

表6　根据回声测量仪获得的数据而得出的在不同水深的校正值

不同的水深区域	平均值1	平均值2	校正值
1.5～4m	2.75	7.6	1.0
4～8m	6	36.0	4.8
8～12m	10	100.0	13.2
12～16m	14	196.0	25.9

根据表6所示,1.5～4m深的水层的鱼的回声数值大体上保持一致,没有多少变化;而处于16～20m水深的鱼的回声值则因被稀释了42.8倍而相差42.8,因此在这种深度,只有通过大口径的锥形回声测量仪才能够察觉到鱼的存在。

3　结论

3.1　研究种类

不同鲤科鱼之间的区别通常由它们的外部形态特征确定。通过解剖鱼的咽喉骨可以更好地确定其种类归属。借助这种方法可以区别所有被研究的鲤科鱼,但拟鲤除外。鲫鱼也能通过其第一个鳃弧上的45根刺得到清楚的确定。

通常,可以通过侧线上鱼鳞的数量来区分鱼类,但并不能100%地区别这两类鲤鱼。但通过鱼的外部特征(鳍的数量、虹膜的颜色、嘴的位置)来区别鱼的类别,和通过侧线鱼鳞的数量来区别鱼的类别,其结果是一致的。在47个侧线鱼鳞区间内的“重叠区”,都可找到皮革鲤和鲈鲉的形态特征。

将其不同特征(侧线鱼鳞数量与条件因素或长度重量的关系)进行综合可以发现,皮革鲤生活在更深的水域内,这就是说,皮革鲤比鲈鲉更苗条,更不丰满。但不可能对这两种鱼进行更确切的区别。

在此次研究中还有一尾有 44 个侧线鱼鳞的，它同时显示了鲈鲉(虹膜的上半部是红的)和皮革鲤(深灰的腹鳍和后鳍，体形瘦)的特征。解剖则不能确定这种区别。这种特征的联合可能表明，这是一条杂交的鱼。相关工作的结论是，鲈鲉会和其他种类的鲤类杂交。只通过形态特征很难对这两种原始类鲤鱼的杂交种进行区别。更确切的区分只能通过基因方法。

3.2 长度和重量

与其他水域相比，卢加诺湖的鲈鲉身体很长。被测量的最长的雌鲈鲉身长能达到 367mm，雄的也达到 318mm。长度和重量关系指数明显超过 3，呈现一种反比关系。幼年鲈鲉比较苗条，呈鱼雷状，随着其体形的不断增加，鲈鲉的背会变得更高，或更丰满。反比关系在鲈鲉身上表现比较显著。而其他种群的指数也超过 3。只有罗卡拉特鱼是例外。

3.3 状态因素

体形丰满程度的变化也可以从状态因素对总长的影响得到展示。与大鱼相比，小鱼明显生活在更深的水域中。从相关资料上也能看出，如果体长相同，皮革鲤没有鲈鲉丰满。

鱼的状态每个月都有很大变化。仅凭一年时间并不能确定有关趋势。所有月份中雌鱼的状态均高于雄鱼。初生的鲈鲉状态则明显偏低。这个结论和其他工作得出的结论是一致的(洛瓦斯，1988；波菲格里奥利，1997)。而在两年鱼和更年长的鱼之间，区别就没有这么明显。

与其他种群相比，罗加纳湖的鲈鲉状态因素显得很高。在一年的前几个月中，其他种群显示的是最低量，但不能确定鲈鲉的状态因素有下降。

高于其他种群的状态因素和几乎无法确定的冬季状态因素的下降说明了卢加诺湖非同寻常的生活和食物条件。

3.4 生长和年龄

卢加诺湖的鲈鲉生长很快，本项研究的结果和格莱利亚(GRAIA)1998 年的研究结果一致。第一年冬季的生长延缓可以明显地展示这一点。

为了使本项研究的结果可以和其他研究工作比较，使用了逆行式长度计算方法，即测量的长度是鱼在最后的生长期，即放慢生长的最后阶段的末尾长度。

在第一个生长期，鲈鲉的体长已达到 111mm，属于中等个子，在第二、第三、第四和第五个生长期则分别达到 178mm、228mm、278mm 和 299mm。不管是与瑞士国内情况相比，还是与国际情况相比，这都属于比较高的等级。从第四年起，雌鲈鲉开始比雄鲈鲉长得快。此种性别上的差异在其他研究工作中也能观察到。

与其他鲈鲉群(到13岁)比较,在卢加诺湖捕捞到的鲈鲉的年龄相对较小。其主要原因是卢加诺湖鲈鲉属于外来鱼种,其种群建立时间不长(才几年时间)。1988年,当瑞士圆嘴鲤达到繁殖高峰期时,鲈鲉的存量还不能确认,从1992年起,鲈鲉的捕捞量才大幅度增加。这说明,7年档的鲈鲉正是产自于这一种群快速增长时期。

鲈鲉在数量上以2年期和5年期鲈鲉为主,而4年期鲈鲉少得可怜,这表明,1994年和1997年种群增长很快,而在1996年则低于平均水平。纯粹通过捕鱼的几率选择并不能解释年份强弱的巨大差异。

与鲈鲉不同的是,捕捞到的皮革鲤大多年龄较大。一个可能的原因是,这两类鱼在栖息地上存在差别。据有关文献记载,通常鲈鲉生活在浅层水域,而皮革鲤更喜欢在更深的水域生活。因此,在利头阿尔的特别捕捞行动中并没有捕捞到皮革鲤,有关人员只能在沿着哈尔德的大规模捕捞中捕捞到皮革鲤。由于皮革鲤的样品数量太少,因此开展更深入的分析没有多大意义。

在性别组成上,卢加诺湖鲈鲉会随着年龄的增长朝着对雌鲈鲉有利的方向发展,这与许多其他关于河湖水域中鲈鲉生活习性的研究工作中得出的结论是一致的。2年档雌鱼数量已经超过了雄鱼。只有3年档和4年档是例外,但因为数量太少,它们只具有很弱的代表性。不同的作者由此指出,这种现象可以归咎于在产卵期结束后雄鱼死亡率的提高。

3.5 产卵期、性成熟和产卵数

在5月份,两种性别的鲈鲉的性腺重量毫无例外地都很低,由此得出,产卵期在此之前已经开始。在6月份,性腺重量也很低,到了10月才能看出性腺重量有明显的增长。从10月起根据卵巢和睾丸的发展程度可以更确定地区分哪些鱼在来年会达到成熟阶段。一条雌鲈鲉一年产卵可达140g。

计算性腺分泌指数使同时比较大鱼和小鱼成为可能。这种方式也能更好地区别已成熟和未成熟的鱼。从10月起,性腺分泌指数超过0.02的雄鲈鲉,性腺分泌指数超过0.05的雌鲈鲉无一例外都已经成熟。低于这些标准的则为未成熟。一般情况下,产卵期应该开始于4月末5月初。

在产卵期之前性腺分泌指数达到了0.25,也就是说,性腺的重量达到了即将产卵雌鱼体重的四分之一。一般情况下,性腺生长的一项次要内容在冬季开始。

卢加诺湖中很小的鲈鲉已经实现首次排卵。最小的成熟雄鲈鲉总长达到167mm,雌的则达到160mm。另外可以看出,事实上,几乎所有被捕捞的雌鲈鲉都已达到成熟。在所有被研究的鱼中，只有2条没有成熟。而雄鲈鲉中有一小部分，主要是个头比较大的雄鲈鲉没有达到成熟阶段。这说明，雄鲈鲉并不是每年都能参与雌鱼的排卵活动。

卢加诺湖的鲈鲉在很小的年龄就达到了成熟期，至少一部分雄鱼和雌鱼在2岁的时候就已经第一次射精和排卵。至于2岁的卵成熟的鲈鲉能在总量中达到多大的比例，则由于样品数量太少而不能肯定判断，在产卵期之前和产卵期中间进行的网捕可能特别具有选择性。

一部分3岁和5岁的雄鱼没有成熟。至于这两年期间是否发生了特殊事件，是否有一部分雄鱼只能每两年参与一次排卵，或者这种情况是否应归咎于其强弱不等的状况，则由于样品数量太少而不能判断。

在雌鱼中只发现2条未成熟的鱼，而且2条都是小鱼(2～3岁)。4岁以上的雌鱼已经全部成熟。

鲈鲉的繁殖潜力很大，并不只是因为它们在很小时就能排卵，而且还由于它们的产卵数量极大。一条2岁的雌鲈鲉已经能产4 000～20 000枚鱼卵，更老一些的雌鲈鲉甚至能排80 000枚鱼卵，这些都为种群的延续作出了贡献。

3.6 食物生态的分析

3.6.1 鲈鲉的食物多样性

在1999年捕捞到的418条鲈鲉中，我们研究了其中的117条(28%)的胃内情况。54条(都在1岁以下)是在岸边通过鱼饵片捕捉的，其他的(大于2岁)则都是用网捕捞的。其中两条鱼的胃完全是空的。年龄段在1岁的则没有得到研究。

在小鱼的胃中能发现，几乎有一半的食物为甲壳类(48.2%)，而在老鲈鲉的胃中只有大约四分之一是甲壳类(28.6%)，主要是水蚤，个别的有全蹼目和贝壳目的食物(在两条小鱼的胃中)。大鱼胃中也有浮游目食物。根据浅色粥状物的特点(透明、浅灰、有部分发亮、粒状)可以推测，它们的很大一部分是已消化的甲壳类食物。

小鱼和大鱼胃中的食物有大约1/5是昆虫类似物(首先是翅膀)。在大鱼胃中还发现蚊子幼虫的头壳(7.9%)。在小鱼胃中则没有发现更多的其他动物食物。与此相对应，在超过50%的大鱼胃中发现了软体动物的壳，主要是游动贝壳。个别鱼的胃中塞满了这类食物；有些鱼的胃中则还有蜗牛壳；还有个别的鲈鲉吃水葫芦，甚至是其他小鱼。

小鱼也吃植物性的食物，如水草、其他高等植物、纤维藻，这些植物大约占其食物总量的25%，大鱼则吃得更多，超过30%。

在食物多样性方面，小鱼比不上大鱼。在个别的小鱼胃中同时发现的食物类别不超过3种。个别大鱼也只是很有针对性地吃一种食物，其他的则可以达到6种之多。

小鱼的食物多样性更多地体现在甲壳类食物中，如果把浅色粥状物也算入甲壳类的时候更是如此。大鱼胃里除了甲壳类（75%，包括浅色粥状物48%），还有游动贝壳类的壳（26.9%）。

在食物多样性方面，2岁以上的鱼（年龄组2+）胜过零岁以上的鱼（年龄组0+），这显示了随着年龄的增长，鱼对软体动物的需求范围在扩展。此次研究不能得出食物多样性随年龄的增加而变化的结论，个别的食物类别在一些只有很少样品的年龄组中没有得到发现。虽然3岁档的鱼（年龄组3）是在不同地方、不同深度、不同季节捕捞的，但由于样品数量实在太少，无法总结所有鱼的食物多样性。可能会有一些单食鱼，它们只吃一种食物。例如，我们研究的惟一1条7岁鱼就只吃游动贝壳类。

值得注意的是，个别的食物类别（如昆虫和部分高等植物）能在很多鱼的胃中出现，但在胃内总容量中所占比例与甲壳类及软体动物（游动贝壳和蜗牛）等完全相反，其所占比例几乎可以忽略不计。

首先在7月捕捞2个月大的小鱼，10月则在岸边捕捞5个月大的小鱼。在夏季和晚秋，小鱼的主要食物都是甲壳类。夏季，除了甲壳类还有纤维藻和昆虫也是食物的主要部分。秋天，高等植物（主要是种子）代替昆虫，成为小鱼的主要食物。不同食物类别虽然在总容量中所占比例大小不一，但在出现的频率上非常接近。昆虫则是例外，虽然很多鱼胃里都有昆虫，数量却极为有限。

在春季（3～6月），大鱼的胃中一般都有甲壳类（超过50%）。在秋季（9～10月），则缺少甲壳类食物。在这些月份捉到的18条鱼主要生活在美立德大坝南北两边3～5m深的水层。有3条则是通过布置在马哥里亚所的渔网捕到的。在3月和5月，个别的大鱼也是在美立德湖坝3～5m深的水层捉到的。这些鱼胃中的食物都是甲壳类。

10月捕捞的、胃内食物已得到分析的小鱼都是在美立德大坝0～2m深的水层捕捞获得的，这些鱼的胃中有超过一半是甲壳类食物。

这两个年龄组的鱼虽然同时在同一个地方捉到，但却显示了不同的食物结构。从中可见食物供应的丰富性。

通过以上分析可知，浮游动物是小鱼和大鱼的一大主要食鱼种类。前文已描述鲈鲉这种鲜明的食物偏好。卢加诺湖和其他水域一样，所含甲壳类食物主要都是叶足类动物。小鲈鲉在一开始要吃很多浮游动物。这种观察结果与汤森德·佩罗(1989)观察到的结果一致。就更小的鲈鲉食物而言,轮虫纲动物和蚊子幼虫有很重要的作用。大鲈鲉不仅在卢加诺湖而且在其他水域中也吃越来越多的软体动物,很多情况下还有游动贝壳。

春季和夏季,甲壳类在食物总量中占高比例,而到了秋季,此种类别的食物则完全消失,这点可以通过鲈鲉的主要食物之一——叶足类动物在不同季节的不同供应量得到解释。可以确定的是,在4~9月间,叶足类动物的数量提高,在5~8月间达到最大值,而在冬季它们又大量减少(数据来源:1992年和1996~1998年)。

3.6.2 其他鱼种的食物多样性

皮革鲤的食物多样性和鲈鲉很相近。与此相反,项目所研究的红羽鲤则与鲈鲉区别很大。红羽鲤的最主要食物是植物(纤维藻和高等植物),还有很小一部分是其他小鱼。在夏季(7~8月),除了鳊和黑鲈之外,在卡拉毕塔的岸边通常还能观察到大一点的红羽鲤,它们在此追逐小鲤鱼。

3.6.3 寄生虫

我们共研究了117条鱼,但只在其中3条的消化系统中发现有寄生虫(2.6%)。其中一条显示了微弱的寄生虫侵袭,其他两条鱼则发现有小寄生虫存在。我们没有对鱼鳔、皮肤、鱼肝和鱼眼展开专门的针对性研究。

3.7 栖息地的选择

3.7.1 对研究对象的湖岸特点和生态环境的描述

栖息地的选择在不同地点进行,重点地点是美立德湖坝和阿格诺盆地。在每个地方都会选择带有不同湖岸特点的地点,并以栖息地的特点来判断鲈鲉的不同发展阶段。以下是我们研究过的有关湖岸类型:

(1)有植物结构的自然岸。这种岸指的是有芦苇或有伸到水面上的植物的湖岸。同样可以构成这种岸结构的还包括树根、倒下的树、被水冲过来的木头等。

(2)没有植被结构的自然岸。这种岸类型指那些植物并没有延伸到湖岸线的岸。通常指沙、泥或碎石岸等,但极少数的岩石块也属于此种类型。

(3)岩石岸。我们研究的重点地区中只有一个地方属于岩石岸类型。岩石岸具有垂直和崎岖的结构特点和极深的落差,与其他类型岸的区别十分清楚。

(4)石块。卢加诺湖的一部分堤岸受人类活动强烈不一的影响。首先在梅利德的堤岸有很长的一段堤段是用粗大的石块砌成的。这种人为建设与岩崩地区的自然堤岸很相似，主要分布在湖的北半边。人造堤岸通常没有树木，这是区分人造堤岸与自然岸的主要特点之一。

(5)墙。在住宅区和度假寓所地区，堤岸经常和墙同时建造。这些墙一般缺乏结构性(很平整)，直接与之相邻的水域一般都很深。

3.7.2 产卵地

在一位渔夫捕到产卵的拟鲤，并在堤岸边的不同地点发现拟鲤群后，研究人员于1999年4月21日在卢加诺湖的以下地点搜寻产卵的拟鲤和所产的鱼卵：

- 甘德里亚到国界线西南300m(意大利一边)的湖滩；
- 卡瓦罗切蒂到卡普里纳的湖滩；
- 梅利德湖滩的北半部分；
- 梅利德湖滩的南半部分；
- 斯卡罗罗河(Scairolo)三角洲，斯卡罗罗河口直至托拉西亚。

尽管这一天的温度在10.2～12.1℃之间，但在上述地点还是没有发现产卵的拟鲤和鱼卵。在卡普里纳海域发现了6条15～25cm长的鲤鱼以及两条30～35cm米长的鲤鱼(也可能就是拟鲤)。但这些大小不一的鲤鱼都没有产卵行为。在观察鱼的地点也没有找到拟鲤卵。由此可以推定，当时在观察地点，拟鲤还没有开始其产卵期。

1995年5月1日，研究人员首次在梅利德的堤岸边发现了产卵的拟鲤，此后，研究人员在1999年5月3日和4日作了大范围测绘工作。

在一部分观察地点，发现有拟鲤产卵。三个地方(梅利德湖岸的南岸、北岸，蒙特卡斯利诺)可以发现产卵的拟鲤和鱼卵。通过对死鱼和特制网捕捞的鱼的种类进行确定后发现，产卵与拟鲤有关。根据鱼卵，可以证明所有其他产卵地。目前尚不清楚在这些地方产卵的鱼的种类。

据有关堤岸类型的专门资料记载，有的地形可能排斥产卵。在十段修了墙的堤岸附近的水域都没有发现产卵的拟鲤及鱼卵，而与其他建筑直接相邻的观测点均发现有产卵现象。同样，平坦的天然湖岸(沙滩、淤泥沉积物、细砾石)也能排斥产卵。在八个观测地点中只有一处被用做产卵地。在斯卡罗罗河口北边一片平坦的细砾石沙滩上，只有一块岩块上发现有鱼卵。

石块堤岸中有一部分(在观测的44处中有22处)被用做了产卵场。大岩块的洞窟和崖壁形成了合适的产卵底质。日内瓦湖的石块湖岸也被拟鲤用做了产卵场(波多与斯特罗菲克，1987)。产卵场在梅利德湖沿岸的空间分布显示，两条运河流域对鱼(产卵)有特别的吸引力。在运河出口的外边都还有产卵场。

作为产卵场,天然堤岸的一个重要特征是它有良好的植被覆盖。在所有11个观测的地点都发现了大量的产卵生物及大量鱼卵。

在对产卵场的观察中,明显发现:细小的底质(沙、淤泥、砾石)和没有改造的、平坦的地域(墙)不适合做产卵底质。可以清楚地观察到,动物希望寻找能够给它们的身体提供阻力并能使卵附着在上面的地方进行产卵活动。因此,有植被的构造是最理想的。有植被的构造百分之百都被选做产卵场,这点就是有力的证明。同样,水生芦苇、树根、伸入水中的树枝、漂浮木头的积聚物均被选做产卵场。

在可以观察到产卵拟鲤的地方,砾石(直径3～11cm)底质、有植被覆盖的天然湖岸、岩石湖岸和石块均被选做了产卵场。从中可以看出拟鲤选择产卵地的多样性,即拟鲤选择产卵地时缺乏专一性。

观察结果表明,直径在3～11cm的砾石底质已是产卵场的下限。在砾石和沙土中,均没有发现鱼卵及产卵鱼类。

正如对墙式堤岸的观测结果所显示的那样,平坦的地域也排斥产卵。由于有突起和裂缝的存在,岩石有别于墙。拟鲤在产卵时会对这些地形进行搜寻,这点在蓬桑的观察中已有显示。

1999年5月6日,在梅利德的堤岸,通过潜水手段,不仅在直径1.5m的岩块,而且在直径10～15cm的石块上都发现了鱼卵。拟鲤更偏爱大岩块之间的狭密空间。

通过区分在堤岸和船上所测量的不同产卵场深度可以明显发现,在较浅的地方排卵非常普遍。在一部分产卵场(在深度范围内且有合适的地形),可以发现卵密度最高时的深度,也可以发现在较小深度有鱼卵群。

与此相反,在笔直陡峭的堤岸,在堤岸和船上所测量的产卵场深度并不存在明显区别。因此,在1999年5月6日,通过潜水进行了重新检查,发现大部分鱼卵在30～80cm的深度范围。在主运河地区的北岸,可以在4.5m深的地方发现黏附在石头上的单个鱼卵。

在南岸区,鱼卵分布的深度稍低于北岸区。西区(朝梅利德方向)则发现鱼卵分布的最大深度是2.0m,东区(朝比索内方向)为2.5m。

在卢加诺湖,在较浅的地方产卵有许多好处:由于上层温度高于深层,与温度紧密相关的胚胎发育进行得更快。幼鱼可以更早得到孵化并优先生长发育。生长速度对于鲤鱼的存活是一个非常重要的因素(斯瓦逊,1976;洛瓦斯,1988),因为生长速度最快的幼鱼能够以最快的速度长成较大体格,以免遭普拉达掩仑鱼(Praedatoren)的吞噬。穆勒证实,1983 年春天,产卵成熟的拟鲤从四林洲湖(即卢塞恩湖)向阿尔卑纳赫湖进行了一次迁徙。他推测,这些鱼之所以进行产卵迁徙是为了有目的地探寻更加温暖、大型植物更加茂密的水域。

靠近堤岸区域的另外一个特性是湖水受波浪和明显的流量变化影响而形成的深入搅拌。这对富含养分的卢加诺湖是一种优势,鱼卵可以更充分地享受洁净水和氧气的供养。

深度的区别与离岸距离密切相关。靠近湖岸的优势是:幼鱼在孵化之后就已经直接身临它们以后将生活的那块湖岸区域了。但有四处离岸距离超过 15m 的产卵场是例外。其中三处在水生芦苇群的外部边缘,另一处在一个小砾石岛的边缘。所有其他观测到的产卵场的离岸距离均不超过 7m。

对控制点的温度测量表明,拟鲤在 13～15℃ 的温度范围内通常会产卵,当温度超过 17℃ 时则会停止产卵而只能发现鱼卵。温度超过 17℃ 时,鱼卵的发育速度比在 13～15℃ 时要快得多。温度是决定拟鲤产卵期开始的关键参数(穆斯和达尔斯特罗姆尔,1968)。在卢加诺湖,要到 4 月中旬才能达到产卵期开始所需的最低温度要求(10℃)(穆斯和达尔斯特罗姆尔,1968;佩德罗利等人,1991)。因此,卢加诺湖的拟鲤产卵稍微晚于人们熟悉的简便法则的时间。有人假设:拟鲤早就产卵了,只是没有被发现而已;但现在也可以否定这种假设了,因为在产卵地测绘的时候,也就是在 1999 年 4 月 21 日的观测结束 13 天后,还没有发现任何幼鱼。

3.7.3 幼鱼场

1999 年 5 月 27 日,也就是在产卵期后大约一个月,研究人员进行了幼鱼测试。因为纯粹根据形态标准不大可能对幼鱼进行鱼种确定,下面只就鲤鱼的幼鱼进行讨论。根据常规的产卵期,1999 年 5 月 27 日,在湖中生活的所有鲤鱼都已经有了幼鱼。早在 2000 年 5 月 9 日就进行了一次测试,以确定产卵较迟的鱼种(如阿鲍雷拉鲤、丁鱼)是否还没有到达产卵阶段。在 2000 年的观测中,所有其他生活在卢加诺湖的鲤鱼都得到了考虑。

1999 年,在所有观测地点,除三处没有植被的天然湖岸地点(在马利亚锡纳江口的沙滩、砾石滩,在卡索罗,在皮安龙卡)没有找到幼鱼外,其他不论其地形怎样,都发现了鲤鱼的幼鱼。5 处没有发现幼鱼的观测点中有三处是没有植被的天然湖滩。

鉴于对栖息地的选择,这一结果明显地反映出鲤鱼幼鱼有极强的适应能力。这点还可以从另外的角度加以说明,那就是,拟鲤是一种机会主义者,能够适应条件迥异的生活环境。另外一种可能性是，得到观察和描述的是一个由生活环境迥异的不同鱼种组成的幼鱼群。

对幼鱼密度的统计使得人们有可能对不同湖岸地形是否适合作为鲤鱼幼鱼的生活场地进行更精细的划分。

尽管有关这些密度的数据只是粗略的估计，但它们反映了幼鱼数量的量级，而且在两个不同年份测出的密度数值类似。如果堤岸地形合适，每立方米湖水中估计有 8 000～10 000 尾幼鱼。堤岸类型不同，差别就很大，这一点可以从地形区分的结论中大体得到证明。在两年时间中，石块堤岸沿岸地区的幼鱼密度均为最高，而没有植被的堤岸地形（没有植被的沙滩、砾石滩）为最低。尽管 1999 年发现，墙式堤岸沿岸地区的幼鱼密度更低，但在 2000 年 5 月，这个数字还是高于改造过的芦苇堤岸。

鲤鱼的幼鱼明显偏向于靠近水面生活。即使所在水域的水很深，鲤鱼的幼鱼绝大多数生活在不超过 50cm 深的水层，这方面只有一个例外。幼鱼密度最大时的深度在 1～30cm 这一狭窄区域。这种分布是可以解释的，因为最上面的水层温度较高，有利于幼鱼快速生长。

另外，离岸距离也扮演着重要角色。在 76% 的观测点，最远的幼鱼离岸距离也在 10m 以内。在少数幼鱼离岸超过 10m 的观测点，其中一半的湖岸有水生芦苇丛。在芦苇朝向湖的一边有幼鱼大密度生存，观测到的最远的幼鱼距离芦苇 1～3m。可以观察到，在芦苇之间的缝隙中幼鱼密度相对较小。

在蓬桑湖的水面上耸立着一棵大椴树，它的一些树枝伸入水中。在大椴树的阴面和阳面都可以观测到最大的幼鱼密度。类似的情况还可以在墙（其阴影投入水中）和水生芦苇丛中观察到。

可以这样总结，幼鱼在沿岸区域所有观测点的密度都很高。各种类型的堤岸（包括经过强烈建造的）附近都有幼鱼生存。幼鱼明显偏爱堤岸区域，而堤岸区域范围内幼鱼的生活场所又丰富多样。在所有的观测点，幼鱼都集中于水的最上层。

虽然鲤鱼群集中生活在有着大型植物的水域这一观点在研究中并不能得到证明，但由于堤岸笔直陡峭，卢加诺湖的大片水下大型植物区成了例外。在没有这种植物群的地方也可以证实有极大规模的鲤鱼群存在。即使目前不可能进行鱼种确定，但可以推断，这些鲤鱼中至少有一部分是拟鲤。

3.7.4 小鱼的生活环境

1999 年 7 月和 10 月，我们又在以上进行产卵和幼鱼观测的相同地点进行了考察。7 月和 10 月，小鲤鱼的分布呈现截然不同的结果。7 月，在所有观测地点无一例外的都可以发现小鱼，但在10月，尤其是湖的南部，有一些地点没有发现小鱼。在湖的南半部分（托雷西奥港、马利亚锡纳江口、拉韦纳海峡）发现的小鱼离岸相对较远。在阿尼奥前面的湖，可以看到捕鱼的海鸥。而很多船虽然撒网捕鱼深及10m，但仍然一无所获。

与湖的南半部分不同，在梅利德湖岸的大多数观测点都可以发现并捕到小鱼。在这里，小鱼比7月时离岸更远。可以推测，在10月测查时，小鱼已经离开湖滨地带。在其他的湖，情况也是如此（罗西亚，1995）。但并非所有的小鱼都进行这种迁移，在拉韦纳海峡发现的大量拟鲤小鱼群就可以证明这一点。即使在1999年2月，那里也生活着大群小拟鲤。在一些渔港，冬季也能看到小拟鲤。这一结果与在日内瓦湖的观察结果一致（罗西亚，1995）。

尽管大型水生植物在其他水域是小鱼重要的栖息地，而且在生态上有突出的重要性（汤森德和佩罗，1989），但卢加诺湖有水底植被的地方却是例外。卢加诺湖小鲤鱼并不局限于这一地形，大部分在没有大型水生植物的地方也能观察到。

如前所述，1999年7月，在有植被的天然堤岸和受人类影响的堤岸设施（石块、墙）中均有高密度的小鲤鱼出现。与幼鱼一样，小鱼密度在没有植被覆盖的天然堤岸最低。密度统计也显示出小鱼密度在7～10月间有不断减小的趋势。惟有石块堤岸的沿岸（梅利德海岸）发现了更多的小鱼。

根据鱼群离岸距离的增加情况可推测，鱼开始朝海洋生物区或海底生物区的移动就是引起我们所观察到的变化的原因。7月，在离岸15m以外的地方从未发现小鱼，小鱼密度最大的地方离岸距离不超过8m。但在10月，在离岸50m的地方还可以捕到小鱼，而且在离岸达25m的地方仍然可以观测到鱼群的最大密度。

但小鱼栖息地深度的显著增加并不能得到证实。10月，在梅利德湖岸区域可以直接透过水面观察到大量的小鱼。但在我们的调查中，只能在湖岸边上观测小鱼。可以想像，大部分小鲤鱼这时已过渡到水底或海栖的生活方式。

3.8 阿尼奥海湾鱼在时间和空间上的分布

1999年和2000年之间开展的回波探测仪调查可以证明，在8月份，鱼比较集中在较浅的水域（1.5～4m）。在离岸距离远的地方，鱼的密度也很高。而在更深的地方到底有没有鱼实际上也无法得到证明。大部分鱼都以相对松散的方式生活，因此可以辨别单条鱼的回波。惟一可以确定的是，有一小群鱼生活在4～16m的深度范围内。

10月，鱼还是比较集中在上表面水层，但鱼的密集度增加，因此已无法再辨别单条鱼的回波。在不太深的区域(小于18m),主要是在4～8m的深度范围内则可以观察到鱼群。

在冬季(2～3月),几乎完全不能确定单条鱼的回波。海洋生物区最上面的20m几乎是空的,当然也就不能找到鱼群。在调查范围内(0～20m),鱼主要以密集群体的方式出现在0～18m的深度范围。所有鱼群都被确认是生活在较浅的范围内(小于18m),这些鱼群的水平延伸相对较小,在2.5～5m之间。

在夏季和冬季之间,表面水层的鱼在数量上明显减少,这与对小鱼栖息地的观察结果是一致的。夏季遍布在靠近表面水层的鱼到冬季时就消失了。在冬季,它们集中到湖中的少数几个地方(比如拉韦纳海峡)。与此同时,鱼类活动地点的深度增加了。

这一结论与十年前的调查非常相似(蒙和穆勒,1989)。1989年夏季,人们也发现在水层最上面10m,鱼的密度非常高,最上面6m鱼的密度最高。在1989年10月,表面水层也生活着同类海洋生物,尽管这一深度范围的海洋生物目前已经非常稀少。当时对深达30m的湖底进行了探测。冬季,这些鱼也以大鱼群形式聚集在湖中个别地方。

鱼的行为和空间利用在1989～1999(2000)年间也没有发生什么明显的变化,尽管当时湖中鱼种的构成与现在的截然不同。与其他回波探测仪观察同步,当时使用拖网捕捞了除阿鲍雷拉鲤之外的其他鱼种。阿鲍雷拉鲤在渔网捕捞的鱼中仍然占绝大多数。现在这一鱼种已因捕捞过度而灭绝。可以认为,阿鲍雷拉鲤对湖中的鱼种构成只作出了微不足道的贡献。现在又有其他鱼种统治了卢加诺湖,特别是拟鲤。

在夏季,鱼之所以聚集在湖的最上层,是因为一贯恶劣的氧气条件,这一点在当时就已经有了假设。氧气的密度在夏季停滞阶段是最低的,因为中等深度的水层只有通过温度下降或者很大的风和波浪才能获得氧气供应。1997年和1998年的9、10月间,在菲吉诺测出的结果是,13m以下氧气的密度低于4mg/L。1996年8、9月间,在9m深的地方,氧气也只有4mg/L(巴比厄瑞等人,1998,1999)。与1989年(蒙和穆勒,1990)相比,情况几乎没有什么好转。

与鳟、白鲑、红点鲑相比,拟鲤和其他鲤鱼(如河鲈)对温度和环境条件的要求明显比较高,这也是在最上面的水层有如此多的鱼的回波的一个原因。对温度和环境条件的要求较高的鱼在温暖的表面水层可以发现很多的食物并迅速生长,因为其摄食活力及其消化速度都随着环境温度的改善而增强。

1999年10月11日,鱼群在16m深的水域出没,但阿尼奥附近的沿岸区域除外。这是因为韦基奥河和韦德焦河这两条支流给湖泊带来了富含氧气的凉水，这可能引起阿尼奥海湾的局部环境较海洋生物区(菲吉诺观测点)更好。

4 讨论

4.1 年龄，鱼卵的生长发育及群体生物学

与其他生物群体相比，在瑞士卢加诺湖中生长的鲈鲉体质更强，即使是在冬季，其体质也只是略微有下降。鲈鲉的另一特性是：在其生命的头几年中生长异常迅速。这一特性使得雄性鲈鲉与雌性鲈鲉在两周岁时就可以进行交配产卵了。因为卵细胞数量的多少取决于其母体的体重，因而与别的生物群体相比，鲈鲉在几年的迅速生长之后就可以达到相当高的繁殖能力。另外，许多证据表明，绝大多数的雌性鲈鲉在其性能力发育成熟之后都能年年持续不断地进行繁殖产卵，因此鲈鲉这一生物群体具有很大的繁殖潜力(戈尔德斯宾科，1978；施密特，1983；汤森德和皮尔洛，1989)，如果再加上有利的生存环境和较低的生存竞争压力，鲈鲉的存量更会疯狂增加。相对于雄性拟鲤，雌性鲈鲉更快的生长速度及相对较低的死亡率是其整个群体繁殖潜力得到最大挖掘的又一重要因素(戈尔德斯宾科，1979)。

相对于其他生长速度和繁殖能力都比较低的生物群体，鲈鲉有着明显的优势。

从已掌握的生物学数据中可以看出，卢加诺湖为鲈鲉种群提供了极其有利的生活条件。

首先，温和的气候使得这里的鲈鲉比生活在其他湖里的鲈鲉能更早地进行产卵(大约在 4 月中旬至 4 月末)。卢加诺湖夏季的平均湖水温度比阿尔卑斯山以北的湖水温度更高，因此能为生长在其中的鲈鲉提供更好的生长环境。大量的调查表明，在鲈鲉一周岁以前，较高的水温条件比较低的水温条件更能促进鲈鲉体质的增强(克里麦斯扎克和杰里库斯卡，1978)和生长速度的加快(施密德，1936；布劳滕和琼斯，1978；戈尔德斯宾科，1978；波图恩和戈尔德奥斯，1987；基里夫茨基科尔科乌多，1995)。由于快速生长的鲈鲉(斯伐尔德森，1976；基里夫茨基科尔科乌多，1995) 很快就不再惧怕其在年幼时所遭遇的天敌(劳瓦斯，1988)，因此人们认为，与鲈鲉迅猛的生长速度相伴随的一定是其死亡率的相应降低！就这一点来说，鲈鲉有着其他生长缓慢的生物群体所没有的优越性。

与阿尔卑斯山以北的大多数湖泊相比，今天的卢加诺湖水的营养成分更高。极富营养的湖水为鲈鲉提供了有利的生活条件，并为其在整个鱼类生物

圈中占据主导地位提供了基础(斯伐尔德森,1976;布劳藤及琼斯,1978;佩尔森,1983)。在湖水所含营养成分下降的情况下,鲈鲉的生存优势也相应降低(赫尔皮拉和皮尔托能,1994)。越往阿尔卑斯以北的湖泊,鲈鲉的存量愈少(曹戈,1987;戈尔斯特,1998),其中湖水营养成分的减少可能就是其中的原因之一。

在湖水营养含量高的湖泊中,食物的供应异常丰富,能够供鲈鲉觅食的范围不仅仅局限于湖滨一带。相当一部分的鲈鲉经常能够捕食到浮游生物(布莱恩尔,1973;布瑟尔和舒米,1987;劳瓦斯,1988;赫尔皮雷塔尔,1996)。

从这样的论述及分析中我们可以清楚地看到,温和的湖水和相对较高的湖水营养成分有利于鲈鲉迅速生长,增强体质并更早地达到成熟阶段。然而在大多数水域里,人们所看到的事实都背离了这一规则。博登湖的情况是:鲈鲉的生长速度是随着湖水从缺乏营养到营养含量适中而提高的,而不是在湖水从营养含量适中到富含营养的过程中提高的(哈特曼,1978,引自布莱恩尔,1973)。在马丢湖,尽管其湖水缺少营养,其中的鲈鲉的生长速度却高于鲈鲉种群的平均生长水平。而在阿尔普纳赫湖中,鲈鲉的生长速度也并没有随着湖水营养的降低而减缓(劳瓦斯,1988)。通过以上分析我们可以明显地看到,除了湖水温度及其营养含量外,鲈鲉群体的存量密度也对其生长速度、鱼卵的发育情况及其身体素质产生重大影响(施密德 1936,劳瓦斯 1988)。

面对有限的栖息空间和食物供给,如果其存量密度不是相对较低,那么,卢加诺湖里的鲈鲉就不可能有这么快的生长速度,也不可能有这么好的身体素质和如此早熟的鱼卵形成。

就可供支配的资源而言,较低的鲈鲉存量密度可以通过不同的形式得到实现:

• 可以想到的是,存量的密度还是在增加,并且其群体也不会受到栖息地和食物供应有限的限制。因为这种存量的增加是以对鲤鱼捕食量的持续不断的增长为支撑基础的。

• 也会出现这种可能,鲈鲉的存量在其早期的生长阶段(产卵阶段或幼鱼阶段)是通过有限的栖息地和资源来调节的(颈瓶理论)。而除了资源和栖息地的缺乏以外,再也没有其他阻碍因素来阻止其群体的生长繁殖。

• 还可以这样解释:每年只有少数的鲈鲉能够存活下来。在产卵期过后极低的温度必然导致卵细胞死亡率的明显升高(戈尔德斯宾科,1978)。同时由于水温的变化,一岁以内的幼鱼的死亡率也很高(波图恩和戈尔德奥斯,1987)。卢加诺湖鲈鲉在不同年龄段存活量的不同则表明,这一解释也适用于卢加诺湖。但是与日内瓦湖比起来，卢加诺湖鲈鲉的存活量在不同年份之间的差距并不明显，在日内瓦湖根本看不到鲈鲉成群结队地畅游在一起(波图恩和斯特劳菲科，1987)。

4.2 觅食及生计

在觅食方面，鲈鲉是绝对的机会主义者。尽管在许多水域里浮游生物是海洋中许多生物最主要的食物来源(布莱恩尔，1973；戈尔德奥斯，1988；戈莱，1983)，但鲈鲉是完全另外一种情况。在食物紧缺时期，它们会很实际地另寻食物，以藻类和湖水中的微生物腐化物为生(克里麦斯扎克和杰里库斯卡，1978；佩尔森，1983)。鲈鲉的这种能力使其与其他种类的生物群体相比较有着明显的竞争优势，因为其他种类在食物紧缺时期，必然会发生数量上的锐减，同时体质也会因此而削弱(佩尔森，1983)。至少在小范围的水域里面，鲈鲉甚至能吃光叶足类动物所能提供的所有食物(唐塞恩德和皮尔洛，1989)。

在卢加诺湖，鲈鲉，特别是幼年鲈鲉的主要食物结构是甲壳类的浮游生物。但除此之外，还有许多不同种类的食物供它们食用，其中甚至包括年幼的小鱼。在浮游生物短缺时期，卢加诺湖的鲈鲉还会把觅食的范围延伸到海藻和水生植物。身体的迅速生长使得鲈鲉在刚过 2 岁的时候就可以把它的食谱扩展到移动缓慢的瓣鳃纲生物，这是一种具有重要意义的食物来源。一般来说，瓣鳃纲生物在身体外面都包有一层硬壳，鲈鲉只有长到足够大足够强壮时，才有力气把它们要寻觅的食物从硬壳中撕扯出来，并用其坚硬的牙齿撕成小块。只有 6 岁或更年长的鲈鲉才有能力食用这些瓣鳃纲生物，而这些瓣鳃纲生物的体长其实微不足道，不到 24cm(劳特，1969)。瓣鳃纲生物能够常年不断地为鲈鲉提供食物来源。鲈鲉正是因为把捕食的目标延伸至瓣鳃纲生物，才使得它比那些不具备这种延伸食谱能力的鱼类更有生存优势。

4.3 栖息地

与许多其他的鱼类一样，雌性鲈鲉在其产卵期间喜欢把家安在海滨地区。另外，产期鲈鲉对其栖息地的要求是：必须要有一个坚硬底质，然后在底质上附上一层 10cm 见方的细微沙粒。除此之外，产期鲈鲉对其栖息地并没有什么特别的要求。不过对产期鲈鲉来说，禁忌用坚硬的阻隔物(墙)把鲈鲉隔绝起来。

4.4 在阿鲍雷拉鲤种群数量减退的情况下鲈鲉存在的重要意义

比起阿鲍雷拉鲤，鲈鲉在许多方面都具备生存优势：

(1)鲈鲉生长得很快，并且在满一周岁时就生长到不再受幼鱼时威胁其存在的鱼类的威胁了。到两三岁的时候鲈鲉就不会受到梭鲈捕食的威胁。而阿鲍雷拉鲤直到两岁时仍有被一些小幼鱼捕食的危险,并且在其整个生命过程中都受到被梭鲈捕食的威胁。

(2)随着鲈鲉的迅速生长,其身材很快就会长得很大。

(3)与阿鲍雷拉鲤相比,鲈鲉有着更强的生殖繁殖能力。因为鲈鲉成熟得很早,所以它的产卵能力就显得格外的强大。

(4)鲈鲉与阿鲍雷拉鲤一样都比较偏爱一种食谱,但是鲈鲉在很年幼的时候(大约2周岁)就可以食用软体动物了,在这一点上,鲈鲉比阿鲍雷拉鲤有着明显的优势。

(5)鲈鲉在产卵期对栖息地的要求比较宽泛,并且一些鲈鲉还合伙在海滨的砾石场上公用一个栖息场所,在这一点上,鲈鲉与阿鲍雷拉鲤有着相同的特性。

(6)因为阿鲍雷拉鲤产卵比鲈鲉要晚,因此有时会出现这种情况,即当阿鲍雷拉鲤的幼鱼才钻出鱼卵时,鲈鲉幼鱼已经能够在海滨上自由活动了。同时,比起阿鲍雷拉鲤幼鱼来,鲈鲉幼鱼在觅食和活动范围上都更具竞争力。

(7)根据回声测量仪所测数据研究表明,现今鱼类存量在空间上和时间上的分布基本上由鲈鲉主导,而十年前则主要由阿鲍雷拉鲤决定。阿鲍雷拉鲤赖以生存的食物——浮游生物已基本灭绝,并由别的生物所代替。

尽管科学家对鲈鲉进行了多方研究,但仍有没有解决的问题存在,主要表现在以下几方面:

(1)很明显,阿鲍雷拉鲤显示出了一种依赖于浮游生物生存的存在方式(莱曼,1990)。相比而言,据文献记载,鲈鲉更偏好于生存在海滨一带。因而搞明白这两种鲤鱼在选择栖息地时是否会发生冲突以及冲突持续的时间长短就显得尤为重要。因为阿鲍雷拉鲤的产卵期晚于鲈鲉的产卵期,因而可以得出结论,在产卵期中不会出现争夺栖息地的冲突。最可能出现争夺食物和栖息地冲突的时间是5月。因为这个时候大量的阿鲍雷拉鲤出世,同时整个海滨地区都被刚长成不久的成群幼鲈鲉所占据。但是,关于阿鲍雷拉鲤的觅食习性及其对栖息地的选择情况我们几乎不知道,我们仅能够在事后对可能发生的竞争事实得出一些结论。而对于阿鲍雷拉鲤出世之后到底会在湖滨地区逗留多长时间,我们更是一无所知。

(2) 到现在为止,人们还不知道鲈鲉的存量到底在所有以浮游生物为生的鱼类总量中占据了多大份额。人们同样不知道,鲈鲉到底在哪几个月份中以浮游生物为生。

(3)在阿鲍雷拉鲤逐渐消失的过程中,其所赖以生存的浮游生物中的叶足类生物的三大类别(甘德尼亚、梅鲤德、菲基诺)的平均存量并没有减少,甚至不减反增(巴尔比里,1998)。同时,阿鲍雷拉鲤所偏爱的食物水蚤(也称金鱼虫)的存量在1988年以后甚至有所增加。这一结论与下面的假设完全相反。假设是:阿鲍雷拉鲤存量减少可能主要是由于食物供给的减少和觅食的竞争所导致。

(4)除了鲈鲉,卢加诺湖还引进了大量的其他鱼种。其中包括梭鲈鱼种,这种鱼主要捕食单独游弋的成年阿鲍雷拉鲤。在阿鲍雷拉鲤逐渐消失的时期,这种鱼的存量却大幅度增加。当然也不能排除正是这种鲈梭鱼种和另外一些外来的古老鱼种使得阿鲍雷拉鲤的存量不断降低。

(5)在过去的几十年中,卢加诺湖水的营养成分、可见度(光线所能到达的水的深度)以及在里面生长的浮游生物的含量已完全改变。

根据上面的分析我们可以得出结论,卢加诺湖引进的鲈鲉鱼种与阿鲍雷拉鲤鱼种以及其他的在阿尔卑斯山以南地区出现的鱼种相比有着很多主要的生存优势。而对于这是否会产生一种新的排挤,不同鱼种是否能合理分配可支配的生存空间和食物资源的问题,则取决于许多因素。为了能够准确地评价可能存在的对阿鲍雷拉鲤的排挤,我们必须掌握在鲈鲉引进前后的关于鲈鲉和阿鲍雷拉鲤的生物学资料,特别是关于它们栖息地和觅食特权的资料。另外,其他各种鱼种的存量密度的变化数据也是必需的(傅施,1988)。

由于阿鲍雷拉鲤存量的锐减发生得太快,以至于我们只有在引进鲈鲉之前的关于其生物学方面的资料可以利用。而关于栖息地的选择和觅食方面的资料,特别是关于幼鲈鲉的资料,只有零星模糊的记载。

在引进鲈鲉的同时,还有很多古老鱼种也被引了进来,它们都是在同一时期与鲈鲉一起出现的。然而,关于这些鱼种的生物学方面的知识更是无人知晓。基于这一原因,关于阿鲍雷拉鲤是不是由于受到了鲈鲉的排挤而发生存量减少的问题就不是我们所能完全解释得了的。

4.5 知识盲点

(1)根据对产卵栖息地的研究,人们大致能够在一些方面确定鱼的种属。而通过其鱼的所有栖息地选择方面的研究,人们也只能作出一些关于鲤鱼在选择栖息地时的见解。对于鲈鲉对栖息地的选择我们一无所知。因此,关于鲈鲉是否曾经与阿鲍雷拉鲤为争夺生存空间而进行斗争的疑问,至今我们仍然无法清楚地解释。在对所有年龄段的鲈鲉(鱼卵时期、幼鱼时期及成年时期)的研究中,我们都开展了抽样研究,最后通过对这些样本的基因分析就可以大概测出其所属种属。该项研究的前期工作由伯尔尼大学的一名硕士研究生完成,在此基础上再经过分析研究,就可以获悉许多关于鲈鲉和其他鲤鱼的栖息地选择方面的知识,以及不同鱼种在湖滨地区的分配以及可能的接伴出行等方面的知识。

(2)根据对捕捞量统计的分析表明,无论是阿鲍雷拉鲤与鲈鲉的产量(自1995年以来90%的产量都来自于鲈鲉)比较,还是阿鲍雷拉鲤与梭鲈的产量比较都会有一个显著的此消彼长的关系。因而可以想像,或者是梭鲈,或者是鲈鲉,或者是它们两者共同的作用导致或者说是加速了阿鲍雷拉鲤存量的减少直至灭亡。但是,要把这个问题说得更明白,我们还需要进行进一步的深入研究,甚至要研究专业之外的东西。这里,特别需要研究的是梭鲈在有阿鲍雷拉鲤生存和没有阿鲍雷拉鲤生存的水域里的不同觅食倾向。另外还要弄明白,梭鲈的产量是否有效地反映了它的存量密度,或者更确切地说,捕捞方式在捕捞强度和捕捞选址方面的调整是否应该为阿鲍雷拉鲤存量减少这一变化负责。

(3)要评价鲈鲉带来的竞争是否对阿鲍雷拉鲤的灭绝起到了推波助澜的作用,今天的各种依赖于浮游生物群的鱼群结构的构成以及生长在浮游生物区的鲈鲉的存量密度具有尤为关键的作用。这个问题也可以通过回声测量仪考察,或通过拉绳结网的捕捞共同作业来回答。通过与回声测量仪共同作业的方式,在富含浮游生物地区进行典型的专门拉网捕捞也能提供类似的考察结果。

5 前景

拟鲤的大量存在使得卢加诺湖内的生物群体不可能大量减少或灭绝,它们所要做的只是和这一新鱼种共处,并尽可能地利用新鱼种。20世纪50年代,在阿尔卑斯山以北的大部分中部地区以及阿尔卑斯山山麓的湖泊中都存在严重的鲤鱼问题,从其解决方法和成败经验教训中我们也可以得到一些启发。拟鲤问题的历史可以通过以下几个章节得到简单的阐述。这些说明的依据是罗特(1969)、舍尔(1978)、穆勒(1983)的材料以及来自比尔湖的渔民马塞尔·马丁的口述。

5.1 阿尔卑斯山北部的鲤鱼问题

由于中部地区的湖泊富含营养,20世纪50年代以来这里的鲤鱼和河鲈的数量开始增加,随后这种情况也发生在阿尔卑斯山北麓的湖泊中。而上述湖泊中的白鲑和红点鲑却同时在减少。当然,土茵湖(thunersee)、拜茵湖(brienzersee)和韦伦湖(walensee)例外。虽然后来使用了污水净化设备,但是鲤鱼和河鲈的数量减少却已经是许多年后的事了。

拟鲤和布拉希门鱼(brachsmen)是鲤鱼捕捞增长的主要原因。特别是渔民,因为当时市场对多刺的鲤鱼几乎没有什么需求。50年代以来鲤鱼价格持续下跌,出售鲤鱼甚至不能收回成本(见表7),比如说1969年博登湖－奥波湖的例子就能说明这一点。

表7　　鱼类与价格关系

鱼类	价格(法郎/千克)
鲤鱼	0.17
布拉希门鱼	3.40
河鲈	2.61

所以渔民不打算大规模捕捞鲤鱼,这样一来鲤鱼的数量就迅速增长。随着数量的不断增加,在浮游生物层中也出现了拟鲤种群,所以渔民在捕捞白鲑鱼的同时捕捞到拟鲤的机会也多了起来。结果导致许多渔民不再大量捕捞白鲑鱼,因为这样太费劲而且收入太少。

5.1.1　养殖变化

(1)在营养丰富的湖泊内通过投放鱼苗扩大白鲑数量在当时被认为是没有意义的(罗特,1969)。但是后来的研究表明,比如,在营养特别丰富的泽姆巴赫湖内,白鲑也完全可以高产。要实现这个目标不能靠自然繁殖,因为,尽管水在流动,但是极其稀少的氧气和在水里沉淀物边界层的有毒化学物质使得鱼卵很难存活。所以实现白鲑的高产主要是靠投放鱼苗(温特灵施旺克和穆勒,1991;温特灵施旺克,1992)。

(2)过去认为梭子鱼数量增多并不能导致鲤鱼减少(罗特,1969),因为梭子鱼的数量是受水域内的可以获得的鱼苗数量而不是食物限制的,而且梭子鱼在很高的密度下会同类相食。

(3)过去认为投入鳗鱼的鱼苗是不恰当的,因为鳗鱼非常喜欢捕食白鲑,可以用来调节白鲑而不是拟鲤的数量,就像在德国北部的一些白鲑鱼湖中发现的那样。

(4)过去人们认为,梭鲈只适合在没有真正均温层的严重浑浊的小型湖泊中生存。

(5)鳟鱼喜欢生活在养分不足或一般的水域。

总的来说,即使通过竞争对手或者捕食者的帮助而有所收获,这种收获也是非常有限的。

5.1.2 实际利用

1965年9月1日,瑞士内政部任命了一个专家委员会,该委员会的任务是就减少鲤鱼数量以及对鲤鱼的合理利用提出建议:

在鲤鱼大量减少之前它们常常被当做养鱼的饲料出售。但干饲料更方便使用,而且不会像使用鲤鱼作饲料那样,有可能将疾病从鲤鱼传播到食用鲤鱼的鱼类身上。这种情况在鲤鱼及河鲈密集的水域中非常多见(例如由细菌引起的斑点病),而且在20世纪60年代造成了鱼类的大批死亡。这种利用方式必须禁止。

委员会公布这个事实后,人们开始更多地食用鲤鱼。但是,鲤鱼作为食品得到出售并不能说明人们喜欢食用鲤鱼,因为瑞士人最喜欢吃的鱼是冷冻的切成块的海鱼,如果是淡水鱼,则是无刺的最受欢迎。

梭子鱼和鲤鱼都有叉状的刺,在其他国家被视为美味。所以,当地人们认为,梭子鱼和鲤鱼在这方面的利用前景一般,但并没有把它作为最终的定论加以接受。

不同的加工方法也已得到说明,但由于卫生、口味或者不能收回成本等原因而不被人们所接受:

• 油煎拟鲤肉块只能大批量生产,瑞士的年产量(大约1 000t)相对较小。

• 纯蛋白的生产(类似于加拿大在鱼的加工过程中从废弃鱼原料中提取纯蛋白),也因为年产量太小的原因而没有被采纳。

• 用两种不同的工艺生产鱼粉(饲料)也经过试验,一种生产工艺不能达到卫生标准,另一种生产工艺已得到再次检验,虽然这种工艺并不能使渔民收回成本。

• 直接作为饲料喂猪的方法则得到采用,因为这么做不需要经过长途运输。长途运输或加工(如做成鱼糜并将其煮熟)的成本太高。

• 将鲤鱼做成猫食罐头也由于心理原因而被否定。因为人们担心会导致人类误食这种罐头。

• 在垃圾处理装置内焚烧。只有在为了防止流行病而进行各种卫生考虑时才会实施这种措施,因为动物蛋白价值很高。

不同产品的生产以及通过渔民直接销售更有效果:

(1)一些大型活动(展览、团体和村庄的庆祝活动等)上的油炸小拟鲤。将冷冻后的鲤鱼用于某种活动也没有任何问题。事先在盐水中腌制鲤鱼可以保鲜并且可以保存更长时间。

(2)将已去刺的拟鲤鱼片和布拉希门鱼鱼片直接销售给希望一饱口福的顾客。

(3)生产鲱鱼卷、腌鱼、鱼沙拉等产品。

鱼刺的问题可以通过以下两种不同的方法加以解决:

- 小鱼鱼肉中的刺用柠檬汁腌制使其变软。
- 大的拟鲤可以先将其切成小段,再用柠檬汁腌制,这样鱼肉变成小块,鱼刺也被切成小段,吃的时候一点都不麻烦。

这条路被证明是行得通的。1978年,(在伯尔尼举办的展览会上)渔民们第一次在他们的摊位上出售油炸鱼片,后来这种食物发展成了非常畅销的风味小吃。顾客们在心理上不再抵制鱼刺,而事实上,通过加工,鱼刺问题在食用过程中不会造成麻烦。

为了支持这些渔民,瑞士联邦和各州在鲤鱼产量比较高的年度为一些基础设备(切割鱼片以及油炸的机器和冷藏的设备)提供资金。另外,渔民每出售1kg拟鲤都可以得到一定的补助。

1980年后,比尔湖的鲤鱼产量急剧下降。大约也是在这个时候,市场上出现了供不应求的局面。在捕捞量比较大的几年中,只有冬季捕捞上来的拟鲤可以食用,因为夏季捕捞的鱼都有一种类似藻类的很难吃的味道。后来水质变好后(解决了富营养化问题),夏季捕捞上来的鱼的味道也没有受到影响,可以食用。只有在产卵期后一个月左右的时间不能捕捞拟鲤。布拉希门鱼也不再被捕捞。

新的渔业法实施后国家不再给任何补助,所以保持与以前一样好的销量非常重要。很大一部分是在展览会以及其他团体活动场合加工成油炸鱼片销售。

5.2 针对卢加诺湖的建议

卢加诺湖的现状与20世纪50年代中部地区的情况类似。在提契诺州,渔民们必须承受捕捞这种无利可图的鱼类的经济负担。正如阿尔卑斯山北部地区以往的尝试所证明的那样,卢加诺湖也不能用大规模利用的方法解决,尤其是这样做会给一些本已受到生存威胁的鱼种带来巨大的压力(曹克,1987)。在卢加诺湖生存的许多鱼类,其生存会因为大规模的捕捞而受到不利影响。由于这个原因,在大规模捕捞的地方,目前必须在已有的捕捞方法的框架内提高拟鲤的产量并形成市场。拟鲤的加工和储藏需要专用设备(冰箱以及油炸和切片机器)。这些设备能不能用各州的补助来购置,还需要经过论证。另外还需要和拉网捕渔的渔民合作开展检验,需要针对拟鲤专门捕捞对现行的捕捞和保护规定做一些修改。

渔民的一个重要任务是在提契诺州形成一个拟鲤市场(活动、展览、团体)。在这方面,渔民们可以从瑞士渔民协会得到许多宝贵的经验。如果此举能获得成功,那么,他们也可以在瑞士北部出售这种拟鲤鱼片,因为在那儿,至少在某些地区,这种商品的市场需求目前尚未得到满足。2002 年世博会上的需求非常大,拟鲤鱼片现在已经成了中部地区三个湖的特产。关于必要的设备以及销售组织方面的资料都可以从瑞士渔民协会得到。

此外还必须考虑,拟鲤幼鱼是否适合按照阿尔伯瑞拉(ALBRELLA)法则加工。但是,从生态学角度考虑,只有在能够证明稀有鱼类不会和拟鲤一起被捕捞上来时这么做才有意义,因为人们并不希望这些稀有鱼类的数量减少。

正如泽姆帕赫湖的经验所表明的那样,可以通过投放相应的鱼苗增加所需鱼类的捕捞比率。尽管卢加诺湖白鲑的捕捞量现在每年不到半吨,但是 20 世纪 80 年代以来捕捞白鲑迅速增长。白鲑主要生活在湖底,于是,那些用渔网捕捞的渔民也更多地利用浮游生物层。这些情况使得白鲑很有生存优势:通过投放在岸边产卵的鱼种可以提高鱼类自然繁殖的产量。全部鱼卵在水中沉淀物边界层因为缺少氧气而死亡的危险在岸边要比在深水区要小得多。另外,通过网内养殖可以扩大养殖容量。

正如阿尔卑斯山北部的经验所表明的那样,湖泊中养分的持续增长对这些建议措施的成功实施起着决定性的作用:

• 拟鲤在数量上占优势的关键因素是较高的养分水平(斯万德森,1976;布劳顿和琼斯,1978,佩森,1983);

• 可以通过减轻养料负担,促进白鲑的成功繁殖;

• 湖鳟和白鲑的生存空间条件也可以通过减轻养料负担得到改善。

渔业状况的持续改善只有在卢加诺湖的养分负担得到继续减轻的情况下才能实现。

流量变化对水域生态的影响*

瑞士联邦环境、森林和农业局(BUWAL)

关于流量变化对水域生态影响的现阶段认识，以及在流动水域实施的抑制流量变化的措施，都能在现有的文献资料中找到。在瑞士境内以及与瑞士接壤的阿尔卑斯山地区，人们研究了水域距离对流量变化的影响，并对研究结果进行了更深入的分析。在本文中还包含一些现有的总结性评论文献，其中还包括许多关于其他地区的水域生态研究的信息。为了尽可能将不同水域对流量变化的反应加以统一，我们将所有调查结果都以相同方式进行了排列，即按照调查得出的非生物参数和生物参数(指数)并根据流量变化影响的类别进行了排列。

流量变化指的是高流量和低流量之间的交替。由于受水电站间歇型工作方式的影响，这种现象每天都会出现。在瑞士，大约25%的大中型水力发电中心都会在下游的流动水域引起类似的流量变化波动，或者间接造成这一现象的产生。

总体而言，高流量和低流量之间的交替非常迅速，在普通流动水域的流量中不会出现，所以从水文学的角度看，流量变化会造成干扰。分析研究表明，从生态学的角度考虑此问题，其结果也是如此：与不受水文学影响的状态相比，许多地方水域体系的结构和作用都受到了流量变化的破坏和负面影响。

研究表明，在得到研究的大多数水域(65%～90%)，流量变化都会造成一系列后果：减弱并改变大型水底生物和鱼类之间的关系；造成在流量上升时生物体漂移增多，而流量下降时生物体搁浅增多的现象。其他一些指数受流量变化的影响不是那么明显，或者说它们只适合个别水域。所以在这种情况下，如果要对具体水域的流量变化影响进行判断，就有必要对各种情况进行详细深入的研究。

对于某些单项指数(例如生物体的搁浅)，还存在着具体的知识漏洞，在对

* 此篇为瑞士75号渔业报告，为文献研究机构的研究结果。

阿尔卑斯水域进行的研究方面这点尤其突出。因此,也就产生了继续开展相应研究项目的强烈内在要求。

有一些生物体和生物体系对于这种流量变化影响特别敏感,而其他的生物体对于这种流量变化造成的困扰则有较强的抵抗力。

本文精选了有关案例,并在此基础之上阐述了几种经常提及的流量变化对水底生活空间和生活群体的影响。

一个水域的形态,即该水域的阻隔程度,在流量变化如何影响水域生态的过程中发挥中心作用。由于流量变化形态结构的多样化,例如由于砾石、礁石以及低平河岸的作用,由流量变化引起的这种危害可能得到减轻,也可能被加重。在对受流量变化影响的水域进行判断的过程中,尤其是在其恢复过程中,必须要注意这一点。

根据各种不同的水文参数对流量变化特性进行研究具有重要意义,这种意义首先体现在导向性报告上。目前,尚不清楚单个流量变化的频率及其所产生的规律性影响。但是,对于那些已经经过比较深入研究的参数,比如高流量和低流量的比例,或者是水流上升以及下降的速度,也只能进行粗略的划分。在这样的情况下,也就不可能对流量变化的影响作出客观的评价。因此,在阿尔卑斯水域对此类影响进行更深入的研究理解也就势在必行,而且应该把这种研究和流量变化的类型和程度加以结合。

在阿尔卑斯地区,其中主要是在奥地利福拉尔贝格州境内的布来根茨阿赫河,抑制流量变化的措施对水域生态所起的作用已经得到详细研究。这一地区已得到成功控制。但是,这一成果并不能保证其他措施同样能取得成果,也不能保证这些措施在其他水域也能取得同样的成功。在瑞士,相关的研究刚刚起步,或者还在计划之中。瑞士的一些水力发电中心也已经开始部分地采取一些抑制流量变化的措施,但是这些措施对于水域生态的作用还有待研究。

本材料还将就应用研究以及流量变化对水域生态影响的判断等提出相关建议。

1 引言

1.1 出发点及相关议题

为了满足高峰需求,大中型水力发电中心需要将储存的水放出,这样,在位于这些大中型水力发电中心下游的流动水域,经常会出现人为的、以天为周期的流量变化波动。研究表明,这样的流量变化有可能对相应水域的水文以及生态造成各种不同的影响，例如，福斯坦莱施纳（Forstenlechner）在 1997 年就对阿尔卑斯地区的情况进行了粗略的描述。他在总结性评论文献中引用了通过少数案例研究（布来根茨阿赫河和德拉瓦河）所得出的认识与结论。在瑞士以及瑞士的几个邻国，在一些不同的流量变化区域，人们进行了一系列最新研究。但是，目前还没有对这些研究进行总结性的分析利用。这些研究的成果只是在一些高校研究机构以及私人公司的专业报告中得到部分的记载，因此相对来说也就不容易获得[❶]。

受联邦环境、森林和农业局（BUWAL）委托，有关方面已经开始在瑞士的流动水域进行流量变化研究。研究对象主要是："流量变化的种类和程度特性"，及"对抑制流量变化的措施进行描述"（理牧耐克斯，2001）。文章还指出，有 92 家水力发电中心造成了下游水域的流量变化，或者间接造成了这一现象的产生[❷]。如果加上尚未被提及的水电站，那么，在整个瑞士境内，大约 25% 的大中型水力发电中心（发电能力超过 300kW）都会引起这种流量变化。

相应地，在所有进行水文测控的地点（即国家水文地理部门进行流量变化测控的测控点），发现有大约 30% 的地点受到了流量变化的影响。正如人们所猜测的那样，这些受影响的地点大多位于大的山谷河流上，或者是位于这些河流的比较大的直系支流上。这些水域恰好也是受其他因素（校正因素、河岸的阻隔以及污水排放）影响最深的区域。所以，对于瑞士境内的流量变化问题，这些水域的数量和种类的重要性就尤其突出。

本文所涉及的研究以理牧耐克斯 2001 年的研究为基础，包括了对流量变化的分析总结和阐述，并主要立足于以下两个方面：

- 对生态结构以及对下游水域的影响；
- 已经采取的抑制流量变化的措施的有效性。

研究和分析的重点在于：对瑞士以及与其接壤的阿尔卑斯地区受流量变化作用影响的水域进行研究。此外，本文还对其他地区的流量变化问题进行总结性阐述，同时辅以大量的现实案例研究。

进行这次研究的目的在于，提高对流量变化的现有认识，填补这方面的认识空白，找出可以改善水域生态的措施。这次研究的意义还在于，它能够为渔业、水资源利用部门以及水资源保护和环境保护部门等执行机关提供相关的

---

❶ 《生态概念》（Econcept）在 1999 年指出，缺乏关于全瑞士水电站对当地动植物系统影响的总体信息。

❷ 劳特斯（Lauters）在 1995 年指出，在整个法国，有 144 家水力发电中心存在流量变化情况。

判断和决策依据。此外,这次的研究还为以后针对更多的流量变化规划第一手研究并实施这些计划奠定了基础。

1.2 数据来源及加工

本文就流量变化对阿尔卑斯地区水域产生的生态影响的现阶段认识进行了总体分析,这种分析主要在采集和加工以下资料的基础上进行:

- 科学出版物(包括博士论文);
- 专题科学报告,或者受私人或公共机关委托而提出的报告(包括紫外线报告);
- 在受流量变化影响的水域进行的尚未公开的水域生态研究。

最近30年中,关于流量变化影响的应用研究工作及研究报告层出不穷,而北美洲则是这一领域的领跑者,此类研究在欧洲也正日益增多。我们现在开展的研究只能将瑞士所在的地理区域以及阿尔卑斯地区作为我们第一手资料的重点信息来源。西普拉(Cipra)在其1992年的研究中挑选了阿尔卑斯地区的有关对象,并将其研究分析主要集中在瑞士境内的8个水域、奥地利境内的3个水域以及法国境内的2个水域。

另外,还有一些关于其他同样受流量变化影响或者受流量变化波动影响的瑞士水域的研究报告(马赫克吕茨理,1980;盖斯特,1989;阿克瓦普露斯,1990;福朗斯康母特,1994;米尔勒,2000;乌尔曼,2001;瓦尔特,2002;保尔,2002)。我们的研究对这些报告进行了有针对性的引用。

关于奥地利水域的流量变化影响,除了我们现有的资料,还有不少由于种种原因无法及时获得的资料。比如,对奥地利境内恩斯河的研究(永维特和施木茨,1987年研究;克劳斯和斯荡,1993年的研究[1]);对奥地利和德国境内的萨尔查赫河的研究(维斯保尔,1991年;艾斯那与潘奈克,1993年);对奥地利境内齐勒河的研究等。此外还有一些资料是我们无从获得的,如1998年莫克(Moog)关于阿尔卑斯山区河流、位于奥地利蒂罗尔州南部的福尔施瓦河(Falschauer)受流量变化影响的完整而详细的分析研究。此外,1999年,莫利斯(Moritz)在位于德国拜仁州的萨尔赫河(Saalche)的两个水域段上对大型水底生物的群居进行了研究,在本文中我们也有针对性地使用了该资料。这条河流位于阿尔卑斯山区,与其他被观察研究的水域段相比还有其独特之处:其流量变化波动来源于一个流动发电中心的堤坝阻挡(见流量变化,第2.1节)。

在过去的十年内,法国在阿尔卑斯山以外的水域(在步列塔尼地区、在比利

---

[1] 关于这一研究的总结可参考艾斯那1998年撰写的文章以及2001年《联合》杂志的有关文章。

牛斯山脉地区、在中央高原地区)进行了大量流量变化研究。考虑到这些地区对欧洲而言具有绝对重要的意义,本文中也将引用1995年瓦仑丁(Valentin)对安斯杜诺河(Ance du nord)(鲁瓦尔河的上游支流)和冯多里厄河(Fontauliere)(阿戴克河的支流)的研究结果。这些河流都位于荣达尔(Rhonetals)西部的高卢和阿戴克行政区内,被研究的水域都在距离河口300~500m的范围内。

本文进行详细研究加工的总结性资料主要包括以下内容:

(1)对研究范围内受流量变化影响的水域中出现的形态、水力、物理-化学以及生物方面发生的变化进行分析和汇编(见第3.2节)。这种变化主要是通过一些非生物参数和生物参数进行衡量。这些参数对于某一水域的结构和作用来说是重要的指数。

(2)根据已经确定的影响的类别和程度,寻找水域类型和流量变化形成的关系(见第4节)。这一节还包括关于流量变化的生态结构的说明,这些说明一般都有文献出处。

(3)介绍一些抑制流量变化的措施,以及一些可以改善水域生态的措施。而这些措施都已经在具体的案例(布来根茨阿赫河)中取得了成功(见第5节)。

其他地理区域也在此方面开展了大量的研究,并取得了丰硕成果。为了促进对这些研究成果的了解,我们在本文中也对其进行了总结性的阐述评论(见第3.1节)。

对于所有可信的研究成果,我们都将采取类似于在阿尔卑斯山水域进行的研究方式来理解这些研究成果所包含的参数(指数)。

在第3.3节中,我们会在分析总结评论文献及对阿尔卑斯地区进行研究的基础上,总结我们对流量变化造成的生态影响的认识。在条件允许的情况下,我们还将通过具体的案例来阐述研究发现的流量变化对不同水域的影响(第3.4节)。

第6节包含的主要内容有:对瑞士将来进一步开展流量变化研究提出总结性评论,并提出相关建议。其中,我们还将引用理牧耐克斯(2000b)关于在流量变化水域进行应用研究的方法建议❶。

---

❶ 此研究在EAWAG生态项目(布拉特与西图福,Bratrich & Truffer,2001)的范围内进行。同时也对以前进行的瑞士洪流研究进行了方法论方面的考证,并且进行了相互之间的比较。但是,该研究并没有对有关内容进行具体深入的分析。

2 总体依据

2.1 概念及参数

高流量这个概念主要指：在一水域中人为引起的、由于上游的一个或多个水电站的旋流作用而导致的流量上升。而低流量这一概念系指：在用水需求较少的时候，尤其是在夜间和周末，在流量变化中间隔出现的流量下降。不同流量交替的总体顺序，就是高流量/低流量运动，或者简称为“流量变化”（在英语中称做“hydropeaking”以及“flowfluctuations”）❶。偶尔，流量变化的概念也可以简单理解为，低压流动发电中心（一般是河流发电站）所引起的不连贯的水流运动。在这种情况下，河流阻挡堤坝一般能提供的少量储水能力至少会在短时间内（几个小时）用于满足一家工厂或者几家工厂的较高的生产用电需求（直通式储存）-［发克尔（Feikel），1959］。而我们这里所阐述的流量变化则不同，在大多数情况下，我们所提及的流量变化均指大中型高压发电站通过自身的储存而引起的流量变化。

要对流量变化活动的流量比例进行特征描述，并对流量变化的影响进行分类，就必须提到以下重要参数：

（1）高流量的最高值和低流量的最低值之间的流量比例（高流量/低流量比例的单位为 m^3/s 或者是 X∶1）。

（2）高流量的最高值和低流量的最低值之间的流量差（单位为 m 或者 cm）；有些情况中，也有可能不是给出垂直方向上的差值，而是给出水平方向上的差值。

（3）流量状况，即高流量的上升和低流量的下降之间的最大过渡速度。如果有条件得到相应数据的话，也可以给出流量以及水域宽度增加及减少的比率（单位为 cm/min 或者是 m/h）。

2001 年，理牧耐克斯曾经在冬季选择了寒冷而干燥的一个星期（即 2001 年 2 月 22～28 日），在瑞士境内的大中型水力发电中心受流量变化影响的水域选择了 30～31 个水力测量点进行了流量的测量和分析。测出的高流量/低流量比值在 1.3∶1～30∶1 之间。流量差则在 10～209cm 之间波动。得到深入研究的瑞士境内的流量变化水段也大多集中在这一范围内（见第 3.2 节）。

---

❶ 为了区分这种短时间内主要因水力发电而引起的流量变化，珲特于 1992 年将“流量变化”定义为：由于用于不同用途的储水引起的流量的长期变化（这种储水除水电站之外，还可能在灌溉、饮用水供水等情况中出现）。

但是也出现了例外现象:有两个测量点测出的比值就相当高。

- 在冯多里厄河上两个接受测量研究的河流段中,其中一个测量点的高流量/低流量比值在一些时候达到了150:1(圣华伦,1995年和1997年测量)。
- 在1989年和1990年的时候,塞克里丝巴赫河(Secklisbach)的流量波动在极限值0(在低流量的情况下,只出现在储存了地下水的低洼处)以及 $0.8m^3/s$(在高流量达到最高值的情况下)之间。由于有一条长150m的顺流而下的尚未得到人类使用的溪水流入河中,其低流量的最低值上升到了100L/s,继而导致了高流量/低流量之间的比值下降到了10:1以下(阿曼(Ammann),1993年测量)。

在美国田纳西州的坎尼福克河(Caney Fork),流量会在30min之内上涨几百倍(从 $2.75m^3/s$ 上升到 $345m^3/s$)(沟勒(Gore),1989年和1994年)。与此同时,其水位也上升大约3.5m。据佩茨(Petts)1984年报道,同样是在美国,在一水电站的堤坝下游,每天的流量变化均超过上述数值。

2001年,理牧耐克斯还对一系列的瑞士水力发电中心进行了调查研究,并且在水电站的出水口测量出了流量变化的最大比率。

流量变化的上升比率在每分钟 $0.5m^3/s$ 和每分钟 $13.1m^3/s$ 之间波动。流量变化的下降比率则在每分钟 $0.6m^3/s$ 到每分钟 $10.3m^3/s$ 之间波动。在连接直接入流和回流水流的水域中,流量的增加或者减少一般都会受到明显的抑制(见第2.2节)。

2.2 流量变化的水文学意义

1997年,泊浮(Poff)将流量在不同时间段内的变化看成是主要的变量。这一变量决定水域内的非生物和生物发展过程,以及该水域的生态质量和运转能力(在英语中称为"ecological integrity",即生态完整性)。流量的影响方式主要由以下5个参数决定:

(1)某段固定时间内的流量;

(2)一定流量在固定的时间段内达到和超过的频率;

(3)在一定时间内固定流量比例延续的时间长度;

(4)固定流量比例的规律性,即可预见性;

(5)不同的流量状态之间的替换速度。

显而易见,流量变化会对以上的每个参数产生影响。这样就会使得整个自然水文状况发生剧变。所以在阿尔卑斯地区的水域,流量变化在冬季尤其活跃。其原因在于:冬季是用电高峰期(高需求的最高值),而这个季节又恰恰是水资源最为贫乏的一个季节(低水位的最低值)。于是,在受影响的情况下很有可能长时间(持续几个星期或者几个月)存在的有规律的低水位流量就会在短时间内发生中断,同时还部分地伴随着不规律的间歇(比如说只在工作日发生)。2002年,史宾特乐(Spindler)在蒂罗尔州的伊河上将自然水文状况下的水位变化(1931～1940年)和受流量变化影响的水位变化(1999～2000年)进行了比较,其比较结果为:从冬季到翌年4月份,也就是在伊河中鱼类产卵的这段时间,伊河每天的水位变化一般不超过5cm。在7月雨季到来的时候,每天的水位变化一般在25～30cm。而现在,这一历史最高数值一般都出现在5月,而且这也是全年的最低值。现在,在产卵以及胚胎发育的季节,每天的水位变化都高达50cm。在4月份,这一数值为30～40cm。

在大多数情况下,这种人为原因造成的、在流量变化中出现的迅速的流量上升和回落都找不到自然的水文状况与之相对应。在欧泊河上观察到的典型的流量变化和雨季流量变化过程之间的比较也体现了这一点。以前,在上升的支流上,流量的上升最高为每分钟 $0.3m^3/s$,流量的回落最高为每分钟 $0.2m^3/s$(在不考虑雨季水位高峰期较高层面波动的情况下)。而在受到流量变化影响的时候,在不同的时间在欧泊河的同一地点所测出的上升最高值为每分钟 $0.9m^3/s$,回落的最高值为每分钟 $1.0m^3/s$(理牧耐克斯,2001)。

根据现有的数据,我们可以看出流量变化所产生的影响。1992年,珲特曾经在美国首都华盛顿将一条水文上不受流量变化影响的河流(索科河(Sauke))与一条水文上受流量变化影响的河流(斯加吉特河(Skagit))进行了比较。从比较出的数据上,我们也可以看出流量变化所产生的影响。珲特在两条河流域每隔1小时对流量变化进行测量,并且对17 000个单个数据进行了统计分析。

从中我们可以明显地看出,在索科河取得的大部分(98%)数据,以及在斯加吉特河上取得的稍微少一些(94%)的数据表明,其水位几乎没有发生变化,或者只发生了每小时5cm左右的非常细微的变化。在这里,起着决定意义的是残留下来的较大的水位变化。在受流量变化影响的河流,这种变化出现得特别频繁,而且大部分都出现在雨季,即自然高水位时间段之外。尤其值得我们注意的是它的水位回落:虽然在雨季的时候,两条河的流量下降和支流的回落比率差不多相同,都在 -5cm/h 以下(在两年中一共进行了100次测量,也就是说,进行了100小时的测量),但是,在斯加吉特河上测得的比率除了 -15 ～ -5cm/h之外,还得到了400次较低的流量记录(低至其本身的低水位)。在流量较少的情况下,如此迅速的、由流量变化引起的水位和流量的回落就造成了水文状况的变化,但是这种变化在索科河上却没有得到体现。

但在此前，即使在水位急剧上升的情况下，这两条河也没有出现如此巨大的差异。

泊浮于1997年得出结论，认为由排水变化引起的每日流量变化在自然水文状态下不会出现。流量变化造成的经常性的不可预见性干扰（英语里称之为"disturbance"）会造成水域生态条件的恶化。圣华伦于1995年对安斯杜诺河进行了长达7个半月的流量数据研究分析，他发现：和自然的流量过程相比，流量变化会造成干扰，早在1988年莱诗（Rech）就已经对这种干扰进行了描述。1995年，圣华伦补充指出，从理论上讲，这种流量变化的通常次序会带来一种全新的、部分可预见的水文状态[1]。

1992年，珲特还对流量变化的另一个方面进行了研究，即：随着流经距离的增加而出现的流量变化的减缓（英语里称之为"attenuation"）以及时间上的延迟（英语里称之为"lag time"）。

珲特在其对斯加吉特河进行的长达64km的河段研究中发现，不论是高水位和低水位之间水位差的最大值还是水位回落的最大比率，都明显呈下降的趋势（见表1）。在有中间站隔开的单段水域上，两个参数的变化相当不同（在相同的、统一标准的河流段）。另一方面，向前推进的流量变化的下降也导致了一种结果：即水流的"通过"一开始很快，然后越来越慢，从而导致"通过"时间的增加。流量变化在时间上的延迟按距离计算一般在5～8min/km，这相当于速度为2～3m/s的延迟速度或者说是流动速度。在北美的其他河流，延迟速度一般也差不多在这个范围，即，1.5～2.5m/s（珲特，1992）。

在测量点马琳费尔得（Marienfeld）和里恩茨（Lienz）之间长达36.5km的水域上，人们也得出了一系列的水位值。在此基础上计算出的关于阿尔卑斯地区莱茵河流量过程的变化也极为相似：

• 水位差的最大值从67.9cm下降到了40cm（平均每公里下降了0.8cm）。

• 水位上升的最大比率从每小时30.2cm下降到了19cm（平均每小时下降了0.3cm）。在现有数据的基础上，我们无法得出流量变化回落的比率以及流量变化持续的时间长短。

---

[1] 根据1988年莱诗（Resh）的说法，如果非生物的影响因素（这里指的是流量值）超过预见值范围的话，就会造成干扰。而在1992年，泊浮则对"干扰"这一生态概念进行了不同的定义：生命群体对于产生影响的生存状态所作出的反应。从这个角度看，流量变化确实对安斯杜诺河造成了"干扰"，这一论断与圣华伦1995年的结论相似。

表 1　　　　　　　　斯加吉特河的流量变化与时间的关系

流动距离（km）		最大水位差		水位回落的最大比率		流量变化持续时间		“通过”时间的延迟	
测量点	水域段	测量点（km）	水域段（cm/km）	测量点（cm/h）	水域段（每公里上的cm/h）	测量点（h）	水域段（min/km）	测量点（h）	水域段（min/km）
0		48.8		27.5		2		0	
	12.7		1.0		0.5		10		5
12.7		36.6		21.4		4		1	
	11.4		1.1		0.8		5		5
24.1		24.4		12.2		5		2	
	39.6		0.1		0.2		0		8
63.7		21.4		6.1		5		7	

- 流量变化延迟了大约 4 个小时(平均每公里延迟了 7min),这就相当于其延迟速度为每小时 2.4m。

位于这两个测量点之间的阿尔卑斯地区的莱茵河只有少数几条在冬季不断流的中小型支流。在距离测量点里恩茨不远的下游就有这种支流,这些支流也都受到流量变化的影响。这就导致:位于里恩茨下游 14km 处的测量点蒂波尔造(Diepolsau)测出的流量变化有所上升和延长。

流量变化以什么样的程度和什么样的速度减缓,主要由支流的数量和大小,以及河床的形态所决定(珲特,1992)。支流导致了流量的普遍提高,与此同时也就造成了高水位低水位之间差距的减少。丰富多样的河流形态结构、较深的河床、支流的河床或者是流量横截面的拓宽,都会对流量变化起抑制作用,因为它们会将部分水流暂时挡回。这些抑制性的因素还决定流量变化顺流而下的这种“通过”还能持续多久。现有的一些实例表明,被影响的水域距离是相当长的。据劳特斯(Lauters)1995 年的估计,在法国境内得到研究的 144 个流量变化水域段中,有一半左右的水域段受流量变化影响的范围长达 20km。莫克在 1998 年指出,在中型水域中,流量变化会对其下游 40km 以内的生物群体造成影响。

3　流量变化对水域生态的影响

3.1　评论文献

为了了解人们对流量变化影响的总体认识,我们一共选择了 13 篇总结性评论文献,这些文章或者是作为独立的文献发表,或者是包含在研究报告之中。其中,我们首先考虑的是把流量变化作为水力发电后果进行深入研究的文献[1]。

我们按照出版的时间、作者及原文中的地理重点,把这些文献分成9类:

- 哈毕(2001和1999)、费翰恩(2000)、哈勒阿克尔(1999):22篇论文,主要来自挪威;
- 施普(1998):20篇论文来自欧洲和北美,不分地理重点;
- 瓦伦丁(1997,1995):32篇论文来自欧洲和海外,不分地理重点;
- 劳特斯(1995):63篇论文,主要来自北美;
- 莫克(1993a)、莫克(1993):13篇论文,主要来自奥地利;
- 珲特(1992):32篇论文,主要来自北美;
- 伊费妮和约维特(1987):8篇论文,主要来自新西兰;
- 库施曼(1985):41篇论文,主要来自北美;
- 瓦尔德(1976):10篇论文,主要来自北美。

除了对自然的、受流量变化影响的溪流和河流进行调查研究外,一些评论文献还讨论了在试验水域或实验室中进行的目标明确的流量变化试验的结果。

用这种方法可以研究200多篇论文的内容。从这些评论文献所跨时间范围就可看出,对欧洲流动水域的流量变化的调查研究在过去10~15年间在不断深入,而美国和加拿大的自然科学界更早开始致力于对该问题的研究(布约克,1981)。

对于这些评论文献得出的调查结果,我们尽可能按连贯一致的非生物和生物指数顺序排列。每个指数都将记录以下内容:流量变化影响被提及的频率(全部列举的数目),以及在每一种情况下影响的形成过程(每种影响列举的数目)。对于非生物指数(这些指数在评论文献中一目了然)则另外列举受影响的生物群体。如果在评论文献中通过选词或者通过表示变化的名词说明显著的指数增加或减少,那么这种增加或减少的变化就属于"强烈"级别。

生物指数按照主要生物群体的状态参量(结构)和变化过程(作用)来排列。对于鱼类,则常常分别研究和描述流量变化对鱼的早期发展阶段(卵、幼

---

[1] 除此之外还有很多文章,论述不同用途的水坝建设与运行对水域生态的一般影响,但通常只是顺便提及关于由水利发电站引起的流量变化(例如,布约克,1981;佩特斯,1984;阿米塔格,1984;曼,1988)。

体、小鱼)的影响,因此在我们的分析中也将这些阶段作为单独的生物群列入"幼鱼"的概念之下。

在生物指数中,大型水底生物和鱼群占突出位置,而水域中植物的分布(水底生物、水生植物、岸边植被)却只有很少的调查结果。即使在经常被调查的群休中进行数字说明也会严重倾向于应用某一种指数。例如,研究认为,大型水底生物的结构性标志(首先是个体的密度、生物量和构成)是有作用的,这些水底生物也因此得到日益频繁的调查。在鱼的生存特别是幼鱼的生存方面,生物体的活跃发展过程(如积极性、产量、死亡率)与其他群体(例如摄取食物)相比具有更加重要的意义。其中漂移(主要发生在流量上升时)和搁浅(主要发生在流量下降时)除外,因为对大型水底生物和鱼来说,这两者都属于最常见的调查指数。

在生物指数中,有些水域部分的生物繁殖具有特殊地位,这些区域在高水位时会被淹没,在低水位时则会干涸。1998 年,布约克称这种流量交替带为"潮汐带",在一般情况下这种交替带与水域底部的其他始终湿润的区域明显不同,因此在评论文献中常常得到明确提及。关于不同水域范围的其他不同之处,例如被淹没的浅滩和静止的盆地之间的区别,在评论文献中则很少被提及。

评论文献中同样很少提及的是当时关于流量变化影响的报告所提到的参考情况。而所列举的相对于同时得到调查的同一个水域或相近类型的其他水段的单项指数的全部变化(例如,水底生物的生物量或鱼的种类的减少)是否已得到确定,与参考区段的可比性在多大程度上受限制以及如何受到限制(见第 3.2 节和第 3.4 节)等,则常常属于不确定内容。对于主要在高水位或低水位时对同一个水域地点进行对比测量和记录时使用的指数,则应当有基本一致的评价根据。这里主要涉及漂移和搁浅。

3.2 对阿尔卑斯地区流量变化的调查研究

根据已知的情况,目前,共对瑞士境内 12 条受流量变化影响的溪流和河流进行了或者正在进行深入的水域生态调查研究。与我们目前的研究相关的有 8 篇瑞士的论文,几篇奥地利的论文和 1 篇法国的论文(在 1986～2001 年间)(见表 2)。对于阿尔卑斯莱茵地区及边境地区,每次都单独列出 1 篇早期论文和 1 篇最新调查研究报告。

被调查的流量变化区段的类型表明,根据施特哈勒(1957)的介绍,大多数被研究的水域都属于阿尔卑斯地区的大中型(5～7 级)山谷河流,在生物群体上绝大多数属于鳟鱼和茴鱼范围。中等的水流运动则作为水域的进一步标志得到挑选，并与大部分被选流量变化参数（见第 2.1 节）一起，以更加均匀的方式进入替代性价值领域中。

表 2　　**阿尔卑斯地区流量变化区段的水域生态调查研究**

国家	水域	调查时间（年）	调查报告
瑞士	蒂茨诺河	1995/1996	比洛·马吉亚（1995），UVB 克维汤姆（UVB KWRITOM）（1996）
瑞士	泽克里斯巴赫河	1989～1990	阿姆曼（1993）
瑞士	罗伊斯河	1996/1997	马赫尔（2000）
瑞士	西昂	1997～1999	理牧耐克斯（2000a，2000c）
瑞士/希腊	波施阿维诺河	1988～1990 1994	UVB 克维汤姆（1992） 马赫尔（1994），约斯汀（1995）
瑞士/希腊	兰德阔特河	1987/1988	盖格与燕妮（1988）
瑞士/希腊	阿尔卑斯地区	1989/1990	波库（1990），施穆茨与艾伯施塔勒（1993），艾伯施塔勒（1997）
瑞士 奥地利	阿尔卑斯地区	1994 1999～2001	理牧耐克斯（1999，1994a） 阿格湖泊学（2001）
瑞士/希腊	伊河	1992～1995	理牧耐克斯（1994b，1994c，1995），马赫尔（1995）
奥地利	伊河	1999～2001	阿格湖泊学（2001）
奥地利	布雷根茨阿赫河	1986/1987	荣维特（1987），波库（1997/1998）
奥地利	布雷根茨阿赫河	1992～1997	波库（1997/1998）
奥地利	德拉瓦河上游	1989	荣维特和维斯鲍尔（1992）
法国	安斯杜河北部	1990～1993	瓦伦丁（1995，1997）
法国	拉封托利河	1991～1993	瓦伦丁（1995，1997）

对于已查明的流量变化影响，我们尽可能按照同一非生物及结构和功能上的生物指数顺序排列（与评论文献中相同）（见第 3.1 节）。一种指数的大幅度增加及减少表示在阿尔卑斯地区超过 ±50％的变化。对列举的频率说明必须与调查情况相适应[1]。

[1] 在同一类型的流量变化影响及每种指数的列举中，"零星"表示 1～2 次，"多次"表示 3～6 次，"经常"表示 6 次以上。

与评论文献不同的是，从阿尔卑斯地区的调查研究中得出的结果都以不署名的形式展示，但对每个单独水域的影响并未作出详细的说明。其中的原因有两个：

(1)当前的研究很少在某些特定水域开展，强调研究的是流量变化的影响在总体上的重要性。如果观察单独的水域，那么，为了得到全面的评价还要考虑当时的实际情况，从这些情况才能得出水域生态研究的现有成果[1]。因此，在这里就不再赘述有关详情。

(2)有些参考资料涉及到尚未发表的、与水力发电站许可证更新有关的报告。适用于单项调查的方法及其跟踪调查和后果调查尚在进行之中。所以有一点已被人们所接受(或部分接受)，即，有关单项调查中流量变化的参数及其对水域生态的影响的说明只能提供关于现实情况的不够全面的描述，但这不会引起对被研究水域总印象的大幅度变化。

关于如何谨慎解释从流量变化区段中得出的单项结果，1994 年《阿格湖泊学》(ARGE LIMNOLOGIE)以萨尔察赫河为例作出了明确的回答：将借助新的、范围广泛的调查，再次检查以往的调查研究中关于大型水底生物出现的频率和生物量的急剧下降现象。结果表明，这种水生植物的“损失”在其他的季节、其他的水文历史阶段(以前发生的流量变化的时间和高度)及其他的水域都没有这么严重。由于大型水底生物在时间和地点上具有很大的易变性(这一点只有在大量独立数据的横向比较中才能体现出来)，而从单条记载中得出的结果就有局限性。同时对在以往的调查研究中使用的参照值(在其余河段中逆流而上的大型水底生物的生长繁殖情况，取决于海平面的理论值)也要探究其背景情况。1994 年，《阿格湖泊学》对流量变化影响的总评价还考虑了新的记录：“通过这个注释可以看出，无论如何不能由于流量变化而低估过度繁殖的生物量的影响，截至目前存在的数据非常清楚地说明了这一点。将来，这样的陈述还将得到更好的区分。”

在进一步开展的阿尔卑斯地区的调查研究中，围绕单项指数的列举内容基本上与评论文献类似。但是也有一些明显的不同：在阿尔卑斯地区，对岸边植被和水生植物几乎没有培养基，而对水底生物却存在相当多的培养基。虽然在对阿尔卑斯地区的调查研究中，大型水底生物和鱼类也是突出的生物群体，但是有关它们的指数不能相互替代。对水底植物和大型水底生物的冲刷

[1] 包括被研究的(或刚被结束研究的)参数的选择，数据调查与数据利用的方式，水文学的边界条件，数据的范围以及数据在空间和时间上的分配。

(漂移)是一个例外,在几篇瑞士的论文中都有详细的说明。水底生物的漂移作为单独的一组列出,因为它们都是通过自己的、与水底生物不同的指数来描述的❶。

- 漂移密度:指在单位体积的水中,在流动的水波中漂移的生物体的数量(例如,个/m^3);
- 漂移质量:在单位体积的水中漂移的生物体的生物量(例如,mg/m^3);
- 漂移比例:水底的漂移密度与固定生长密度之间的关系(%)。

与所有生物群体有关的调查结果不再列出,因为对每一种生物群体的详细介绍已达到与列举相同的目的。在相关的、被调查的生物群体中,水流交替带中植物的固定生长包括在指数的"横向分配"中❷。

在阿尔卑斯地区的调查研究中,在一般情况下参照物的状态也得到考虑,这与已得到说明的、受流量变化限制的变化有关。其中有 3 种不同的参照物状态形式:

- 第一种情况,它们存在于被调查水域中不受流量变化影响的区段。这种参照物形式在一些非生物指数(首先是水质)以及大多数生物指数中最经常得到使用。在大多情况下,通过平行的测绘将这种参照物状态列入同一水域的逆流而上的附加参照物区段中。因为所有进一步涉及的研究都与发电站的流量变化区段有关,所以起始参考值不是包含在剩余水流区段(水边与水中心之间),就是包含在水文学上不受影响的边框区段中。不管在距离上还是在高度上,后者与流量变化区段之间的距离都足够远,因而常常代表另一种水域类型。举例来说,参照物区段在生物群体上还属于上鳟鱼带,而流量变化区段则属于下鳟鱼带或茴鱼带。在这样的情况下,相应比较困难的是,将两种区段中的鱼类或水底生物系的构成直接进行比较。至少,在瑞士的研究中经常被用做参照物的剩余水流区段,从另一角度考虑也存在缺点,即它本身或多或少也会受到水文学意义上的影响。所以,在一般情况下,在一开始就把从流量变化区段得出的结论与平行测绘或其他类似水域已存在的培养基进行比较。有时,作为参照物使用的并不是直接的对比水域的数据,而是由大量的水域调查研究或水域特征与单项指数之间的理论关系而得出的"理论值"及"经验值"(见第 3.4 节和第 4.3 节)。

---

❶ 为了描述无脊椎动物的漂移而使用的进一步的参数和注释,见马赫尔(2000)、康拉尔(1990)以及拉德福特与哈特兰德·罗威(1971)文章。

❷ 水平分配一般包括广泛的流量交替带(见第 3.1 节)。关于流量交替带植物的固定生长,水底植物和大型水底生物以及岸边动物等将在第 3.3 节、第 3.4 节和第 4.2 节中作进一步的详细说明。

• 第二种情况，在同一个水域区段中，高水位时在某一点测量，低水位时在同一点测量。这种比较只对这样的指数有意义，即，随着短时间的高水位/低水位交替而(能)发生决定性改变的指数。它几乎适合所有非生物指数，按这种方式首先得到考虑的是形态学参数和水力参数，偶尔也会将水质包含进去。与此相反，在生物指数中，低水位阶段几乎只在漂移测量中作为流量变化状况的参照物得到使用。

• 第三种情况，在低水位时干涸的流量交替区域与始终湿润的沉积物区域[1]。这种观察方式可以只占很小的空间，例如从河岸线到河中央的横向切面通过短距离测量进行的调查。属于这一类型的还有寻找低水位阶段搁浅的生物体，首先包括在比较大的沉积物区域的鱼类。这种方法的使用在阿尔卑斯水域中鲜有证明。

3.3 已确定的影响概况

由第 3.1 节和第 3.2 节可知，在评论文献中确定的流量变化影响与进一步开展的阿尔卑斯水域调查研究所确定的流量变化影响在总体上是一致的。表 3 显示的是，在这两个分类表中有哪些指数经常或多次被提及。只是偶尔提及的指数在表中不再列出。

表 3　流量变化对流动水域的生物生存空间参数的影响

被影响的参数(指数)	影响的方式(绝大多数)	涉及到的生物体	列举		
			REV	ALP	TOT
非生物的					
水温	普遍变化	JF	10	12	22
水流	增加	MZB	9	11	16
水深	增加	—	5	10	15
湿润带宽度	增加	—	3	12	15
生长地的提供	普遍变化/减少	AF,JF	9	4	13
化学反应过程/水质	普遍变化	—	3	9	12
颗粒构成	普遍变化	—	4	3	7
沉淀	增加	AF,MZB	4	3	7
传导能力	减少	—	0	6	6
水底附近水流	增加	—	V	5	5

---

[1] 在对岸边陆地生物进行的研究中(在阿尔卑斯地区只是偶尔进行)，会考虑与最高水位相应的始终干燥的陆上区域。

续表 3

被影响的参数（指数）	影响的方式（绝大多数）	涉及到的生物体	列举		
			REV	ALP	TOT
水中微生物腐质含量/POM	减少	—	5	0	5
氧气含量	减少	—	4	V	4
淤积	增加	—	V	4	4
地下水数量/质量	普遍变化	—	V	3	3
悬浊物含量/浑浊	增加	—	V	3	3
湿润面积	增加	—	0	3	3
生物结构					
生物量	减少	AF,MZB,(PB)*	23	36	59
出现的频率/密度	减少	AF,JF,MZB,(PB)*	21	37	58
构成	普遍变化	AF,MZB,PB	14	44	59
种类数	减少/无变化	MZB,PB	7	27	34
水流交替带生物的固定生长	减少	MZB,PB	15	—	15
生物群体区域	普遍变化	MZB	0	4	4
横向/纵向分布	普遍变化	MZB	—	3	3
生物功能					
冲刷产生的漂移	增加	BG,AF,JF,MZB,PB	37	19	56
干涸导致的搁浅	增加	BG,AF,JF,MZB	45	7	52
食物供应/摄取	普遍变化	AF,MZB	15	3	18
再生产	减少	AF	9	8	17
积极性/行为	普遍变化/无变化	AF,JF	16	V	16
增长	普遍变化/无变化	AF,JF	4	7	11
产量	减少	BG,AF	10	0	10
死亡率	增加	JF	4	0	4

注：评论文献（REV）、阿尔卑斯地区的调查研究（ALP）、合计（TOT），在不同的调查中经常或多次被提及的流量变化影响及数目列举。BG 为所有生物群体；AF 为成年鱼；JF 为鱼卵和幼鱼；MZB 为大型水底生物；PB 为水底植物；POM 为部分有机质；V 为零星的，较少的。* 表示在水底植物方面，水流交替带的密度及生物量的增加部分被确定。

最经常提及的非生物指数是水温，在大多数被调查的流量变化区段中，不论是在水文学上不受影响的状态还是在高水位阶段/低水位阶段之间，水温都会发生变化。但是这种变化并不能显示整体的趋势,因为储水温度和河水温度之间的关系受发电站设备扩建(水流回落时水渠的构成,储水的方式,水库引水的深度)和季节的强烈影响。在阿尔卑斯地区扩建的发电站和位置较高的季节型水库,水温在夏季流量变化时会降低,在冬季反而会部分升高(受较温暖的储水的影响)。但是,在涉及温度时,这种经常进行的高水位阶段和低水位阶段之间的比较就相当困难。与很多情况下的自然状态相比,在低水位时排出的(剩余的)水量已经受到热能方面的影响。

更进一步说,首先在阿尔卑斯水域的调查研究中经常提到的非生物指数是水流、水深和湿润区域的宽度,这些指数在从低水位向高水位发展的过程中不断升高。另外还有两个经常被提及的指数——水质和水力学生长地的提供,这两个指数显示的是非常复杂的变化。在水质方面存在与温度相似的关系和条件。受流量变化影响,溶解于水中的物质的浓度(例如,钙质或养分的含量)降低,这一点也体现在传导能力的降低上。相反地,在一般情况下,悬浮物的含量会增加,致使出现浑浊,因为水流会挟带一部分被拦截在水库中的悬浮物。评论文献中曾几次提到因流量变化时含氧量过低甚至不含氧气的深水从水库中放出而导致的氧气含量的降低,而阿尔卑斯水域调查研究并未提到这一点[1]。

至于水力学生长地的提供(见第3.1节)在高水位阶段和低水位阶段之间如何变化,这一点与流量变化区段的形态学和被观察生物体对其生长空间的要求存在密切联系,并受这两大因素的强烈影响。目前,已率先在成年鱼和幼鱼中调查这种影响,调查时使用了扩展的物理模型,以模拟依赖水流运动的合适生长地(瓦伦丁,1994年和1998年)。而发生流量变化可造成对鱼类有用的水域范围的减少(局部范围的强烈减少),这点已得到确认。

对于其他非生物指数,虽然在评论文献和阿尔卑斯调查研究项目中被提及的频率没有水力学生长地那么高,但也一再被提及。它们在流量变化过程中大多朝一个确定的方向变化(升高或降低),而它们的影响很少涉及到特定的生物群体(表3)。

在生物指数中有3种结构指数和2种功能指数比较突出,它们在分类一览表中出现的频率也最高:生物体的生物量、个体密度及出现频率(过度繁殖)、构成(种类目录,优势关系)、冲刷产生的漂移、干涸导致的搁浅等。

---

❶ 布瓦尔在1994年证明,堤坝水流冲刷导致了氧气含量的降低。与流量变化无关的冲刷不属于当前报告的研究对象。

生物量以及个体密度和出现频率在一般情况下同时受到影响：在65%～75%的情况下，它们受流量变化的影响而发生降低或者大幅度降低，而在大约20%的情况下则没有发生变化。各生物群体的构成在70%的情况下有改变，在25%的情况下未改变。而生活群体对流量变化的反应却不像上述总结显示的那么一致；如果总的生物体或某个特定的生物群体的构成发生改变，则无法判断这种变化的类型。通过观察单个水域来代替累计值就会发现，个体对流量变化的反应是多种多样的。从莫克所描述的一个案例中能清楚地看出这一点：

"在奥地利的河流中，流量变化以三种方式影响水生无脊椎动物的构成和密度：完全灭绝，但深间质种类（德拉瓦河）除外；优势结构明显变化，生物量并不减少（萨尔察赫河）；生物量减少，分类学构成上没有变化（布来根茨阿赫河）。"

经常被提及的结构指数包括种类数量以及物种多样性。其中大约有一半发生了降低现象，其余的为没有改变。"水流交替带的生物固定生长"和"纵向/横向分布"及"生物群体带"等指数出现得不是很经常。

在功能性指数中，生物体冲刷产生的漂移和干涸导致的搁浅在几乎所有的被调查流量变化区段中（90%）都有增加（部分则是大幅度增加）。调查发现，在阿尔卑斯水域生物体的搁浅不是很经常，几乎只调查了鱼类，而在评论文献中则不同，连水底生物体都有提及。关于冲刷产生的漂移，评论文献同样包括了对鱼类和大型水底生物的说明，而对阿尔卑斯水域的调查研究中只涉及到水底生物。在阿尔卑斯地区另外还附加了流量变化上升时对纤维状藻类的冲刷。由于这些藻类，特别是堇色藻类（Hydrurus foetidus）被扯断，很多水域才被称为"灾难性漂移"，因为它引起无脊椎动物无法控制的大规模漂移（第3.4节）。

至于其余的功能性指数，阿尔卑斯调查研究项目只较常提到再生产和增长。其余的指数（食物供应和摄取、积极性和行为、产量、死亡率）只被提到几次或者根本不再出现，这点与评论文献中的情况不同。

总的说来，流量变化在阿尔卑斯水域以相似的方式影响相同的参量，这点与评论文献所提到的所有其他水域的情况相同。在其他的分类一览表中（例如，伊费妮与约维特，1987；莫克，1993；《阿格湖泊学》，1994）还列举出了一系列决定性的、非生物的和生物的流量变化影响，对此阿尔卑斯水域到目前为止只有很有限的认识或还没有认识。

- 在流量变化时，由于水压增强而产生河底的冲蚀，从而导致覆盖层撕裂[1] 的现象在阿尔卑斯地区只在局部出现,而且情况极为有限(《阿格湖泊学》,2001)。

• 悬浮物的再次漂浮(首先在高水位时发生)和沉淀(首先在低水位时发生)的增加及其导致的浑浊度的大幅度增加在2001年对阿尔卑斯的调查研究中再次得到确定。在另外的两个水域中,还记录了流量变化时大幅度增加的浑浊现象和无变化时的浑浊现象。

• 有零星说明。关于这种淤积对水底生物和鱼类影响的更详细的研究,在阿尔卑斯和伊河的几个地方进行(《阿格湖泊学》,2001)。

• 浅水区域结冰现象的加剧在进一步开展的阿尔卑斯水域调查研究中并未被提及。根据在伊河开展的测量,在特别寒冷的冬夜,低水位的流量在阿尔卑斯地区河谷会对结冰产生影响。另一方面,白天的流量变化会导致冰层的突然溶解(理牧耐克斯,1995)。

• 对岸边植被(首先是河谷低地范围)的影响在进一步开展的阿尔卑斯水域调查研究中并未被提及。在前莱茵河的调查研究所得出的结论是,发电站运行首先导致软木河谷低地(通过夏天的蓄水)的减少,以及水流交替带的草本植物植被的减少(通过流量变化时的水面波动)(马赫尔和克罗茨里,1980年调查研究;察纳和卢茨,1988年调查研究)。

• 水域底部以上和水底微生物腐殖质和部分有机质(POM)的含量以及大型无脊椎动物的食物供应的重要部分,在阿尔卑斯水域开展的流量变化影响研究中只有零星提到(乌尔曼,2001年提及)。从研究中得出的关于水底生物食物基础的单项指数是藻类生长的变化(作为一种重要的饲料来源)和无脊椎动物食物类型构成的变化。

• 在兰德阔特地区(盖格和燕妮,1988年研究)和阿尔卑斯地区(《阿格湖泊学》,2001年研究)的流量变化区段对鱼类进行的少量食物生态调查研究,并未得出一致结论,只在很小一部分样品范围内得出了一致结论。

• 在低水位阶段,很高的氧气需求对物种生理的限制和对依赖于水流的食物获取方式的妨碍,被莫克与格拉塞尔(摘自2001年的《阿格湖泊学》)称为流量变化的进一步影响。在进一步开展的调查研究中,首先是发现了几条提示,即,流量变化结束后,生物体在水滩上或间隙中的搁浅及遗留(见第3.4节)和水流交替带生物的固定生长。另外在阿尔卑斯地区还进行了范围广阔

[1] 不要把这种河底冲蚀与微粒层越过履盖层的较浅移动相混淆。在阿尔卑斯地区,表层的范围包括更大的河底范围。

的试验,这些试验表明,鳟鱼卵的缓慢发育是流量变化所导致的氧气供应不足引起的(见第 3.4 节)[1]。

受流量变化影响的生物群体数量参数的变化(大型无脊椎动物的横向地区分类、饮食类型)在奥地利和瑞士的不同水域得到调查(《阿格湖泊学》,1994;《阿格湖泊学》,2001)。相应的调查结果在当前的研究中被列入生物指数"构成"中。它表明,受流量变化影响,鱼类和大型无脊椎动物以及大型水底生物的有效食物类型及物种多样性的改变主要发生在逆流而上分布的生物群体区域。

在蒂罗尔州的莱希河和伊河开展的对水底植物和大型水底生物的详细调查研究中,以及在伊河开展的对陆地无脊椎动物(岸边生物系)的详细调查研究中,首先研究了水流交替带的生物固定生长("纵向分布",第 3.2 节)(《阿格湖泊学》,2001)。关于水底植物的相应依据来自阿尔卑斯地区(《阿格湖泊学》,2001)。藻类植被在数量上与未受影响的状态相比并没有减少;在有些情况下,由于在"附加的"生存空间中会发生部分有条件的密集生长,藻类的数量还会有所增加。与此截然相反的是,水流交替带的动物的固定生长,不论在水中还是在陆上,都会因为有规律的水面波动而受到强烈限制。人们发现一些荒芜地带,里面只有少量无脊椎动物以很低的密度生存着。关于水生和陆生生物的专门情况将在第 4.2 节中详细论述。

3.4 案例

在下文中,我们将通过几个精选案例,来具体说明流量变化对流动水域的生物生存空间以及对生命群体所产生的影响。由于各个水域所受流量变化的影响不同(见第 3.3 节),所以我们必须逐个对这些案例进行分析,而不能一概而论。

3.4.1 阿尔卑斯地区的莱茵河(瑞士/奥地利)

在 1998~2000 年之间,人们在阿尔卑斯地区的莱茵河上对流量变化的影响进行了广泛的跨学科研究。被研究的是位于多玛特/艾姆斯(Domat/Ems)和博登湖之间的水域段(见 2001 年的《阿格湖泊学》)。所进行的研究主要集中在 4 个水域段:

- 位于马斯特里斯(Mastrils)附近的未受堤坝阻挡的、在形态上仍然接近于自然的莱茵河水域;

---

[1] 在兰德阔特地区的水位变化区段同样发现了鳟鱼卵发育变慢的现象,但是这是因为冬季温度下降的缘故(盖格和燕妮,1988 年研究)。

• 两个位于巴特拉加茨(Bad Ragaz)和布赫斯(Buchs)附近的输导形态结构为交替式砾石礁石的水域段[1];

• 一个位于蒂波尔造(Diepoldsau)附近的输导形态结构十分单一的水域段。

在气候较寒冷的半年,即冬季半年,整个阿尔卑斯地区的莱茵河的流量都受到流量变化的强烈影响。所以根本不存在不受流量影响的水域段。因此,要想对流量变化的影响进行研究,就必须对各个不同的水域测试段,不同的河床段以及不同的流量状况(高水位和低水位)进行比较,同时还需要将其与其他的阿尔卑斯地区水域进行比较。

从航拍照片可以看出,在位于马斯特里斯附近和蒂尔森(Triesen)附近的水域段,河流的白色砾石礁石前面出现了灰色区域。其主要原因是:在较浅的河岸区域,堇色藻类形成了一层厚厚的植被。而在蒂波尔造附近的被测试水域段则没有这样一层植被。而且,在其他一些自然形态的横截面上,堇色藻类以及其他的藻类(例如砾石藻类、纤维状的绿藻等)形成的植被在宽度上都无法覆盖整条河流。

位于水底深处的连贯的水槽总是从一侧河岸晃动到另一侧河岸,并且在砾石礁石之间移动。在这些水槽上一般都没有植被覆盖。位于各个被测水域段的水底摄像机在整个水域宽度范围内都证明了这一点。这就显示,随着河流深度的增加而发生的植被减少的现象并非由亮度降低引起,而是由河流底部液压的加强所造成。而液压的加强正是由流量变化所带来的强流量以及转移过来的沉淀物质造成的(也就是所谓的"喷砂效应"和"球磨效应")。

在藻类植被形成的同时,大型水底生物的密度也在不断增加。藻类的密度与水底生物群居有着密切的关系,这在阿尔卑斯水域已得到公认(莫克和康瓦内克,1998)。一束束的藻类给无脊椎动物提供了生活空间、保护和食物基础,例如成长中的大型生物体、附着在藻类上的生物体等。如果由于流量变化的影响,引起阿尔卑斯地区莱茵河中间河床范围内水流增加,藻类植被的形成就会受到阻碍,这样一来,那些大型生物在该水域范围内的发展也会相应地受阻。

位于马斯特里斯附近的测试研究表明,由于上述原因,从河岸到河中央范围内的大型生物明显减少。在深处的水槽,水底生物的生存密度微乎其微,甚至可以忽略不计。在位于蒂波尔造附近的水域段,人们也同样观察到了类似

[1] 该水域段是类似于蒂尔森(Triesen)和瓦度茨(Vaduz)之间河段的水域段。

的生态萧条状况。在阿尔卑斯地区的莱茵河上所有被测的水域段中，一种蚊子幼体在数量上远远超过了其他生物，成为主宰型的无脊椎动物群体。在生存密度被改变的同时，大型水底生物的数量以及水域自身具备的鱼类食物基础也都发生着变化。

为了对鳟鱼蛋进行研究，人们在容器内装入了200枚鳟鱼蛋，往容器里注入了培养基，并将这个容器埋在以下几个水域接近河流底部的地方：

• 阿尔卑斯地区莱茵河上的3个测试水域段（不包括蒂波尔造附近的测试水域段）；

• 位于马斯特里斯附近的多伏巴赫水域，该水域到目前为止还是接近自然状态的，其规模大约和莱茵河的直接支流相差无几；

• 位于奥地利境内的两条阿尔卑斯地区河流，其中一条是受流量变化影响的伊河（Inn），一条是不受流量变化影响的莱赫河（Lech）。

在低水位最低值出现的时间（也就是周末），人们将所有的容器埋到永久湿润的形态各异的河床中。在秋季的时候，100个容器会被打开，到冬季即将结束的时候再取出来，并且对那些打开的容器内的鳟鱼蛋的发展状况进行检测。

在阿尔卑斯地区的莱茵河，只在位于马斯特里斯附近测试水域的容器中出现了鳟鱼幼体，而且也只是出现在槽沟以下的河床段上。在其他的测试点，人们虽然发现了存活着的鳟鱼蛋（还处于较早期的透视中心点发展阶段），但是并没有发现鳟鱼幼体。

在位于伊河和莱赫河的测试点，人们也只发现了极少量的鳟鱼幼体。其中的部分原因是由于水温较低（与阿尔卑斯地区莱茵河的水温相比）。只有在位于马斯特里斯附近的多伏巴赫水域（那里的水温较高，容器埋入的时间也相对较早）获得的结果和人们的期望一致：在埋入容器的所有鳟鱼蛋中，有50%发育成了鳟鱼幼体。

如果观察一下所有被打开的容器，就会发现：幼体的出现和在容器被打开的那段时间中进入到容器中的沉淀物质（直径0.63mm）之间有着密切的联系。只有在少量沉淀物质进入容器的情况下，鳟鱼蛋才能在适当的季节发育成为幼体。

如果鳟鱼蛋发展成幼体的过程在时间上有所延缓，那么在其今后的发展过程便有可能出现一系列的问题：在发育成幼体之后，它不能及时发展到具备游泳能力的阶段，也就是说，不能在春季雨季到来之前具备该能力，因此也就不可能茁壮成长。有人猜测，河床不够畅通，继而导致供氧不充分，这是从鳟鱼蛋到幼体的发展比较迟缓的原因所在。沉淀物质造成了毛孔的迁移和阻塞，这大概就是其根本缘由了。相关计算分析表明，流量变化加重了阿尔卑斯地区莱茵河的内在淤积。

3.4.2 安斯杜诺河(法国)

安斯杜诺河是一条位于法国中央高原边缘的小河。1990～1993 年，人们在这条河流上选出了一个不受流量影响的河段，一段剩余水流河段，以及两段受流量变化影响的水域段，并对它们进行了研究(圣华伦，1995 年和 1997 年的研究)。值得注意的是，在出现高水位的时候河岸被淹没，而出现低水位的时候河水几乎干涸，或者只有极少的水流。

由于深度、流量以及底质状况的不同，人们对安斯杜诺河的各个横切面的沉积物都进行了计算。在不同的流量状况下，这些沉淀物对溪流里的鳟鱼卵来说都是合适的生存空间。这种生存空间的成功塑造与一种名为 SPU(Surfaces Ponderees Uliles)的方法密切相关[1]。在受到阻隔的坡度较大的河岸，只有出现低水位的时候才会出现比较有利的生存空间。在出现高水位的时候，河流就开始泛滥，因此这种有利的生存空间就不复存在。在没有被隔离的平坦河岸上，不论是出现高水位还是低水位，都会出现良好的生存空间。但是这些潜在的生存空间相互之间却离得太远(最远的相距 14m)，这就迫使鳟鱼卵每天都得在短时间内(30～60min)转移栖息地点，因为不成功转移就会被搁浅(在流量回落的时候)。或者，它们只能留在被淹没的比较恶劣的环境中生存。在这两种情况中，它们的生存都与栖息地的条件，尤其是与合适的撤退可能性息息相关。

3.4.3 尼得瓦河(Nidelva)(挪威)

尼得瓦河是位于挪威中部的一条河流。1997～1999 年，在流量回落的时候，人们对河中春天出生的一岁左右的鲑鱼和鳟鱼进行了大量研究(塞尔特维特，2001 年研究)。为了便于开展研究，人们将平坦的河岸完全用网圈了起来。这个宽约 4m、长约 20m 的网在流量变化出现的时候是完全湿润的(中间的深度为 50cm)，但是在低水位到来的时候，这个网却完全是干的。在水位回落的时候，小鱼都朝河中央游去，它们游到位于隔离物最底端的永远被淹没在水面下的一个网兜里，以此求得生存。每次水位升高的时候，都会有 50～100

---

[1] SPU 相当于加权可用区域(Weigthed Usable Area, WUA)，这一说法在河内流量递增方法(Instream Flow Incremental Methodology, IFIM)中曾经得到使用[波维(Bovee)，1982；马拉浮伊造匈(Malavoi & Souchon)，1992]。

条小鱼试图涌进隔离物的上部。然后它们会花上几个小时甚至几天的时间来适应这一新环境。接着,与“普通”的流量回落相似,水位在几个小时之内又回落下去。这个时候水位回落的比率一般都会超过 0.8cm/min。到下次涨潮之前,被研究的这一区域至少在两个小时之内是干燥的。在这段时间内,网兜内的小鱼得到释放,而且在整个隔离物内的其他被搁浅的小鱼也被人们捡出去。人们还对每次找到的小鱼以组为单位进行标记,得以存活的小鱼中的一部分还会在接下去的试验中继续出现。

在秋季,每次试验中被搁浅的小鱼的比例都超过 10%,在冬季则超过 20%。计算这一比例时,只考虑在干燥区域内找到的小鱼。至于其余 80%~90%的小鱼,仅有一部分可以游到网兜中从而得以自救,而大部分小鱼(在很多试验中这一数字都超过 50%)则根本就没有出现过,或者在以后的试验中才出现。这些小鱼都可以在沉淀物质的细孔中生存,或者至少是在“干涸”阶段获得栖身之地。那些被搁浅的小鱼随后也不一定就会死亡。另一方面,这一试验也表明:在干涸的河底,光凭肉眼根本无法发现所有被搁浅的小鱼。这在流量变化的研究中早已不是什么新鲜事了。

在河水水温较低的情况下,被搁浅的鱼的比例偏高。这一结论不仅在尼得瓦河的鳟鱼和鲑鱼试验中得到了证明,而且其他流量变化研究也得出了相同的结论。其原因可能是:在较冷的季节里,它们的活动量有所减少,鱼类拴在底质上的情况也比较严重。

3.4.4 斯特河(Sitter)(瑞士)

1997、1998 两年间,人们在斯特河上位于圣特加仑的库伯尔(Kubel)水电站下游,研究了流量变化对非生物和生物状态的影响(理牧耐克斯,2000a)。由于斯特河缺乏不受流量变化影响的水域段,所以人们只能通过高低水位之间的比较,通过一些经验数值,并通过和其他水域的数值比较来进行研究。

与安斯杜诺河的情况相似,斯特河也有扩张的沉淀物质区域。在低水位出现的时候,这些区域就会变干,或者只是被剩余的水洼所覆盖。在春季,这些水洼中的水在一小时之内的升高幅度最高可以达到 5.5℃。1997 年 8 月,人们在这些水域及其周围一带,发现了大量被搁浅的蜉蝣目昆虫以及毛翅目昆虫的幼体。在干燥的生存环境下,与其他种类的无脊椎动物相比,某些毛翅目昆虫的幼体似乎更有能力适应新环境(见第 4.2 节)。

1998 年 2 月中旬,人们在斯特河开展了研究,测出流动河水所推动的生命体数量在不同的流量状况下是不相同的。在流量变化以 11.5m^3/s 的速度下冲时(这一速度也是斯特河流量变化的一般速度),在一段比较窄的、对于许多水域来说都是比较典型的范围内，大型无脊椎动物的漂移密度在2～4个/m^3个体之间浮动。无论是在早晨还是在傍晚，在那些天色较暗的时间，都没有出现漂移生物体的增加。在自然的漂移规律中，这一现象是必然会出现的。但是，如果流量持续轻微增大，从11.5m^3/s增大到12m^3/s，漂移的大型无脊椎动物的密度以及漂移植物的密度都会有较大幅度的上升。产生这种剧烈的、“被迫式”漂移的原因是：随着河底液压的增加，在水流增大的情况下，由于力学的作用，那些生存在沉淀物质中的生物体被撕裂或者是被冲走。这种“灾难性”的漂移当然只是在雨季流量大的时候才会出现，也就是说，一年中只会出现少数几次。在其余的一些流量变化水域段，尤其是在冬季（这个季节高低水位比值达到最高值），这种“灾难性”的漂移几乎在每个工作日（周一至周五）都会反复出现。这种情况如果长期存在的话，水底生物的群居就会受到威胁，在一些强烈暴露的河底部分甚至不会再出现这样的生物群居。

在斯特河的所有测试水域，漂移生物主要是两种蚊子的幼体。这两种蚊子幼体和蜉蝣目昆虫是阿尔卑斯水域最活跃的漂移生物。

3.4.5 布来根茨阿赫河（奥地利）

布来根茨阿赫河位于福拉尔贝格，是博登湖的一条支流。在1986～1997年的12年间，人们将这个水域的生态和该水域在水力发电方面的作用结合在一起，进行了大量的研究（永维特，1987年研究；泊库，1997/1998年研究）。在研究的过程中，人们将不受流量影响的河段、剩余水流河段以及受流量变化影响的水域段进行了比较。1992年，布来根茨阿赫河上新建成的水电站——阿尔布施文德（Alberschwend）投入使用。在那里，人们也采取了各种措施来抑制流量变化，并且取得了一定的成效。

为了更全面地了解布来根茨阿赫河的水文变化过程，1996年6月中旬，人们对该河上不受流量变化影响的水域段贝尔茨（Bezau）以及受流量变化影响的水域段波则那（Bozenau）进行了长达5天的水文变化过程试验。试验结果是，在自然状况下，其变化呈现典型的正弦形每日走势，即早晨的时候达到最低值，傍晚的时候达到最高值。而在受流量变化影响的水域段，这样的走势却受到了强烈的干扰。受流量变化的影响，晚间低水位出现的时候，水温下降的并不多。在6月9日就出现了类似的情况，这是一个几乎没有流量变化的星期六。其原因在于：这个低水位是流经了一段长25m的逆流而上的剩余水流水域段后流过来的。与不受流量影响的河段相比，剩余水流水域段的水温在一天内的任何时间段都会反复地升高。

在一些单个测试日，人们发现：由高处储水引起的流量变化对水温产生的影响是不尽相同的。在测试点波则那，除了布来根茨阿赫河本身所受的流量变化影响外，还有一条与河流同流向的支流也受到了流量变化的影响。两个流量变化相互叠加，引起了“不符合规律”的水温变化。

对于水产业来说，布来根茨阿赫河那些不受流量影响的河段和剩余水流水域段属于鳟鱼的生态活动范围。在其中的捕鱼段上，能大量地找到两种类型的鳟鱼，即巴赫鳟（Salmo trutta forma fario）和格若蒲（Cittus gobio）鳟鱼。在两个剩余水流水域段的最底部还会出现鳅科生物和其他鱼类❶。

受流量变化影响的水域段应该是茴鱼类的活动区域。但是，仅在一个捕鱼区就可以发现很多类型的鱼类，其中最主要的有一到两个类型。由于时间和水域段的差别，主要有格若蒲（Groppe）鳟鱼、施多么（Stömer，即 Leuciscus souffia agasizzi）鳟鱼等。在受流量变化影响的水域段，生物种类似乎并没有减少多少。但是，如果与人们期待中的潜在值进行比较的话，情况就不一样了。来自其他具有可比性的水域的经验告诉人们，在受流量变化影响的水域段一共应该有 7 个物种。除了上文中提到的以外，还应该有：鱼岁属类（译者注：“鱼岁”是一个字）以及鲃亚科。最为引人注意的是，茴鱼类在该水域段中的显示状况与一般状况相差甚远。虽然在一些捕鱼段可以零星地发现这类鱼，但是数量不大。数量较大的生物种类根据流量变化距离和捕鱼段的不同，其变化值在 60%～100%之间浮动。

在一定面积上测得的生物出现频率和生物数量在不受流量影响的河段和剩余水流河段上都在一定程度上发生变化。而在受流量变化影响的水域段，同一年的生物出现频率和生物数量变化程度却高达 90%。如果从绝对值来看，这个变化值还要更大一些：与同类其他河流相比，布来根茨阿赫河受流量变化影响的水域段上的鱼类数量最少，而在其不受流量影响的河段和剩余水流河段，它也处于波动范围的最底端。

4　决定流量变化效应的因素

流量变化对水域地区的人类生活环境和生物群体的影响方式并不纯粹由其水文特点（第 4.3 节）决定，此外还受各个地区包括支流在内的水域特点以及现存机制的影响。1985 年，基斯拉松列出了诸如水流体系、河床类型、地貌情况、温度控制、水质、动植物的生存状况等一系列特定因素。根据 2002 年弗

---

❶　由于这一数值是 4 个捕鱼段上测得值的平均值，所以试验中只能显示各单个水域段所测值的极少一部分。

罗马可的说法,鱼类的搁浅问题除了与季节和每日时段有关,也与鱼的年龄和体形相关。

4.1 水域特点

根据在阿尔卑斯地区莱茵河的几个测试水段上所作的调查,河流的地貌是决定流量变化方式和规模的几个决定性因素之一。如果需要根据生态系统的结构和功能用图表的方式表现河流路线(布达斯和,1997),这些受流量变化影响的测试水段的情况差别比较显著。而这些水域生态系统的区分正好与各水段的地貌状态相吻合。因此,在依尔河口和波登湖之间的国际水段上普遍存在着生态衰退现象,因为这些地区阻塞现象很严重,而且地貌也很平坦(以迪迫撒水段为代表)。与此相反,玛斯特瑟奥地区由于地貌上更天然,因而拥有多样的生态结构(以分布着居住人群的河岸地区为例),而且能够履行更多的生态功能(如玛斯特瑟奥的村庄溪流等有助于鳟鱼自然繁殖的地区水域)。鉴于其松散的地貌状况(交替的砾石河岸),从生态角度看,兰得凯河口和依尔河口之间的阿尔卑斯莱茵河中游地区(以巴德拉格和布克斯测试水段为代表)位于玛斯特瑟奥和迪迫撒之间。

1995 年和 1997 年,瓦伦丁从她对两条法国河流的研究结果出发,也认为水域的地貌状况决定了流量变化的影响。她的结论是,地形越平坦,流量变化造成的影响越大。原因是,在河道涨潮和退潮被阻塞的时候,小鱼由于栖息范围变窄而不能回到原先的生活场所。

尼玫亚(摘自沟勒 1994 年研究报告)发现,鳟鱼能根据水平面的上升提前预知天然潮流的到来,所以能有充分的时间为自己寻找藏身场所。相反的是,如果流量变化并非由自然水文运动造成,很多水生生物就无法或者很难预知流量变化的来临。在预警时间缩短的情况下,及时找到合适藏身之处的机会也就大大减少。

4.2 机制种类

某些生物机制对于流量变化的运动特别敏感,同时也表现出很强的适应性。瓦伦丁在安斯杜诺河的流量变化水段发现,与其他鱼类相比(比如鳟鱼),巴赫猱奥格(Bachneunauge)、茴鱼和格若蒲鳟鱼受流量变化损害很大。而美国方面的研究结论是,格若蒲鳟鱼对流量变化的抵抗力相当不错,因为它们体形小,在河床起伏较大的前提下,更容易在礁石后面流量变化相对比较平静的水域找到藏身之处(沟勒,1994 年研究)。这些作者认为,流量变化和低水位之间的过渡阶段对于格若蒲鳟鱼的生物机体(巨型无脊椎动物)而言,属于重要水力时段,而这个阶段是和潮水的变化和相应的湍流紧密相关的。

一些大型水底生物对外部发生的自然流量变化所作出的反映不尽相同，对于流量变化推动的反应也同样显示出独特的多样性。在靠近阿尔卑斯莱茵河畔常年湿润气候带生活的生物中，首先是寄居在上游沉积孔隙之中的大量生物（许多岩石目昆虫类型及蜉蝣目昆虫类型），其次是一些来自更深水域沉积层及微粒沉积层的小型需氧居民（带绒毛的蠕形动物和蚊子的幼虫等）❶。其中的主要原因是内外部的淤积。普遍的观点是，岩石目、蜉蝣目以及部分箭筒型昆虫的幼虫是对流量变化比较敏感的物种，而与其相对的是蚊子以及其他双翅目昆虫，它们是比较迟钝的类型。1993 年莫克等人再次发现，一些健壮的昆虫类型，如在砂砾孔隙中的岩石目及蜉蝣目昆虫，在流量变化的影响下得到真正的进化。即，“毋庸置疑，在上游藻类活跃时这些生物会受到损害，在流量变化期间，阿尔卑斯莱茵河缺乏能够承受巨大水压的流量槽”。

最能挑战上述结论的是最早发现的箭筒型昆虫的幼虫（Allogamus auricollis）。它们在阿尔卑斯地区流量变化延伸带的其他地方繁衍，并且已发展到了十分显著的密度，但却已成为遭受损害威胁最严重的物种之一。对于这种栖息模式的更为精确的分析如下：无论是在阿尔卑斯莱茵河还是在伊河，它们都把精力集中在自己需要的、在流量变化期间受水压影响较小的更为平坦的水底区域，以及连接流量变化的地点，这些边缘地带便于幼虫大量集中，从而形成一个对流量变化反应迟钝的物种。

在一些原有的发生流量变化的地点，只有很少的一些水生有机体能够存活，除了箭筒型昆虫的幼虫之外，首先是两种近缘昆虫类型 Leuctra 和 Capnia 以及一些蚊子的幼虫类型：在陆地上的有机体（动物群）中，运动十分灵活的甲壳虫及蜘蛛是最早能够利用流量变化区域的生物。

对于伊河和提若河的冰铜来说，在植物的移民方面，必须互相协调的是流量变化区域，对于任何一种大型藻类的生活空间，必须能使其充分沉淀和析出，这些藻类对于水域的干涸是相对敏感的，对此，首先涉及的是两种黄藻，其他规律性出现的藻类则广泛生长于湿度多变的区域，也可能在有些区域繁殖比较困难。硅藻、绿藻以及蓝藻都属于对变化反应迟钝的类型。

生物对流量变化推动的适应带来了不同的后果。在短时期的流量变化顺序中，无论是若斯河中的大型水底生物，还是奥日格河支流中的热带淡水鲑

❶ 相反，在上层水藻繁茂的水域中生活的居民[水生原始动物群系、蜉蝣目贝提丝(Bätis)种类的幼虫和不同种类的蚊子幼虫]却没有受到损害。这些居民稀疏地分布在阿尔卑斯莱茵河流域的排水沟内。在高水位时，这些排水沟承受了强大的压力。

鱼,都会受流量变化的影响,并因高比例的偏差甚至是冲毁而退回到 2～4 条通道之中。福尔德马克(Flodmark)在试验中通过对淡水鲑鱼的研究得出以下结论:在最初的寻觅期,鱼的血液中会重新出现皮质醇含量的显著增加,以适应人工流量变化所形成的水压,到了第四至第七天,这种每天重复的流量变化就不再能产生原来那么大的影响了。另外,在挪威的尼德尔瓦河中,热带和温带淡水鲑鱼从来不用学习如何抵御节奏性流量变化的侵袭。

4.3 流量变化运动指标

在发源于阿尔卑斯山的莱茵河上游(即美因菲尔德以上部分),流量变化主要出现在白天,而在它的下游(也就是从里恩茨以下)流量变化则一般发生在夜间。对于发源于此山的河流来说,流量变化所带来的河水浑浊现象会给河流本身带来一定的不良影响,以至于在整个过程中,推迟白天的流量变化可能引起光控生物过程的不同反应(比如藻类的生长、由大规模的无脊椎动物形成的漂移物以及鱼类的活动)。

对于因流量变化而引发的水生生物的变化规模,可以通过不同的指标来衡量(见第 2.2 节)。然而关于这些指标对河流生态的影响,人们只能找到为数不多的文献资料。

• 2000 年,马赫(MARRER)在总结了自己的经验后得出结论:对于有充足植被覆盖的山区河流流域,流量变化与低流量的比例保持在 4∶1,不会对水域生态系统造成重大影响。来自奥地利的经验总结则明确指出了一个相似的对河流生态有益的比例,即最大不应该超过 3∶1。

• 1995 年,马赫指出,对于发源于瑞士的伊河来说,把流量变化的润湿范围每分钟提高 1m 是必要的,这样可以从河岸沿线及时冲退水生生物(尤其是大规模的无脊椎动物和鱼的幼苗)。瑞士瓦特州关于奥伯恩河(Aubonne)的核心计划规定:流量变化退流速度最大不得超过 $1m^3/s$(理牧耐克斯,2001)。同样,苏格兰东北部的第河也规定:0.5～$1m^3/s$ 的流量变化为生态系统可以承受的范围[布若克(Brooker),1998]。1976 年,哈米尔顿(Hamilton)和布尔(Buell)建议,坎贝儿河(Campbell)的最大流量应在 $1.7m^3/s$。由于不同河流的规模和形态不同,从一条河总结出来的规定或标准不可随意推广应用于其他水域。

里比西(1998)联系流量变化的持续时间和低流量的结束时间,对奥里格河(Oriege)支流中淡水鲑鱼的冲退情况进行了调查(不考虑流量变化的持续时间),结果发现,在流量变化和低流量比例为 10∶1 时,幼鱼被冲走的数量大约是在该比例为 6∶1 情况下的两倍,而且这种结论在所有的调查中几乎完全一致。

在涉及水位下降的问题上，哈乐克(Hallerker)在2000年发现，以17cm/h的比率可以完全消除鱼类搁浅的危险。按照2001年塞尔维特(Saltveit)的研究，如果被研究的尼得尔瓦河的冲退速度保持在0.3～1.3cm/min，就不会造成幼鱼的搁浅。只有在0.2cm/h以下，搁浅才会发生。

在我们所分析利用的阿尔卑斯流域的调查报告中，最大的流量变化对低流量的比例大约在2.5∶1和50∶1之间变动，而水位的上升和下降的最大变动比率则在0.1～4cm/min之间。这两种指标明确规定了上述大部分河流在生态基础范围内所能承载的界限。由于流量变化对低流量的比例在大多数调查情况下都十分明显，所以这种指标可以作为有利于调查研究水域生态情况的指数而进行测量。

• 在流量变化对低流量的比例不断上升的情况下，从各种可利用的数值中取中间值，这种大规模水底生物的有效生物量却呈现出不断减少的趋势，显然这两个参数并不存在重要联系。

• 就大规模水底生物的生态量而言，实值占标准值的比例显示其与流量变化对低流量的比例之间的联系似乎更加微弱，而这种评价的依据是海拔与生物量的关系❶。

• 根据1992年永维特的研究，对于衡量鱼类生物量而言，流量变化对低流量的比例是最重要的指数之一。他发现，奥地利海特哈尔河(Raithral)❷流域的两个参数之间仍然存在极其明显的反比关系。在先前的报道中分析利用的阿尔卑斯山水域从总体上显示了共同的趋势，即它们都明显偏离了回归线。

然而纯粹依赖这些关系仍然无法得出生态系统所能承载的流量变化对低流量的比例范围。

在最新调查的阿尔卑斯山水域中也只有4个水域考虑了无脊椎动物的漂移问题。在诺斯河，当流量变化对低流量的比例从2.5∶1提高到3∶1时就会出现漂浮水藻和无脊椎漂移物(灾难性漂移物)跳跃式的上升(见第一次流量变化，马赫，2000)。在阿尔卑斯山莱茵河流域，灾难性漂移物产生于流量变化

---

❶ 这种联系源于永维特1998年的研究，他对阿尔卑斯山水域，尤其是流量变化区段的情况进行了核查。

❷ 我们在下文还将提供布来根茨阿赫河和德拉瓦河的资料，在上述研究中它们同样得到人们关注。

对低流量的比例为 2.5∶1～4∶1 的范围内。而在西特河(Sitter)流域则在 3∶1～6∶1[1] 的范围内;然而,在波西维诺河(Poschiavino)流域,即使是在流量比例增加到 6∶1～7∶1 的时候,有机体漂浮物还在以难以测量的速度增加着。

在阿尔卑斯山莱茵河流域,位于马斯特里河上游的测量河段在形态学上更接近自然。根据最新调查,其最大流量变化对低流量的比例为 6∶1,其所受破坏程度明显小于下游河段。在迪波尔特肖河的最下游已被疏浚的河道,人们认为其生物环境进一步退化,其最大流量变化对低流量的比例为 3∶1。

根据莫克 1998 年对位于南蒂罗尔的法勺尔河(Falschauer)流量变化河段的报道,可得出结论:对于大规模水底生物的发展,最大流量的月中值和最小流量的比例系数是最标准的参数。当流量比例超过 3∶1～4∶1 的范围时,水底生物的数量就明显甚至急剧地减少了。

迄今为止,史波尔地区的其他水系在夏季呈现出不同的流量变化强度,白天为 $2.5m^3/s$,夜间为 $1.0m^3/s$。河流从较高点向较低点流动的过渡阶段长达 2 小时,这相当于 $0.75m^3/h$ 的回流比率。这种方式使得有机体的流损得到了限制(米勒,2000 年研究)。

至于流量变化的影响范围,圣华伦在 1995 年和 1997 年认为,河流的形态学也具有比较重要的意义;除此之外,河流流量的大小将根据流量变化情况而不断改变。在流量变化过程中的低流量阶段,剩余的流量是起决定作用的指示性因素。正如人们所预料的那样,低水位的流量变化对水域生态系统产生的影响超过高水位的流量变化所产生的影响。在冯多里厄河的一段水域中,流量从 $0.12m^3/s$ 增加到 $1.3m^3/s$(也就是流量变化对低流量的比例从 150∶1 变为 15∶1)将明显地改善河流的生态环境。150∶1 的比例过于极端,而且这两种比例的差别又如此悬殊,所以不能将同样的结论套用于其他河流的测量。

5 抑制流量变化的措施

原则上可以下面两种方式,减少流量变化对流动水域的不利影响:

(1)在性质上改变水域特点,这样可以减少相同的流量变化所带来的严重后果;

(2)改变流量变化运动本身。

迄今为止,在流域本身的特点中地貌首当其冲被公认和描述为是对流量

[1] 更深入的关系是针对测量当日所出现的低流量,即 $4m^3/s$,这远远高于斯特河 $2m^3/s$ 的最低流量。

变化影响起决定性作用的特点。比如,通过扩大被疏浚水沟为河流地貌结构的多样性提供前提条件,可以实现流域生态的改善。但是,随着流域面积的增加和相应的河岸的平坦化,在低水位中变干的流量交换区所包括的底部面积也日益增加。正如 2001 年《阿格湖泊学》描述的那样,在这些情况下,应相对于其负面性(日益拓宽的荒芜区域),仔细估算扩展(新产生的生活空间)的优点。在对伊尔河口上游阿尔卑斯莱茵河地区重新自然化问题的可行性调查中(如 2001 年《阿格湖泊学》杂志开展的调查),这种利弊权衡导致如下结论:

在这种情况下,有意义的不是尽量扩大底部面积,而是为了既定目标开展子流域建设和河流沿岸的植树活动,从而使有限扩大底部面积、使用期与可利用面积作为一种解决方案得到持续落实。

2001 年,有关研究人员根据针对地貌各异的试验路段开展的比较性调查,估计流域生态环境的改善,而这些改善纯粹通过河流建设方面的措施就可以得到实现。因此,在最好的情况下,阿尔卑斯莱茵河地区全面恢复活力可以带来较高的自然程度和一定的生态质量,马斯特尔试验段目前的状态就是如此。在这种状态下,诸如水底生物在河床上不间断的繁殖或者鳟鱼的自然产卵等活动在主水道还是不能实现的。

持续的重新自然化过程,即自然生态结构和流域功能的重新建立,只有通过减少流量变化运动才能实现。

2001 年,理牧耐克斯首次收录了关于改变流量变化运动的可能性以及已经在瑞士实施的措施的研究成果。可以通过相关措施和运用范例对理牧耐克斯所描述的内容进行补充❶。这些措施可运用于产生流量变化的各发电中心及发电厂网络以及受流量变化影响的具体水域。此外,流量变化运动的规模作为一个整体可以通过环境政策和能源政策方面的措施得到控制,在这方面可引用莫克 1992/1993b 的研究❷。

所有抑制流量变化的措施都是为了一个共同的目标,那就是:减小流量变化和下限影响之间的差距并减慢过渡速度。正如表 4 显示的那样,这可以通过各种措施和措施组合来实现。

---

❶ 这方面的其他文献包括:哈密尔顿与布莱尔 1976 年著作、布若克 1981 年文章、阿密塔格 1984 年著作、莫克 1990/1992/1993a/ 1993b 文章、莫克等人 1993 年著作、福斯腾来歇尔等人 1997 年著作以及伯克 1997/1998 年文章。

❷ 该研究包括:增加在水域保护和水域利用(例如在紫外线处理过程中)等利益考虑方面的生物运行能力的权重,或者通过组织相应的控制任务来减少高峰流量需求。施蒂利亚州明文规定,原则上不允许(路易斯,2002)新建的运行发电厂存在流量变化,而德国则只是建议应用此种禁令(乌巴,2001)。

表 4　　　　　　　　　　抑制流量变化的措施

目标	措施的类型	实施措施	举例说明
1.避免流量变化	(a)分别导出正在运行的水(或者其中的一部分)	通往更大的河流或者湖泊的坑道 引入河流	特伦－非禾哈(英国)
	(b)将自然保护的水域排除出使用之列		
2.降低流量变化和低水位之差值及其比例关系	(c)提高最低或者剩水排放(低水位排出)	从堤坝着手,加大投入	勒卡特罗特(荷兰,在建设中)
		从中心着手,提高最低还水量	郝特里维(法国) 维泊伊斯(希腊) 伊斯拉丝(英国) 库倍尔(圣加仑) 利卡雷特 普兰德所斯
	(d)降低流量变化高峰	从中心着手,减少最大还水量	朗格恩(奥地利)
	(e)将(c)和(d)结合	作为运行措施将单独的发电站连结起来	—
		众多发电站的反周期运行	瓦尔特(奥地利,在建设中)
		作为建筑措施的平衡水域	林塔尔(格拉汝斯) 阿贝尔施文德(奥地利) 瓦尔高维克(奥地利) 哈目萨禾(奥地利)
		作为建筑措施的平衡空洞	阿目斯特克(乌拉圭) 新特蒙尔(奥地利)
3.计划内的季节性改善	(f)与(c)和/或(d)相同,但强调时间考虑	从中心着手,追加最低还水量	伊斯拉丝(英国)
		返回或者组合的追加限制	—

续表 4

目标	措施的类型	实施措施	举例说明
4. 限制流量变化向低水位的过渡	(g)限制流量变化上升或者下降的速度	放慢以及阶段性地开动涡轮机	阿尔贝施文德(奥地利)
		放慢以及阶段性地回转涡轮机	勒卡特罗特(荷兰) 库倍尔(圣加仑) 普兰德所斯
		作为运作措施的组合	维泊伊斯(希腊) 伊斯拉丝(英国)
		作为建筑措施的平衡水域或平衡空洞	见(e)项
5. 减少交换水域	(h)通过建筑措施调整水域	水沟的地貌优化	—
		建筑救护大坝	挪威、加拿大(建议)

1992～1997 年,在福拉尔贝格州的布来根茨阿赫河附近成功进行了上述与在阿尔卑斯地区实施抑制流量变化措施有关的对水域生态的具体控制(伯克,1997/1998 年;巴西维茨等人,1998):在那里建设了一个新型发电厂,即在后置平衡水域(波则那侧面蓄水池)建造了有助于抑制流量变化的阿尔贝施文德发电厂。在阿尔贝施文德发电厂(1992 年投入使用)竣工之前,在布来根茨阿赫河附近已经有安德尔斯布禾发电厂和朗恩格发电厂,这种情况产生了叠加的流量变化。流量变化对低流量的比例在布来根茨阿赫河地区达到了最大值 60:1(永维特等人的调查)。

随着阿尔贝施文德发电厂的建造,由安德尔斯布禾发电厂中央运行的水直接导入新的中心,并在新的中心重新流入布来根茨阿赫河。在距离阿尔贝施文德发电厂不远的前方,朗恩格发电厂的水流入由此产生的其余剩余水段(以前安德尔斯布禾发电厂的流量变化区段)。在剩余水段的下游部分存在 2～3m^3/s 的最低流量。这样,相对于过去的情况,最低下弦流量在接下来的流量变化区段明显得到提高。

在阿尔贝施文德发电厂以下,作为抑制流量变化的措施,建立了一个容量为150 000m^3的平衡流域(波则那侧面蓄水池)。在通过阿尔贝施文德发电厂产生一定的流量变化出流之前,从位于布来根茨阿赫河的这一侧面存储器产生所谓的初潮。这样,超过 24 小时就产生一定的水量,这与紧接着的以及已经提前确定的主流量变化有关。当主流量变化有规律地出现时，最低流量在再次降至低值（低水位流量）前经常长时间地保持在高于初潮的水平。

通过这种方式，产生两个有相似低水位流量的相互作用的流量变化区段，但是，它们有不同的最高水位流量：在上段（在朗恩格发电厂和阿尔贝施文德发电厂之间的流量变化区段1）流速最高为 $30m^3/s$，在下段（在阿尔贝施文德发电厂以下的流量变化区段2）最高 $60m^3/s$。与建立阿尔贝施文德发电厂之前的情况相比，最高的流量变化对低流量的比例由60∶1下降到15∶1和30∶1。通过增加的初潮使流量变化在第二段抬高的最大速度由每分钟 $4m^3/s$（没有抑制流量变化的措施）下降到每分钟 $0.6m^3/s$（下降到初潮）以及每分钟大约 $3m^3/s$（从初潮到流量变化）。

根据泊库1997/1998年和巴西维茨等人1998年的研究，在抑制流量变化措施的影响下，生物指数的变化包括以下几方面内容：

（1）通过波则那侧面蓄水池对第二段宏观生物群的明显增加产生影响（从平均 $2g/m^2$ 增加到 $8.5g/m^2$）。而在第一段的生物群的增加速度则相形见绌（增加到平均 $4g/m^2$）；这个值远远低于生物群与海拔高程关系的约束值。与过去的水平相比，这两段的宏观生物群的数量（作为生物多样性的量度）几乎没有什么变化。在生物群方面，布来根茨阿赫河流域的生物运行能力在总体评价中达到二级（“轻微妨碍”）至三级（“严重妨碍”），而在采取抑制流量变化措施之前还被归入第四级（“非常严重妨碍”）。

（2）与没有抑制流量变化措施的情况相比，在这两个流量变化区段的鱼类的存量既不可能在质量上又不可能在数量上得到提高。而平均鱼类生物群和个体密度则被部分确定为存在下降情况。鱼类生态的运行能力毫无变化地保持在三级（“严重妨碍”）到四级（“非常严重妨碍”）。造成这种令人吃惊的根源是1997年春季河流上游的蓄水池冲洗装置。另一方面，可以确定的是，通过抑制流量变化的措施，布来根茨阿赫河流域尚未完全满足（幼）鱼栖息地的要求。在高峰流量变化中，水量也一直急剧增长，而且对一些诸如淡水鲑鱼的物种来说存在超过1m/s的高风险流速。

（3）在安德尔斯布禾发电厂过去的流量变化区段，通过完全导出正在运行的水并提供经过调节的赠水，实现了生态运行能力的明显改善。

鉴于这些认识，建议短时间内在布来根茨阿赫河流域进一步优化波则那侧面蓄水池的运行（首先是流量变化强度和流量变化振幅）。从流域生态的长期利益考虑，应将流量变化完全引入博登湖，当然这么做需要得到充足的资金支持。

表4引用的来自阿尔卑斯山地区的其他例子，抑制流量变化的措施（还）没有得到认识，因为，在这些案例中，要么不存在实行措施前有关流域状况的数据，要么迄今为止没有实现成功的控制。

6 结论和建议

前面的基础研究表明，由于量的大小和研究机构的不同，对流量变化运动的水域生态作用存在迥然不同的认识。在与本领域相关的相互联系的非生物和生物指数中，一些经常或者通常在调查中得到考虑，而其他的则很少或者完全没有得到考虑。其中，得到认真调查研究的有：温度关系或者结构性、生物性参数（如栖息密度）、生物量和宏观生物群或者鱼类的组成等。

在来自阿尔卑斯地区或者来自其他地理区域的大量调查中，已经明显总结出了流量变化区域的一些经常性的水域生态影响。

在大多数被调查的水域中，流量变化运动影响宏观生物群以及鱼类数量的降低和组成的改变，以及在流量增加时发生漂移和在流量下降时被搁浅的生物体数量的增加。一般而言，流量变化所引起的水文和水域生态变化非常大，因此在谈及流量变化时不得不提及“妨碍”（英语中所谓“扰乱”）一词，即使在自然情况下，（流量变化所引起的）“妨碍”性影响一年中也根本不出现或者很少出现。

在被调查案例中，受流量变化影响，65%～75%的鱼类和无脊椎动物的过度繁殖及生物量会出现降低的现象；而在发生漂移和搁浅时，90%的鱼类和无脊椎动物会进一步发生过度繁殖及生物量增加的现象。尽管此方面存在明显总体趋势，但是，在研究这些指数时，应该估计到在单个水域中可能存在相反情况。尽管在流量变化区段中总的生物共同体（生物群体）组成大体上都会发生改变，但是，改变的形式在很大程度上与各水域和各群体的实际情况有关。

至于得到认真调查的其他指数，它们受流量变化影响的程度各有千秋。例如，根据实际情况的不同，宏观生物群和鱼类的水温和种类多样性改变的情况也非常不同。

至于与水域生态存在重大联系，并表示流量变化所引起的变化规模的指数，它们得到了单独研究。这些指数包括颗粒物构成、水底淤积、接近底部的流动条件（水压）或者河岸植被的形成等。

要考虑和评价具体水域的流量变化影响，就需要对每种情况下的具体情形进行细节调查。

尽管对生物体（首先是幼鱼）的搁浅存在很多一目了然的诊断，但是，迄今为止，在瑞士和相邻的阿尔卑斯地区，基本上还没有调查这种广泛存在的现象。至于其他基本指数，在阿尔卑斯水域存在类似的认识盲区，如水域中部分生物体的含量或者在流量变化影响下的鱼类和无脊椎动物的行为和营养环境。

未来几年将继续在瑞士有关水域对由流量变化引起的个别生物和非生物因素的变化进行调查，从而提供进一步的依据和认识。在堪通瓦利斯的罗那河附近，正在进行一个与罗那河的第三大调整有关的内容广泛的跨学科项目。在这方面，还特别开展了流量变化运动，并实施了计划内恢复（拓展）措施。

迄今为止，在对流量变化引起的变化形式和规模共同发挥决定作用的不同因素中，流域的地貌、水生生物体的性质均被视为与流量变化运动的影响密切相关。一定的生物体对流量变化的影响非常敏感，而其他的生物体能够更好地抵御并排除流量变化的妨碍。例如，这一点已从栖息在水域底部的各种微生物藻类（水底植物生物）和无脊椎动物（宏观生物群）那里得到印证。

在过去几年中，瑞士科学界和水域保护界对流量变化运动的兴趣在日益增加。但是，对研究项目、对水域生态影响的应用性调查的巨大（补遗）需求一如既往地存在，这就要求我们以生产水电等尖端能源为目的，更好地利用我们的流动水域。

通过一个水域的地貌不仅可以减轻而且可以加强流量变化运动对水域生态的影响。在某些情况下，河流地貌结构（例如砾石浅滩、平坦河岸）的自然多样性将导致以下结果：尽管存在流量变化，但至少还能在一些底部区域建立和保持一种合适的生存共同体。在其他情况下，人们则担心，已经荒芜的水交换区域会通过接近自然的地貌（有平坦构造的河岸），延伸到不断网状化或者不断干涸的其他区域。

一个水域段的水文条件以及阻隔程度对流量变化运动的水域生态影响产生决定性作用。在评价过程中，特别是在评价受水位变化影响的流域的恢复时应该考虑这一点。

至于文献所提到的其他水域特征（例如河流秩序或者水的质量），它们如何对流量变化的影响发挥决定作用，则迄今为止尚未得到人们的认识。

在流量变化加剧时（例如，通过提高流量变化来降低低水位的流量或者加速流量的增减运动），由流量变化决定的影响趋势也在加剧。基于不同参考值的考虑，对于流量变化特征意义的认识比较零散。最早达成一致意见的内容包括流量变化对低水位流量的最高可行比例，讨论认为，这一比例应该在 3:1～4:1 之间。这里涉及有针对性的任务，不能对这些任务进行一般化，也不允许对个别水域流量变化的具体影响提出预测。对被调查的阿尔卑斯地区的流量变化与低水位的关系与流量变化对个别指数的影响的比较可证实这一点。

流量变化的影响不仅取决于各流量变化的高度,还取决于各流量变化的经常性和规律性。但是,相应的调查只是零星存在。一些生物指数明确依赖流量变化的规则顺序,但其他一些指数则不存在这种依赖现象。

有必要根据针对大中型水电项目(大于 3MW 的装机容量)的法律所规定的环境合同来约束试验(UVP)框架,或者在单个发电站根据流行的 EAWAG 程序(不拉特西和图福,2001)就流量变化的水域生态影响开展应用调查和评价。在第一种情况下,首先适用法律规定[1],在第二种情况下,还应在框架基础上将一系列特殊要求作为评判依据。但是,在两种情况下,都必须从大量调查参数(指数)中尽可能作出有说服力的选择。理牧耐克斯(2000b)曾经开展一系列考察活动,考察对象包括现有瑞士调查报告中一些指数和方法的说服力以及调查所必须的费用。

- 地貌:对流域面积和深度进行测量后发现,作为流量变动的结果,流量变化和低流量之间的比例实际上更大,而且会带来具有重大水域生态意义的变化。测量表明,季节性变干的河段在总面积中所占比例构成了对没有受限制或者很少受限制的有生产能力的流域面积进行估计的基础。此外,测量还明确了在低水位时不中断地满足鱼类迁徙要求所必须的最低水深。可以通过(在中小水域)选择几个有代表性的横断面并采取简单有序的行动来使费用支出保持在较低水平。与此相反,在较大水域进行测量必须要有大规模的基础设施,并且必须指出开展动植物栖息地模拟试验的模型。
- 水文:在中小水域通过比较简单的横断面测量方法,考虑最近点的水流关系。通常,用测量仪取得的数据已经表明流量变化和低流量之间的不同之处,通过对水域生态重要性的估计(例如鳟鱼生活区不可缺少的中等流速,对于无脊椎动物而言关系重大的水量的充分性或水量的缺乏)可以发现这些不同之处。对此,接近水底的水流条件、流量嵌入和单个生物群的栖息等均要求研究人员有目的地联系这些方面,而细节化的利用则要求更多的费用支出,即用于获取数据、数据加工以及在某些情况下进行的模式化工作所发生的费用。
- 水交换区域:可以通过非常简单的方法对在低水位时变干的水域面积

[1] 首先应该重视《联邦环境保护法》(USG)、《联邦水体保护法》(GSchG)、《水体保护条例》(GSchV)和《联邦渔业法》(BGF)。

进行调查,如,不再控制被搁浅的或在剩余小池塘中被捕捞的鱼类和无脊椎动物。这种费用较低的措施经常使下降的水面对生物体造成明显的直接损害。而且,通过这种方式对搁浅生物体进行全面考虑并不总是行得通的。

• 温度:经常可以借助简单的数码渔船来持续控制水温。在分析数据时必须考虑的是,这种措施涉及的费用比较高。而温度变化经常受很多复杂因素和边缘条件的影响(天气情况、涡轮机的组成、地下水水位等)。

• 无脊椎动物的漂移:在流量变化/低水位时期对漂移过程进行简单的有针对性的排练会发生中等程度的费用。在这一领域基本没解决的问题是,自然情况下原本会出现的漂移是否会受人工引发的流量变化漂移的影响?如果受影响,那么影响有多大?为了对这些问题进行回答,在一些具体情况下还需额外增加许多调查开支。由于落实方法比较困难,因此在一开始对大水域进行漂移测量时就应该考虑费用问题。

• 水底植物:在较平坦的水域范围对藻类群体或者比较容易识别的藻类个体进行视觉意义上的总体分析时,只需要少量或中等程度的开支。与此相反,在大水域比较深的地方开展同样工作则必须花费大量资金。

• 宏观生物群:只有在花费大量开支并借助于大量单项试验来可靠地确定宏观生物体的数量(经常性和生物量)时,流量变化所引起的宏观生物体的改变才得以部分地在有关调查中得到反映。在调查资金有限的情况下所开展的有限的工作则无法揭示这种变化。其他限制因素还包括:作为体现相互关系的一种状况,经常只有河流向上连接的剩余水段,或者远在上游的各水段才能得到使用。对于宏观生物群来说,某种水域中不受流量变化影响的水段在数量上的经验值并不总是存在。这些经验值只有通过开展大规模的调查,花费大量的资金的情况下才能够获得。

• 鱼类:毫无例外,只有大规模的电捕鱼,甚至是(在大型水域中开展的)电船捕鱼的方式,才能进行鱼类测绘。而这些都无一例外地需要高额开支。通过对产卵槽的测量并且或者对捕捞上来的鱼进行持续的年龄确定和估计,可以确定单个种类在自然繁殖(自然产卵和幼鱼成长)中的赤字。与宏观生物群相反,鱼类作为指数的优点在于,对这一生物群存在比较好的理论认识,在单个种群的传播方面,则可根据水域类型和调查时间点确定个体的数量和年龄分布。

下　篇

瑞士《联邦法》的《水保护法》*

第一篇　总　则

第一条　目的

本法律的目的是保护水以使之不受任何形式的破坏。其主要的目的是：

(1)维护人类、动物和植物的健康生存；

(2)保证饮用水的供给和经济化使用，保证其他目的水需求；

(3)维持自然生态中的固有的动植物群落；

(4)维持自然生态中鱼类对水的需求；

(5)维持水作为地貌景观的基本要素的地位；

(6)确保农业灌溉用水；

(7)提供休闲目的的用水；

(8)保证水文循环的自然运行。

第二条　适用范围

本法律适用于一切形式的地表水和地下水。

第三条　义务范围

本法总的约束是对全体公民有效。

第四条　相关定义

以下定义在本法中使用：

(1)地表水，即水与水的承载体，包括河(底)床和堤岸，还包括生存于上述主体的动植物群落。

(2)地下水，包括泉水、地下含水层、低层和上层的水限制边界。

(3)有害行为，即污染和其他一切形式的、破坏水的功能或性能的行为。

(4)污染，一切对水的自然形态产生的有害改变，包括物理的、化学的或生物的改变。

(5)废水。家庭、贸易、工业、农业和其他企业使用过的水，与污水混合的

---

* 此法律于1993年1月1日宣布。

淡水,雨水经自然形成或经人工干预后形成的水体。

(6)污水。可能对其他混入水体产生污染的废水。

(7)牲畜粪便肥料(以下简称为“牲畜肥料”)。由牲畜产生的液体的、固体的肥料,也包括草料地窖产生的液体肥料。

(8)流量 Q_{347}。在 10 年期平均情况下,在堰坝、引水或(外部)加入水影响不大的情况下,平均每年有 347 天达到或超过的流量值。

(9)恒久水流(流量),即大于 0 的 Q_{347} 流量值。

(10)剩余水流(流量),即经引水后剩余的水流流量。

(11)剩余水流需求储量,即保证特定剩余水流的水量。

第五条 国家防御或紧急情况下的例外

如果国家防御或紧急情况需要,联邦议会将以法令的形式给予针对本法的例外。

第二篇 防止和清除对水的破坏

第一章 保持水质

第一节 抽水、外部加入和溶入水的物质

第六条 基本原则

任何加入和溶入水体并污染水体的行为都将被禁止。

如果对上述物质储存或散布构成对水质的威胁(可能构成对水的污染),也应被禁止。

第七条 废水的排放、转移

污水应作处理。污水排放到或过滤(排放)到任何水体,都应经州政府批准。

非污染性的废水应在州当局的指导下做过滤处理。如果当地无此条件,在州当局的许可下,这些废水可排放到地表水体。为了避免排放废水而出现流量变化巨大的情况,在适当的时刻应采取必要的滞蓄措施。

第八条 废水储存处的渗漏

州当局应确保任何从遗弃(不再使用)、在用废水储存地点溢出、渗漏造成

的污染都被尽快制止。

州当局应该建立有全部遗弃废水储存点的列表，其中要包括各种所存废水的类型等信息。

第九条 联邦议会对物质排放和渗漏的规范管理

联邦议会应该制定对地表水和地下水的水质要求，并应该对以下几个方面起规范作用：

(1)向有关水体排放的废水；

(2)废水过滤处理；

(3)某些物质由于使用形式的要求，可能进入水体，同时这些物质由于性质或数量上的原因可能对水体造成污染，或影响废水处理系统的使用和安装。

第二节 废水处理和牲畜肥料的使用

第十条 公共废水管道系统和集中的水净化处理设施建设

州当局应该负责公共(污、废)水管道系统的建设和污水净化处理设施的集中安装。这包括：

(1)建筑小区的。

(2)已建建筑群的。这些建筑群处在废水处理能力不够或处理不经济的建筑区附近。

如果集中的水净化设施不能提供足够的地表水和地下水处理能力，则在孤立的或稀少的居民区，污水应该被相关各(分散)系统处理。

如果存在有私有污水管道系统，则它们的地位应等同于公共系统。

州当局应该负责对整个管道系统的规划设计。

第十一条 连接污水管道和接纳污水的权利与义务

一定区域内的污水应该被排放到覆盖该区域的公共污水管道系统。

上述区域应包括：

(1)建筑区；

(2)其他连接到公共污水系统的地区；

(3)其他能够合适、合理地与这些公共污水管道系统相连的区域。

负责这些管道系统的部门有义务接受废水并将其输送到合适的集中处理处。

第十二条 公共污水管道覆盖区的特殊情况

有些污水的处理没有达到排放要求，则污水的相关单位应负责进行预处理。这种预处理应该由州当局规范管理。

对那些不适合集中处理的废水，州当局应负责决定采用哪些最有效的措施来处理。

持续排放的那些非污染性废水不应该被直接或间接地输送到集中的净化场，州当局应负责如何排放和处理这些废水。

在有一定数量牲畜的农业企业，废水和牲畜(所产生的)液体肥料要用于农业：

(1)农业区应有牲畜房和周围附属地，可由主管部门划出使用的区域；

(2)废水应有足够储存空间。

在非农业开发区，这些废水应排向废水管道系统。

第十三条 废水排放的特殊情况

在废水管道覆盖区域以外的地方，废水应该按照最新的技术方法排放处理。

州部门应该保证水质指标合乎要求。

第十四条 牲畜管理企业

所有牲畜管理企业都应该努力保持牲畜肥料的产、用平衡。

牲畜肥料应该按照利于环境的方式使用，并考虑农业和园艺技术等各方面因素。在上述企业，储存能力至少应该达到3个月以上。然而，对山区、气候不好的地区或是特殊园艺区，州部门有权利提出更高要求。在临时牲畜保存地，也可以在审批后建立较低储存能力的肥料储存设施。

牲畜管理企业应该有足够的持有、租赁或合同使用的农业土地，以便来使用这些肥料，并按最多每公顷三个大牲畜单位的数量来施肥。

所有的牲畜肥料存放合同必须书写出来并经有关市政部门审批。

州当局可以根据土壤对此类肥料的承载能力、土地的高程或地理地貌条件来决定每公顷土地上该使用多少个大型牲畜单位的肥料。

联邦议院可以确定施肥土地数量上的例外情况：

(1)家禽和养马企业以及其他已建中、小动物养殖企业；

(2)经营公共设施方面业务的企业(废物处理、研究等方面)。

一个单位("单位"这里是量纲定义，而非组织机构)的大牲畜(所产生的)肥料，在平均情况下，可以被认为是一头600kg的牛所产生的固体和液体(粪便)肥料。

第十五条 废水处理的设施与配置

废水处理厂、饲料仓和牲畜肥料处理器材的所有者应确保这些设施使用正常、保存良好。废水处理器材和牲畜肥料处理器材应做定期检修。

州当局应保证这些设施管理良好。

第十六条 联邦议会污水处理管理和设施建设

联邦议会应拟订如下要求(规定):

(1)向污水管排放;

(2)由生产过程出来的特殊排放;

(3)污水净化后残余的混合、使用和储存;

(4)配置和设备的管理;

(5)牲畜肥料处理所产生的废水的使用。

第三节 发放建筑许可证时,需考虑与废水有关的技术条件

第十七条 基本原则

在进行新建筑或建筑改造时,建筑许可证仅对下列情况发放:

(1)那些有公共废水系统并且可用于新建筑排水的地区,或者废水被用于农业的地方;

(2)尽管无公共废水系统,但是废水的排放有其他合适的途径的,当局应为此提供咨询;

(3)尽管废水不适合集中处理,但是能保证有合适的排放方式。

第十八条 例外

在拟建小型建筑或设施情况下,当公共废水系统可用但由于其他重要原因不能使用时,若未来可以实现短期内的使用并且还有其他合适的排放途径,则可以发放建筑许可证。

联邦议会可以制定更详细的例外处理。

第四节 区域规划以保护水

第十九条 水保护区

州当局应根据水污染的不同可能情况来划分水保护区,这里水污染包括地表水和地下水等。联邦议会应为此制定相应规定。

在一些发生水污染的可能性较大的地方,建筑的建设或改造以及开挖、景观建设或类似项目只有在获得州当局许可的情况下才可进行。

第二十条 地下水保护区域

州当局应决定地下水的保护区和地下水的补给,还应该制定关于财产权的所有限制。

地下水流域的所有者应该:

(1)进行必要的界定保护区的调查工作;

(2)获得必要的物质材料权利;

(3)承担任何用于补偿财产权限制的费用。

第二十一条 地下水保护地区

州当局应确定具有重要使用价值的地区和地下水资源的补给区,在此类地区,不能有建筑物或有关设施,也不能开展可能损害将来利用和地下水补给的任何其他工作。

州当局可以将补偿财产权限制的责任传递给未来的地下水流域和补充设施的拥有者。

第五节 对可能污染水的液体的有关规定

第二十二条 主要规定

污染性液体的持有者,特别是那些储存、运输或者从一个储存器转向另一个储存器的,应该拥有所有用于保护水体的建筑或设备,这些持有者应进行经常性工作并确保这些建筑或设备运行正常并保持良好状态。

州当局应发放这些设施的建立、转移或扩建的许可。

若这些设施的拥有者或运行、维护负责人发现有渗漏,则应及时将情况报告给水保护警察,水保护警察应该采取一切有效措施,主动保护水资源并使之尽可能免受污染。

当局应确保:

(1)存在有合适的污染液体收集站;

(2)有关于这些液体的不会污染水的、合适的利用或排放方式。

第二十三条 服务工作

对污染性液体的容器进行管理和修理的企业必须是拥有当局发放有资质许可的企业。

这样的资质许可只能发给有必要的、合格的技术与设备的企业。这种许可应在全瑞士有效。

第二十四条 在人工地窖中储存水污染性液体

如果将水污染液体储存在人工地窖中会对地下水造成污染,则这种储存是不允许的。

第二十五条 可以转化为水污染性液体的物质

对于可以转化为水污染性液体的那些物质,第二十二条和第二十四条也同样适用。

第二十六条 联邦议会对水污染性液体的管理

联邦议会应制定关于水污染性液体储存设施位置、建筑材料、技术工作和服务的有关规定。

对于小的设施,可以不受第二十二条第 2 段所述内容的约束。

第六节 土地利用和水保护措施

第二十七条 土地利用

土地应该科学使用以使其免受污染,特别是保证肥料和对植物进行处理的某些产品不会被雨水或土壤侵蚀所带走。

联邦议会可以制定必要的规定。

第二十八条 对水采取的措施

对特定水体而言,如果第七条所述的措施还不足以保证水质要求,则当局应确保有另外措施来处理。

第二章 维持合适的最小流量

第二十九条 许可

任何超出标准耗水的人都应有许可,这包括:

(1)利用永久性渠道来引水的引水者;

(2)从湖泊或地下水资源引水并造成永久性水流明显变化者。

第三十条 许可的条件

上述引用水许可的获得可以基于:

(1)符合第三十一条到第三十五条的规定的内容;

(2)考虑其引水,Q_{347} 流量值被减少了至少 20% 并且总的引水量不超 1 000L/s;

(3)就饮用水而言,在年平均的情况下,引用量至少是 8L/s 泉水和 100 L/s的地下水。

第三十一条 最少剩余水流(流量)

当引用水是来自一个永久性水流时，最少剩余水流 Q_{347} 应该是如下情况：

Q_{347} (L/s)	最小剩余水流(流量) (m^3/s)	每增加流量 (m^3/s)	应增加的最小剩余水流(流量) (m^3/s)
60	50	10	8
160	130	10	4.4
500	280	100	31
2 500	900	100	21.3
10 000	2 500	1 000	150
60 000	10 000		

如果按照上述计算方法，结果不能满足下列需求或其他分析手段，则需增大最小剩余水流(流量)：

(1)尽管有引水和其他废水排放，但是仍须保持规定的地表水水质；

(2)地下水资源补充过程能够维持，因而依赖于地下水资源的饮用水可以在需求的范围内得到满足，并且用于农业的土壤所受影响不大；

(3)自由游动的水深要得到保证；

(4)在水流的 Q_{347} 为 40L/s 并海拔低于 800m 的情况下，若水流是产或抚育幼鱼区，则所有这些都应得到保证。

第三十二条 例外

州当局可以在下列情况下降低最小剩余水流流量值：

(1)在一个处于 700m 高程的取水口下 1 000m 且 Q_{347} 小于 50L/s 的地方。

(2)从一个不适合自然地维持鱼类数量且剩余流量至少相当于 Q_{347} 的 35%的。

(3)在利用一个有限的、形成完整地形景观的地区时，在保护和使用该地区的框架下，若采取特殊措施(如限制进一步地引水)则可有合适的平衡；保护和利用计划应得到联邦议会批准。

(4)在有必要限制引水的时间内，特别是饮用水供给，消防用水或农业灌溉。

第三十三条 最小剩余水流的增加

在考虑了特殊引水和非引用水相关的各种因素后，水主管部门可以提高最小剩余水流流量值。

引水需求型利益有：

(1)由引水而形成的公共利益；

(2)水来源区的经济利益；

(3)希望引水者的经济利益；

(4)由引水来提供服务的那些能源需求。

引水不利型利益有：

(1)水在风景区中是重要因素；

(2)水对动物生存环境非常重要，尤其是鱼类；

(3)从长远看来，需保持足够的水流来保证水质；

(4)保证地下水引用和补充平衡体系；

(5)保证农副业灌溉用水。

任何希望引水的都应向水主管部门报告如下内容：

(1)引水的影响，要考虑不同的水流流量，说明引水所涉及的利益，特别是引水发电及其成本情况；

(2)不引水情况下可能出现的利益损害以及对这种损害所可能采取的措施。

第三十四条 从湖泊和地下水资源引水

如果是从湖泊或地下水资源引水且水流受影响较大，这时，引用水源应受第三十一条到第三十三条的保护。

第三十五条 水主管部门的决策

水主管部门应考虑各种情况下的引水需求，同时还要考虑当水源低于引用条件时应采取的措施。

他们可以在时间上采用变化的供水服务，水流流量不应低于第三十一条、第三十二条所述的数量。

水主管部门在作出决策之前，应从有实力的部门获得咨询；在引水涉及超过 300kW 的发电的情况下，还需从联邦政府获得咨询。

第三十六条 需水量价值的控制

任何引水者都应定量地分析水使用报告并向水主管部门证明其对水的使用保持了水的价值分析，如果引用水者证明其当前的实际效率低于需求的水价值(能力)，则其此时只能使用与其实际效率相应的引水量。

第三章　保护水以使其免受其他损害

第三十七条　水流的人工增补和整治

水流的增补和整治是基于以下情况：

(1)保护人或一定数量的其他物质而需要这么做；

(2)有必要保护导航通道或在公共利益中利用水能；

(3)以前已经有人工增补或整治，而按当前法律条款要求需要改进。

在所有这些措施实施时，水流原有的流向都应当保留，或尽最大努力恢复，水流和堤岸应当：

(1)为多样化的动植物群落提供生存环境；

(2)尽可能保持地下水与地表水的交互；

(3)岸堤上可以作为某些特殊植物生长地；

在已经建设好的地方，主管部门可以批准一些关于上述第 2 段的例外许可。第 2 段所述内容从类别上说，也可以归属于人工水流整治。

第三十八条　掩埋水流或迫使其到地下流动。

不得掩埋水流，也不得迫使其到地下流动。

主管部门可以批准下列例外：

(1)防洪和灌溉渠道；

(2)交通道路的渡槽(交叉)；

(3)农业或森林交通道路的渡槽(交叉)；

(4)季节性水流的小排水渠；

(5)现有地下交通道或掩盖物的替换，这是指当前无法作为明渠或是作为明渠会对农业方面的利用造成很大不便的情况。

第三十九条　引入固体物质到湖泊的行为

一切引入固体物质到湖泊的行为都是禁止的。即使这些物质不会造成污染也不允许引入水体。

地方当局可以授权下列填入(湖泊)行为：

(1)在一些不能改址的建筑物组合区且其他途径都不可取的；

(2)在浅水区并对浅水区有所改进。

应使填入过程尽可能趋于自然，且所有的被毁岸堤植物都应恢复。

第四十条　坝体蓄水的主管部门应尽量保证在蓄水、放水或者是利用控制设备排水和泄洪时，大坝以下的动植物群落都不能有损害。

蓄水和排水只有在获得地方当局批准时才能进行。主管部门应向资深机构或组织咨询。如果为了维持操作运行安全需要季节性蓄水和放水,则地方当局可以仅规定时间和操作运行类型。

如果根据预料结果,湖泊拥有者因安全原因必须降低水位,则其需要立即向主管部门报告。

第四十一条 蓄水建筑物的漂流物

任何蓄水者都应禁止漂流物进入水体。主管部门对此可批准例外情况。蓄水管理部门应在水主管部门的指导下定期清除漂浮物。

第四十二条 引用或排出干净水或用过的水

向自然湖泊排入或从其引水时,水体原有的分层性质和相互间的交流都不能有较大的变化,也不允许有破坏岸堤区域水位变化的情况出现。

对水流而言,干净水或废水的排放类型和地点应认真选择,并按照尽量减少人工干预的原则进行。

第四十三条 地下水资源保护

州当局应确保在一个长期的时间段内,地下水水资源引用不大于其补给,在短期内可以在不损害水质或生物群落的原则下增加引水量。

如果地下水资源因为过度引用或补给减少而遭受破坏,州当局要确保这种情况尽快得到解决,这可以通过减少引水流量,人工补给或饮用水地下水库等途径实现。

若长远看,将不同地下水资源相连通会导致水质或水量的下降,则不能进行这种连通。

可用地下水资源的容量和流量都不应该因任何形式的新建设施因素而减少。

当堰坝等储水水位较低时,地下水和依赖于地下水水位的植物不能受损害。当局可以批准针对上述内容的例外情况。

若排水引起较大面积的地下水水位下降,则应该被禁止;若农业用水通过其他途径都不能解决,则可以发放例外许可。

第四十四条 取沙、取鹅卵石和取其他材料。

从河道等提取沙、鹅卵石及其他材料或准备进行类似的取材行为都应首先获得批准。

在下列情况下不予批准:

(1)在地下水的保护区域内;

(2)取材点低于地下水水位,且处于该地区地下水资源的汇集区内;

(3)对那些碎石河道的水流产生影响的情况。

如果取材点高于地下水水位，且取材处地下水资源的数量和水质适于地下水汇集，则可以发放取材许可，在此情况下，应在可能的最高地下水水位以上保留一定厚度的保护层。这一保护层的厚度可以根据当地具体情况而定。

第三篇　执行基本条款，奖励措施和过程

第一章　执　行

第一节　州当局执行

第四十五条　部门应确保本法在任何情况下的有效性。同时，还要有确切必要的相关管理法规。

第二节　联邦政府机构的执法

第四十六条　监督和协作

联邦政府应监督本法的贯彻执行。

联邦议会要规范管理有关协作：

(1)不同当局间的水资源保护措施。

(2)不同联邦机构间的相关行为。

(3)不同联邦机构和地方政府间的相关行为。

第四十七条　实施规程：联邦议会应颁布实施规程。

在实施规程颁布之前和起草与国际法相关的协议时，联邦议会应从各地方政府和相关的社团获得咨询。

第四十八条　联邦政府和执行权力

在执行淮河其他联邦法律或国际协议时，相关的联邦政府同时有责任和义务执行好水保护法，在颁布任何在此法律基础上制定的法令之前，联邦政府应从各州当局或相关机构那里获得咨询。

联邦政府应该实施有关物质(第九条，第 2 段，小标题(3))的规定；这可能需要政府之间协作执行其中的部分规定和义务。

由联邦议会决定哪些由其他联邦法律获得的物质信息将被送到联邦环境、森林与地貌办公室。

第三节　特殊执行规定

第四十九条　专业水保护组织和水保护警察

州当局应建立专业化水保护组织机构。这些机构要组织有水保护警察并提供紧急事务处理。

联邦和地方政府可以要求企业或私有企业在履行义务等方面进行合作。特别是那些在管理和监督中提出的要求。

第五十条　信息和咨询服务

联邦和地方政府应掌握本法执行的效果并应及时向公众通报水保护要求和水的相关情况。

专业水保护机构应向政府和私人提供有关咨询。这些机构应负责提供阻止或减少损害水资源的有关措施。

第五十一条　对肥料的咨询服务

州当局应确保建立有针对第十四条和第二十七条的咨询服务。

第五十二条　(水体有关信息的)容许量和专业信息秘密

联邦和地方政府可以建立关于私有和公共水体有关信息的查询机制,他们可以为此配置设备并可以管理设备。土地拥有者和设备管理者应保证提供此项工作的人员有权接触信息,同时也应该为这些人员提供所有相关信息。

本法的执法者和专家、委员成员以及特殊团体都应该遵守专业信息保密的有关规定。

经过相关社团的咨询,主管部门可以在大众需要时的根据需要,要保证特别利益不会阻碍有关管理工作,在新的情况下,生产和经营秘密信息的保密性应得到保证。

第五十三条　强制措施

主管部门可以执行由他们制定的强制措施,在此情况下,目前,地方法律要么没有相关条款,要么是没有更严格的条款。联邦法律第四十一条的行政管理程序同样适用于地方政府的管理等程序。

第五十四条　安全和补救措施的费用

紧急补救措施,勘察和维修措施等由主管部门采取的措施,其费用应由肇事者承担。

第五十五条　发放联邦征收费用

联邦政府要为其发放许可管理和特殊服务等工作征收费用。

联邦议会决定征收费用的数量。

第五十六条　跨地区水体

如果地表水或地下水水体跨多个行政地区,则每个相关地区的政府应采取措施保护水体。

如果地方政府对某些措施有争议,则由联邦议会来裁决。

第二章　基本条款

第五十七条　联邦政府的义务

联邦政府应开展以下整个的调查:

(1)水文过程平衡情况。

(2)地表水和地下水水质。

(3)饮用水、洪水情况。

(4)其他与水保护有关的事宜。

上述工作从经费上可以包含在设施建设和推动普通意义上的水保护技术水平的项目中。

有关社团应可以了解到审查工作的结果和评估结论。

联邦议会应规范管理调查工作的执行并对其评估。

联邦机构应发布专业技术指导并为调研机构提供咨询。

第五十八条　地方政府和义务

各地方政府应做更多的有助于执行本法的调查。他们还应该与相关联邦机构就这些调查信息进行沟通交流。

地方政府应建立起本地区供水设施和地下水资源的清单。该清单应对公众公开。

第五十九条　流量 Q_{347} 的评估

当关于任何水体的情况都不清楚时,Q_{347} 量值将由其他方法获取,例如水文观测或数学模型分析。

第六十条　主管部门的通告要求

当主管部门要发放一个许可而该许可对水文观测站或其他检查站附近的水体会产生影响时,则其应通知该站的主管机构。

第六十一条　设施、设备和装备

联邦政府应在一定数量上向地方政府提供帮助,以用于建立或获取设施、设备和装备,并用于:

(1)第十条所述的废水净化。

(2)下水道淤泥利用和清除。

(3)为更为综合的净化措施所提供的下水道。

(4)不能排到下水道或水净化厂的那些物质的排放或利用。

(5)对那些可能污染水体的物质所做的损害限制工作。

(6)用于保护水体免受废水储存点威胁的设备。

第六十二条　条件、计算方法和补偿金数量

所有规划方案是合理计划,能保证水资源保护,应用现代技术并且投入合理的情况下,才提供补偿金。

应根据地方政府的财政资源对补偿金进行分级,这应占至少15%,而其最高为:

(1)在第六十一条,第1段(1)~(3)项的前提下,45%所述措施的允许费用。

(2)35%其他措施的允许费用。

如果废水厂是用来排放或净化和由工业所产生的废水,则补偿金可以减少。

联邦议会负责允许费用的管理工作。

第六十三条　风险担保

联邦政府可以为获取新装备和设备提供担保。这需要根据地方政府的财政情况来分级;当与第六十二条有关项目一起考虑时,不能超过允许费用的60%。

第六十四条　基本规定,培训和信息

在授权的允许经费以内,联邦政府可为地方政府提供补偿来评估:

(1)重要水体水质不够要求的原因。

(2)比较重要的、可利用的地下水资源。

联邦政府为专业人员培训和公共信息服务提供财政资助。

联邦政府可为建立供水设施和地下水资源清单提供补偿。获得这种补偿必须是按照联邦政府的指导条款进行的工作。

由联邦政府提供的经费应按照地方政府的财政进行分级,但不能超过费用的40%。

第六十五条　财政拨款:优先权

联邦会议将确定相应财政年度的按第六十一条可以支付的最大补偿总额，应允许建立一个多年担保贷款以建立起最大数量的风险担保，而联邦政府可能会提供这些。

如果实施项目或计划实施的项目超过财政能力，内务部联邦局将建立一个优先权列表。

第六十六条 赔偿

联邦资金的错误使用可能会被要求归还，若有些设施或某些设备部件被用做其他用途，将同样得到与上述同样的处理。

联邦声明在5年后终止。

第三章 程 序

第六十七条 司法程序基于本法的命令或本法的执行规则可能与“行政管理程序法”以及“联邦程序法”共同起作用。

第六十八条 没收

根据执行本法的需要，联邦和地方政府没收某些权利或将它们转移给第三方。地方政府可以在他们的执行细则中声明“没收法”（对本法涉及的某些事宜）有效，在此情况下，地方政府需进行：

(1)当分歧时，地方政府将做出裁决。

(2)当受没收影响的各方的情况都明确后，联邦评估委员会主席可批准结果处理程序。

第四篇 责任义务

第六十九条 一个设施，固定或移动装置的操作者，可能会损害的风险，此时他有责任保护设施或装置以免受损害。

该操作者若能证明损害属意外造成或其他人为（非操作者）因素造成，则他可对损害不承担责任。

本法第四十二条至第四十七条，第五十条，第五十一条，第五十三条和“义务法规”第六十九条在此适用。

联邦、地方和州当局在上面第1～3段前提下同样承担责任和义务。

联邦议会可要求特定设施或装置的操作者具有第三方责任保险。根据

《联邦法》中的“核能责任”规定,本条的规定不适用于由核能引起的损坏。

第五篇 惩罚

第七十条 犯罪

任何故意有下列行为的人都将承受监禁或罚款的惩罚:

(1)非法排放物质到水体并可能直接或间接污染水体,便利这些物质渗入水体或储存,扩散在水体外但构成对水体产生污染的可能的。

(2)没有按照本法要求保存污染物质,而污染水体或造成了污染的可能的。

(3)没有按主管部门要求保留规定的捐款,或当低于取水条件时,没有按照要求采取措施。

(4)非法整改水流的。

(5)在没有许可的情况,挖掘或覆盖地下水渤海湾或与行为许可规定的条件相违背的。

(6)在没有得到地方政府许可而向湖泊倾倒固体物质或行为违背许可规定的条件的。

(7)没有许可而提取或准备挖掘卵石、沙子或其他材料,或行为违背许可规定的条件的。

针对过失情况,其惩罚为6个月以下监禁或罚款。

第七十一条 违反规定,任何故意有下列行为的将被宣判承受拘留或20 000瑞士法郎以下的罚款。

(1)以任何形式触犯针对其本人的命令,在命令中特别说明了违反情况下惩罚规定的,针对过失情况,其惩罚为罚款。

(2)帮助和怂恿违反者的视为有罪。

违反发生2年后终止有罪,对违反的惩罚2年后终止。

第七十二条 《刑罚法》的应用

如果本法与《刑罚法》第二百三十四条有冲突,则仅执行后者,在其他所有情况下,本法征罚条款都与《刑罚法》共同有效。

第七十三条 行政管理处罚法的应用

《行政管理处罚法》的第六条、第七条适用于本法的违反处罚。

第六篇　最终条款

第四章　终止和修改以前的法

第七十四条　《水保护法》的终止

1971 年 10 月 8 日的联邦法律中的“保护水体以免受污染”(《水保护法》)终止执行。

第七十五条　对联邦法律的修正

1973 年 12 月 14 日《联邦法》中的“渔业”条款修改如下：

第二十四条……

第四十八条……

1966 年 7 月 1 日的《联邦法》的“自然保护”与乡村修改如下：

第二十一条第 2 段

第二十二条第 2 段

1977 年 6 月 22 日的《联邦法》中的“洪水工程”项修改如下：

第五条第 1 段

1983 年 10 月 7 日的《环境保护法》修改如下：

第三十条第 5 段

第三十二条第 4 段第 h 项

1951 年 10 月 3 日的《农业法》修改如下：

第十九条第 g 项为水保护而减少家畜数量和关闭企业。

1966 年 12 月 22 日的《联邦法》中的“水权”项修改如下：

第二十二条,第 3～第 5 段

第五章　过渡条款

第一节　非污染废水排放、牲畜肥料储存设施和堰坝工程中的漂浮物

第七十六条　非污染性废水的排放

地方政府应保证在本法实施15年以后,任何水净化设施的运行不再受永久性、非污染性废水的影响(第十二条第3段)。

第七十七条 牲畜肥料储存设施

地方政府应制定紧急情况下调整牲畜肥料储存容量的过渡时期。他们应确保所有必要的调整都在本法实施以后的5年之内完成。

第七十八条 允许的最大化肥使用量

地方政府应制定紧急情况下调整使用农田的最大化肥使用量的过渡时期,他们应该确保所有必要的调整都在本法实施以后的5年内完成。

第七十九条 堰坝工程中的漂浮物

在必须采取额外的建筑措施以清除漂浮物的情况下,堰坝工程设施的所有者应在本法实施5年后满足本法的要求。

第二节 取 水

第八十条 再开发

在水流受取水影响较大情况下,应在主管部门指导下,在低于原取水点处进行再开发,目前进行这种再开发而不侵犯现有水使用权是可能的。

主管部门应制定更详细的再开发措施以处理水流处在风景区,及包含有国家或地方上所制定的生物或其他重要公共利益需要等各种情况,调查是否需要赔偿的过程是基于《联邦法》中的"征用"的规定。

第八十一条 再开发的过渡时期

主管部门应确定再开发措施完成的最后日期。

主管部门应确保在本法实施15年后完成再开发。

第八十二条 再开发的原则

地方政府应该根据第二十九条的规定建立起一个现有取水情况的列表,这要包括如下信息:

(1)取水的数量;

(2)剩余水流;

(3)水补偿需求量;

(4)合法的取水点。

地方政府要评估取水列表并确定是否和在什么程度上进行再开发。评估结果应形成报告,时间跨度上将包括再开发所需的时间段。

地方政府就应向在本法实施后2年联邦政府提交取水情况列表;在5年

内提交评估报告。

第八十三条 依据以往获得的取水许可取水

在依据本法实施以前获得的取水许可进行计划取水的情况下，取水点以下的水体应该得到目前实行的法律的保护，倘若许可是在 1987 年 6 月 1 日获得，参照本法第三十一条不存在赔偿。

在重要的公众利益需要更广泛的保护的情况下，主管部门应根据本法提出所有必要措施。应该依据《联邦法》中的“征收”项调查是否需要赔偿和赔偿数额的过程。

主管部门应要求在取水设施建设开工之间实施这些措施。

第三节 赔 偿

第八十四条 对在本法实施前开始的设施和设备建设的赔偿应依照以前的相关法律进行裁决。赔偿的数量应该根据决定赔偿时的地方财政进行计划。

联邦会议将根据上述规定，在相应财政年度，确定联邦预算中的最大全部赔偿量。

第六章 表决和实施

第八十五条 本法不一定需要投票表决。

联邦议会将决定本法的实施生效日期。

(开始实施生效日期:1992 年 11 月 1 日)

水保护条例*

（1998.10.28～2000.8.28）

第一章 总 则

第一条 目的和原则

(1)本条例目的:推动和促进地表水资源和地下水资源的保护,推进水资源的可持续使用。

(2)根据上述目的,所有措施都必须依据此条例框架制定,充分考虑水资源的生态环境保护目标。

第二条 范围

(1)本条例规定:

(a)水资源的生态环境保护目标;

(b)水资源质量的要求;

(c)废水的排放;

(d)污水及污泥的排放;

(e)畜牧业的要求;

(f)在地区计划框架内的水资源保护;

(g)保持适当的剩余水流量;

(h)防止其他因素对水资源的不利影响;

(i)联邦补助的审批。

(2)本条例适用于放射性物质,包括由于本身具有的化学特性而产生对生态不利的物质、由于本身具有的放射特性而产生对生态不利的物质。同时,本条例还适用于放射性物质立法和原子能运用的立法。

---

* 参照1991年1月24日瑞士联邦委员会颁布的《水保护法》中的第九条14项,第十四条16项、19项,第一条27项,第二条47项,第一条57项、62项和4项。

第二章　废水的处理

第一节　无污染水和污染水的区别

第三条　废水

(1)分析考察无污染水和污染水时,行政管理部门应当对废水是否通过排放或渗透进入水体进行评估。包括:

(a)水和可能污染水体的物质中所具有的形态、数量、特点和其即时物质现状;

(b)废水排入水体的情况。

(2)在废水渗透过程中,应考虑以下几种情况:

(a)因为既有的已污染土壤或底层水不饱和土壤的原因,废水是否会被污染;

(b)因为土壤或底层水不饱和土壤的原因,废水是否会被净化;

(c)1998 年 7 月 1 日颁布的《条例》中的标准值在被破坏土壤(VBB0)是否能长期地保持(渗入设施、堤岸草原保护区的行为除外)。

(3)降雨从建筑物或硬化表面径流而形成的水,一般情况下不作为已被污染的水。其包括下列几项:

(a)直接从房顶流下的雨水;

(b)直接从道路、公路、小径和水污染源已经被清除、加工处理、存放或渗透入地下净化而径流形成的水。这些水污染源的重要性,在评估过程中,必须要充分考虑到整体风险性。

(c)根据 1986 年 7 月 1 日颁布的《物质条例》中规定,农药(StoV)4 已经停止使用,能够保证长期得以严格限制,保证原有农药已被土壤层生化过程分解地区的水源。

第二节　排水计划

第四条　地方性排水计划(RDP)

(1)州行政管理部门应保证其制定的地方性排水计划(RDP)符合水体的保护要求。在特定地区,水体保护的措施应与其他城市保持的水体保护措施相一致。

(2)特别规定的地方性排水计划包括:

(a)污水处理厂及与之相关联的地方;

(b)可用地表水中处理废水的程度,特别是由于降水而增加处理废水的程度;

(c)对污水处理厂的污水处理的要求必需加强或保持。

(3)在制定地方性排水计划时,行政管理部门应考虑水体的空间需求、抗洪,水体保护措施应优先于污水处理。

(4)行政管理部门在制定地方性排水计划时必须制定水体保护措施。

(5)地方性排水计划应接受公众的监督。

第五条 市级排水计划

(1)县级部门应当向其上级市级部门上报综合排水计划(GDP)。该计划应保证有充足的水保护措施和有效的居民区排水区。

(2)综合排水计划应至少包括以下几个部分:

(a)污水处理厂厂址;

(b)由于降水而从建筑物或硬化设施面径流的排水要与以其他形式而形成的污水排放分开;

(c)非污染水允许渗透的地区;

(d)非污染水排放入地表水的地区;

(e)非污染水增补的地方要与污水处理厂分开;

(f)污水处理厂的建设及其污水处理系统和处理能力;

(g)在没有污水处理厂的地方,污水是怎样处理的说明。

(3)必要时综合排水计划可以进行调整:

(a)由于住房区的开发;

(b)由于地区性排水计划被重新制定或修改。

(4)综合性排水计划应接受公众的监督。

第三节 已污染废水的排放

第六条 排放入水体

(1)根据附录3,如果已污染废水满足排放的要求,行政管理部门应批准将其排入地表水、污水排放区和河流下游。

(2)如果存在以下情况,应制定其他的或更严格的要求:

(a)根据附录 2 或者必须遵守的国际法准则和公约,接纳废水的水体达不到规定和标准的;

(b)根据调查,水质量不合格是由于废水的排放,必要的污水处理与排放不成比例。

(3)根据附录 2,如果相关水体的水质量达不到特殊用途的需要,应制定其他的或更严格的要求。

(4)如果存在以下情况,可以适用较为宽松的标准:

(a)通过减少废水排放允许的物质浓度,排放进水体的污染物质总量得以减少的;

(b)整体而言,由于采取其他的处理方法,非回收的工业废水对环境污染程度得以下降的。根据附录 2 和国际法准则和公约,水的质量必须达到要求。

第七条 排入公共下水管网系统

(1)根据附录 3.2 和附录 3.3,如果满足相关的要求,行政管理部门应批准将工业废水排放入公共下水管网系统。

(2)如出现以下情况,行政管理部门应制定其他的或更为严厉的规定:

(a)公共下水管网系统可能被阻塞或不能正常使用的;

(b)污水排入污水处理厂不符合排放的要求,或者在不同情况下仅仅达到排放要求的,或者可能影响污水处理厂正常使用的;

(c)根据污泥处理方案(第十八条),污水处理厂的污泥用做肥料没有能满足附录的相关要求;

(d)污水处理厂的污泥焚烧可能影响污水处理厂正常使用的。

(3)如出现如下情况,可以采取较为宽松的标准:

(a) 通过减少废水排放降低允许物质浓度,排放进水体的污染物质总量得以减少的;

(b)整体而言,由于采取其他的处理方法,非工业废水中的非回收物质对环境污染程度得以下降的;

(c)污水处理厂的操作,是最佳方案的。

第八条 渗透

(1)禁止污染废水的渗透。

(2)如果满足以下几种情况,行政管理部门可以批准市级的废水或部分废水的渗透:

(a)废水已经被完全处理并符合排入水体的标准;

(b)根据附录 2 和地下水情况,水质符合渗透的要求;

(c)有供渗透的基础设施；

(d)污水处理厂排放污水的要求符合第十三条至第十七条的规定。

第九条 特殊地区的废水

(1)对不属于公共下水管网系统以内的污染废水，既不排入水体，不渗透，也不利用做农业肥料的废水，必须存放在污水池内。污水池应定期排空，最好将污水转入中心污水处理厂或者进行特殊处理。

(2)根据国家现有科技，因农用肥加工、生产、其他园艺厂的生产而产生的废水必须从生态的角度和农业及园艺的综合角度来考虑。

(3)可移动卫生设备的污水必须进行收集集中，用专门处理此类污水的设施处理后排入公共下水管网系统。不包括以下卫生设施：

(a)旅客列车自配污水处理设施；

(b)自 1997 年 1 月 1 日起使用的长途旅客列车自配污水处理设施；

(c)自 2001 年 1 月 1 日起使用的短途旅客列车自配污水处理设施。

第十条 废物和废水处理的禁止项

禁止下列行为：

(1)用废水处理固体和液体废物的。废水处理的临时权宜方法除外。

(2)处理废品违反生产企业的产品处置说明的。

第四节 建设和生产污水的处理设施

第十一条 废水与其建筑物的分离

在建筑物的建设或更新过程中，其所有方必须确保：在降水和不断增加的非污染水以及已污染水在流出建筑物以前必须用不同的管道分开。

第十二条 下水管网的连接

(1)建筑物污染废水排入公共下水管网是：

(a)权益性的。管网连接符合要求或建筑物费用支出符合标准。

(b)合理性的。管网连接费用没有严重超过预算。

(2)如果当地的实际情况不允许将污水渗透入地下，行政管理部门机关可以批准新产生的且不断增加的非污染水排入污水处理厂。

(3)饲养牛、猪的农民必须建有至少 8 个动物粪处理设施，才能将其污水排放连接公共下水管网系统。

第十三条 专业操作

(1)对污水处理设施所有方的规定：

(a)维持设施正常运作；

(b)出现紧急情况时，及时查清原因和事实经过；

(c)在运作期间，做到尽可能地减少废物的排放。

(2)工业企业将工业废水排入公共下水管网系统，以及污水处理厂将污水排入公共下水管网系统或水体时必须做到：

(a)制定相关的工作操作流程；

(b)污水处理人员必须有专业知识；

(c)确定污水排放的浓度和数量应符合行政管理部门批准文件的内容。

(3)在上一项情况下，行政管理部门可以要求责任人：

(a)根据他们的设施、数量和污水排放时间，即使批文没有包含一些必要的要求，责任人也要确定其排放的污染水和无污染水的废物浓度和数量；

(b)在一定的时间内，要确保有一定数量的污水指标测试；

(c)根据附录 2，如果废水排放或渗透存在风险或不符合附录 2 的要求，责任方应确保其排放的或进行渗透的水质量。

(4)根据实际流量，计算排放的污水浓度和数量。

第十四条 资料的上报

(1)本条例规定，排放工业污水入公共污水处理系统的责任方和污水排放入公共污水处理系统的责任方均必须向行政管理机关部门上报以下资料：

(a)排放污水的数量；

(b) 根据第十三条，排放废物的数量和浓度。

(2)同时，污水处理厂还必须上报：

(a)一些重要业务资料。如：效率、污泥的数量、污泥排放的地点、污泥排放的类型、能源消耗和经营费用。

(b)污水处理厂所处流域的情况。如：污水管网连接率和无污染水不断注入的比例。

第十五条 行政管理部门的监督

(1)行政管理部门应做到定期检查：

(a)将工业废水排入公共下水管网的工业企业，和将污水排入公共下水管网的或水体的污水处理厂，是否达到了行政管理部门规定的要求；

(b)这些要求是否能持续保证保护水体。

(2)根据此目的，行政管理部门要参考对方自己的调查结果。

(3)根据需要，行政管理部门可以对其批准内容进行修改和强制执行。根据国际公约和准则，行政管理部门要考虑到强制执行的紧急性。

第十六条　特殊情况下的参考措施

(1)将工业废水排入公共下水管网的工业企业,和将污水排入公共下水管网或水体的污水处理厂,必须采取适当的且从生态角度上可以接受的措施,以减少水体不断增加的污染。

(2)如果某些措施存在风险或难以接纳,行政管理部门要规定附加的治理措施。

(3)1991 年 2 月 27 日颁布的《重大事故保护条例》中的相关规定,和 1991 年 11 月 20 日颁布的《紧急情况下的饮用水供应保障》的相关要求,要维持不变。

第十七条　特殊情况的上报

(1)将污水排入公共下水管网的污水处理厂,在特殊情况下,如难以保证既定的污水顺利排放和污泥的处理,应及时将特殊情况上报。

(2)将工业废水排入公共下水管网的工业企业,在污水管道堵塞或中断情况下,应及时将特殊情况上报给其所属的污水处理厂。

(3)在发生特殊情况后,行政管理部门应及时将其不利后果通报辖区单位和居民。如果影响超出州或国家的范围,应当及时上报给国家预警机构和照会相应的周边国家。

(4)特殊情况下,如果污泥返回用做农业肥,污水处理厂必须同时向联邦农业部(FOA)上报有关情况。在征得州管理部门意见后,联邦农业部可以针对污水处理的费用支出情况进行检查。

(5)《重大事件保护条例》中的报告与资料数据的义务和责任保持不变。

第三章　污泥的处理

第十八条　污泥处理方案

(1)根据专家制定的要求,州必须在规定的时间内上报污泥处理方案。

(2)方案必须包括以下两部分:

(a)污水处理厂的污泥是如何处理的;

(b)处理过程(包括污泥处理设施的建设、更新改造的时间)。

(3)方案应接受公众的检查和监督。

第十九条　储存设备

(1)从生态角度上,在污泥能够处理以前,污水处理厂必须确保有足够的空间存放污泥。

(2)从生态角度上,污泥在任何时候也得不到合理处理的情形下,污水处理厂必须做到:

(a)如作为肥料,至少要保存4个月;

(b)如作为其他处理,至少保存1个月。

(3)由于季节上和农业生产上的实际需要,如果污泥用做肥料,行政管理部门应对其要求有更多的存放空间。

第二十条 检查和上报的义务

(1)污水处理厂必须保证在专家规定的期限内对污泥的质量进行检查;

(2)污水处理厂必须每年向联邦环保部、林业部和土地部(FOEEL)上报年度工作总结报告。

(3)如果污泥用做肥料达不到规定的要求,行政管理部门及时通知农业部相关事宜,由其进行检查。

第二十一条 出售

(1)污水处理厂应全面地记录购买污泥的客户资料、出售数量、处理方式、出售时间。资料保存至少10年,以备行政管理部门随时检查的需要。

(2)如果对污泥进行分解处理,则必须要达到一年以上的时间要求。

(3)出售特殊污染物作为肥料,必须符合1986年11月12日颁发《条例》中的特殊废物(VVS)要求的相关标准。

(4)经批准后,污水处理厂可以仅处理污泥等污染物。如果污泥是由其他州进行处理,向州管理部门上报的同时应与对应的州进行协商。

第四章 畜牧业的要求

第二十二条 畜牧业企业

下列被认为是畜牧业企业:

(1)农业企业和从事家畜养殖的合作性企业;

(2)其他的从事畜牧业商品交易的企业,养殖动物园动物和马戏表演动物的企业。个人所有性质的、骑乘用性质的动物养殖和宠物养殖不属于畜牧业。

第二十三条 大动物粪便的加工处理器(ULAM)

粪便的年加工数量。对于任何畜牧业企业,要计算每年加工动物粪便量。一个加工处理器,其年加工量包括105kg的氨和15kg的磷。

第二十四条 一般农业耕作范围

(1)可耕作的地区范围应距离产生粪便的畜牧企业6km以外的地方。

(2)根据实际情况,州可以规定减少或增加耕作的距离范围至多 2km。

第二十五条 可耕作地区范围要求的例外性

(1)按粪便处理规定,如果可耕种地区能充分运用粪便,以下地区可以例外:从事养禽业、养马的企业和一些从事公益性质的但不需要自己处理的企业所属地区,或一些租用可耕种的地区(其至少运用一半以上的粪便)。

(2)一些地区按合同规定出售粪便,没必要加以限制的地区。

(3)服务于公共事业的企业:

(a)以服务于试验、研究和发展为目的的;

(b)百分之三十以上饲料来源于牛奶加工的副产品的养猪业;

(c)百分之四十以上饲料来源于其他废料的。

(4)根据(1)、(2)项,在混合畜牧业企业,部分畜牧养殖完全满足例外性的要求。

(5)根据(1)、(2)项,州行政管理部门最多可给予 5 年的例外。

第二十六条 动物粪便交易合同

(1)从事动物粪便交易的且经州行政管理部门批准后,交易方必须向州行政管理部门递交交易合同书。

(2)对遵守动物粪便运用规定的企业,州行政管理部门可以批准合同。

(3)交易合同必须保存一年以上。州可以规定一个较长的交易合同保存日期。

第二十七条 动物粪便交易的记载

动物粪便出售方必须记载购买方的资料(交易量、交易时间)。资料至少保持 3 年,并在州行政管理部门需求时提供资料。

第二十八条 动物粪便存放的控制

(1)州行政管理部门必须保证存放设施在正常的控制之下。控制率根据当地污染风险程度确定。

(2)包括以下控制:

(a)有可使用的规定存放设施;

(b)存放设施(包括管道)不渗透;

(c)存放设施正常;

(d)存放设施在规定范围内运用。

第五章　地区计划下的水体保护计划

第二十九条　水保护区域的定义和地下水保护区的确定

(1)划分水保护区域(第十九条,《水保护法》)时,州行政管理部门应指明保护区域和特别危险地区。具体参考附录4第11项,特别危险地区包括:

(a)水保护区域(Au):对可开发利用的地下水体给予保护的区域。

(b)水保护区域(Ao):如果地表水有被要求作为饮用水的特殊用途,对地表水水源质量给予保护的区域。

(c)贡献区域(Zu):如果水被污染且污染物不能够充分降解或保留,或存在着此种污染物潜在的污染危险,对现有或计划中的且服务于公众的井水质量加以保护的区域。

(d)贡献区域(Zo):如果水被地表径流中富含农药或营养成分所污染,对地表水的水质给以保护的区域。

(2)根据附录4第2项,为了保护地下水水井和以服务于公众利益为目标的其他人造水利设施,地下水的保护区域(第二十条,《水保护法》)应以确定。在此区域,即使是在计划内的地下水水井和以服务公众利益为目的的水利设施,其地点、引用水量也应加以规定。

(3)根据附录4第13项(第二十一条,《水保护法》),为了更好地保护地下水资源,使之有计划地开发利用,地下水区域应加以规定。

(4)如果没有足够的地下水资源,为维持供应,应运用必要的水文地理学进行调查和开发,用现有的水文地理学知识研究和确定地下水的开发并对其加以保护。

第三十条　水保护图

(1)州行政管理部门应当制定水保护图并在必要时加以完善。其最少包括以下几个方面:

(a)水保护区域;

(b)地下水保护区;

(c)地下水保护区域;

(d)重要的地下水水外流点、井、人工提取水的设施。

(2)水保护图应接受公众的检查和监督。州应将水保护图(包括调整)上报联邦办公室和照会临近州。

第三十一条　保护措施

(1)为保证水体质量,建设方、改造方在特别危险地区和地下水保护区进行建筑活动,根据情况必须采取应有的措施。特别要注重以下几个方面:

(a)依据附录4第2项要求,采取必要的措施;

(b)建立必要的监督、预警机制和可以供使用的措施。

(2)行政管理部门应确保:

(a)根据实际情况和附录4第2项的要求,在前款中的地区中,如存在危险性的污染水,必须采取措施以保证水的质量。

(b)在保护区域(S1、S2)以内的现有设施危害到了地下水,人工地下水补给设施移动的时间内,其他保护饮用水的措施必须得以制定和执行,尤其是消毒和过滤措施。

第三十二条 在特别危险地区建设活动的批准

(1)根据《水保护法》第十九条第2项,在特别危险地区建立和改造设施(包括存贮食物、饲料或液体农场肥料设施),都会对此地区构成危害。

(2)在特别危险地区(Au和Zu),如地下水开发保护地区和服务于公众的地下水保护地区,需要制定特别的要求(资料包括):

(a)地下建筑;

(b)设施危害地下水保护层和含水土层;

(c)地下水利用(包括以加热和冷却为目的的运用);

(d)永久性的管道和灌溉;

(e)地下水利用表;

(f)钻井。

(3)如果需要批准,申请人必须证明其能履行保护措施,并提供相关必要的文件(在需要时可进行水文地质方面的调查)。

(4)如果申请人能确保现有的地下水质量,和保持现有地下水资源的现状,可以批准。同时要求减少现有的地下水利用设施。

第六章 维持适当的水流量率

第三十三条 从河流引用水

(1)根据《水保护法》第二十九条,从河流引用水包括永久性的和非永久性的。如果是永久性的引用则必须得到批准,批准的前提是必须有永久性的水流。

(2)不属永久性的引用水,根据1966年7月1日颁布的《联邦自然保护法》和1991年7月21日颁布的《渔业法》,如果满足相关规定,行政管理部门应予批准。

第三十四条　保护和实施计划

(1)行政管理部门应向联邦部门提交保护和实施申请。

(2)申请包括:

(a)制定保护和实施计划的依据;

(b)证明为什么措施计划能完全满足最低的水流量;

(c)提供在批准有效期内如何使计划措施得以贯彻执行。

(3)如果计划以保护水体和生物区为目的,在保护和运用计划内的补偿措施要完善。补偿措施适用范围参照联邦规定。

第三十五条　剩余基础水流量报告

(1)引用水应服从于环境危害评估(EIA)意见,水流量报告是环境方面报告的一部分。

(2)取得联邦办公室同意的但不符合环境危害评估(EIA)的水引用,行政管理部门应确保剩余基础水流量报告由专业人员撰写,递交联邦办公室的草案由专业人员修改。

第三十六条　现有的水引用的存量

(1)引用水的设备使用水力,存量规定最少:

(a)水引用和归还的情况说明(名称、配套情况、海拔高度、地点、电站名称和大坝名称);

(b)批文中的项目开始时间和水利用的时间、范围,特别是可引用水的水流量和用户的名称;

(c)水流量;

(d)维持的剩余水流的所处地理位置详细情况或自然水流量;

(e)用户引用水的其他义务;

(f)修建和维护河流的参与者;

(g)其他情况或其他用于水保护的设施和渔业的情况;

(h)Q_{347}水流量、上游河流的取水点和每月取水的数量。它们在以往数年中的数据平均值。在起草用户列表时,这些相关数据应已经包括在内;

(i)被引用水的河流是否属于国家或州风景区和生物生存区。

(2)根据《水保护法》第三十条(1),从固定设施处引用水且不以水力发电为目的的可以批准。

(3)满足《水保护法》第三十条(2)和(3),从固定设施处引用水可以批准。

第三十七条 不包括在用户列表的引用水表

对于从非永久性水流的河流中引用水且用于水力发电,可由州起草取水表。

第三十八条 恢复报告

(1)根据第三十六条第1项,包括每一个表内的取水项目。

(2)恢复报告应当包括河流是否需要恢复。如果需要,报告应注明其原因、范围和运转周期时间。

对每个取水项目,报告应特别包括:

(a)取水和恢复基本介绍(名字、配套情况、海拔高度、地点、电站名称和大坝名称);

(b)Q_{347}流速;

(c)上游相关的取水点数据,和此流域的剩余水流量数据;

(d)在过去数年内每一个月的取水量。

(3)在需要恢复的引水点,报告同时也包括以下项目的资料:

(a)在没有因违反水利用的权利而可能导致用户的索赔,恢复措施可以强制执行;

(b)因为忽视公众的利益,需要制定进一步的恢复措施;根据用户列表保护目标的规定,对项目所属河流位于国家或州的风景区和生物群生存区的,报告应对其进行特别要求;

(c)恢复计量的类型(较大量的水补给、建筑、营运和其他措施);

(d)预测执行恢复的时间。

第三十九条 资料义务

(1)用户必须向行政管理部门提供必要的引用水用户、相关数据表和恢复报告。

(2)行政管理部门有权要求用户执行流量测量的规定。

第四十条 用户列表、数据表和恢复报告的制定、修改和完善

(1)州根据联邦办公室的相关规定编制过程、条款、数据表和报告。

(2)州更新条款和表。

(3)在征求公众的意见后,项目、表和报告应接受公众的监督。在此过程中要确保商业机密。

第四十一条 取得批准以后的取水

在《水保护法》实施以前,第三十六条至第四十条按照类比的方案引水。

第七章　对其他水体负影响的预防

第四十二条　水库放水和清空

(1)在水库放水和清空前,如果从生态和环境角度上可行,水库沉淀物应清理移出而不是随水冲走。

(2)当冲走沉淀物时,行政管理部门应确保植物、动物和微生物要尽可能的少受到影响。特殊情况下,在制定计划时应注意:

(a)放水和清空的时间和类型;

(b)在放水和清空时要充分考虑其水中悬浮物的最大浓度;

(c)在放水和清空时,在什么程度时需用放水清理沉积物。

(3)(1)和(2)中内容不适用于在特殊情况下(《水保护法》,第四十条)能即时下沉的情况。

第四十三条　河的石砾、沙子和其他物质的清理

(1)由于河石砾、沙子和其他物质清理的原因,考虑可能产生的负影响。行政管理部门必须保证:

(a)河床清理量不要超过自然补充量;

(b)在长期内,清理范围不要超出沉淀界限;

(c)清理不要导致不可能的维护和破坏已列入应加以保护的草地;

(d)清理不要导致河内外自然物质布局的破坏。

(2)在上一项的清理中不要导致水的浑浊进而影响到渔业用水。

第四十四条　地下建筑的水排放

(1)地下建筑的水排放。用贮存器排放和管道排放的要做到不能被建筑工程污染(包括特殊情况)。如果污染水已被预防和贮存,则少量的水排放不属于此范围。

(2)从地下建筑物排放的水排入河道,下列必须得以应用:

(a)泄洪道的建设必须符合实际需要。

(b)接受排放水的水体,其温度上升量不能超过 3℃;如果其区域属于蛙鱼生长的地区,其水温上升量不能超过 1.5℃。

(c)因排放水,水温不能超过 25℃。

(3)根据当地自身情况,行政管理部门应规定:

(a)相关排水入湖的要求和渗透的要求;

(b)根据需要,制定其他排水入河的要求。

第八章 执 行

第四十五条 州政府和联邦部门的执行

(1)州政府负责执行本条例,在此范围内,州政府不将本条例的执行下转到联邦部门。

(2)如果联邦部门采用其他国际法方面的法律、条约,或本条例的有关条款,其是用同样的方式执行本条例。根据《水保护法》的第四十八条,联邦办公室和州行政管理部门的工作合作要遵守保密的原则。

(3)州运用本条例,联邦部门将考虑本条例的规定和措施,确保联邦部门的工作目标的顺利进行。

(4)如果联邦部门颁布管理规定,如水保护指导准则或公约,应上报联邦办公室。

第四十六条 相关地区之间的计划和其他规定的合作

(1)州制定被推荐的指导准则和运作计划,应考虑 RDP 和 GDP,同时也应考虑水保护区域和地下水保护区域。

(2)州制定饮用水储备方案时,应当考虑经济地利用地下水资源,和有限度地同其他地区协调一致利用取水方法。

(3)根据第六条和第八条,批准排放和渗透时,要参考 1983 年 1 月 7 日颁布的《环境保护法》有针对废气排放的规定和《劳动法》及《事故保险法》的规定,保证污水处理厂工作人员的健康。

第四十七条 被污染水的紧急处理程序

(1)如果行政管理机关设立的水体达不到附录 2 中的水质量要求,或者特殊水源不能得到保证的,应做到以下几个方面:

(a)测定和评估污染的程度和范围;

(b)检查污染的原因;

(c)确保建立在相关条款中的必要措施得以执行。

(2)如果同时涉及多种污染,所采取的措施必须能有机地结合。

第四十八条 调查和确定

(1)调查和确定要符合当时最好的科技;特别情况下,要符合《欧洲共同体标准化》的标准或其他标准。

(2)到目前为止,本条例还没有样本的类型和频率指标,也没有调查和确定的可靠资料,行政管理机关要在以后事例基础上建立这方面的数据库资料。

第四十九条　信息

(1)联邦办公室应提供水文资料和水保护方面的信息。到此方面，这关系到瑞士整体的利益。特别的，联邦办公室将出版瑞士水保护情况的报告。州也应提供必要的信息和资料。

(2)州行政管理部门应提供根据国家水管理条例和其辖内水保护方面的信息。与此同时，州还应提供对其辖内洗浴场所因没能满足水保护的前提条件而所采取的措施。

第五十条　公布程序和调查、控制结果的通告

(1)如果行政管理机关决定公布调查结果，包括商业企业和工业企业的污水排放情况(这企业被行政管理部门认为符合一般利益。行政管理部门应制定一项关于利益公布方面的法令，在法令付出实施后，只公布相关数据。

(2)第三方要求公布调查和控制结果，公布之前应与相关部门和企业协商。如果这些部门和企业不同意对外公布，行政管理部门应制定一项法令。如存在以下情况，申请应予拒绝：

(a)通过合法程序或管理程序取得但还没有解决和处理的数据资料；

(b)数据资料的公布违背相关机密、国际关系、国家防卫、公众安全的需要；

(c)数据资料的公布不符合知识产权的保护；

(d)数据资料的公布可能导致商业混乱和企业机密的泄露；

(e)数据资料的公布可能对水保护方面产生消极结果。

(3)如果存在以下情况，行政管理机关可以拒绝：

(a)违法或法律的滥用或者没有任何意义的；

(b)没有评估且可能得出错误结论的数据资料。

第五十一条　国际准则、建议和义务

(1)根据国际公约和联邦财政部的规定，联邦环境部、交通部、能源部和电信部被授权受理批准准则和建议。

(a)1992 年 12 月 22 日签署的《大西洋东北部水文环境保护条约》(OSPAR 大会)；

(b)1963 年 4 月 29 日签署的《防止莱茵河污染的国际公约》；

(c)1976 年 12 月 3 日签署的《防止莱茵河化学污染的国际公约》。

(2)联邦办公室应按第三方的要求对其提供经批准的准则和建议。

(3)瑞士应选派代表参加国际之间的水保护活动。

第九章 联邦补贴的认定

第一节 补贴的权利

第五十二条 脱氮的设备和设施

(1)如果州放弃脱氮的计划,污水处理厂的脱氮设备和设施有权获得补贴。

(2)设备、设施的建设和生产的可补贴费用支出,其最高数为 SFr120 000/氮每吨。

第五十三条 报废设施

享有补贴权利的报废设施将收到计划、初步安装和维护的赔偿。

第五十四条 市和地方性的排水系统计划

(1)地方性的排水系统计划,可补偿性费用支出包括规划设计费用但不包括事前调研费用。

(2)根据在市区居住人口的数量,市区排水系统计划的规划设计费用可以一次性记账。

第五十五条 事前调研

(1)根据有关质量恢复规定,对关键地方水质量不合格的,涉及到整个国家和其流域的,应给予补偿。

(2)对地下水不能使用但又具有重要意义的,应给予补偿:

(a)在一定时期内,如果地下水资源在数量和质量上得以确认的,以及水文区域得以确认的;

(b)如果发现地下水可以保护或者准备利用的。

第五十六条 公共信息资料

下列地区在公共信息方面可以得到财政帮助:

(1)对整个瑞士国家具有重要意义的项目;

(2)提供的信息资料能在整个瑞士有指导和帮助意义的。

第五十七条 可补偿的支出

(1)可补偿性支出是享有补贴且直接与工程项目执行有关的费用支出。其包括关键项目的费用支出。

(2)特殊情况下的不可进行补偿的支出:

(a)购买土地支出;

(b)业务费用和税金。

第二节　效益量和程序

第五十八条　补偿数量

(1)对从事以农业为目的设施的补偿数量：

(a)对与生产有关的科技措施可补偿费用补偿50%；

(b)对改变管理和调整操作设备发生的可补偿费用补偿80%。

(2)对事前调研补偿30%,对与水供应设施有关的且与地下水资源有关的贮存设施补偿可补偿费用的40%。

第五十九条　财政支持数量

(1)对科技人员培训的财政支持数量：

(a)最多总费用的25%；

(b)对经营方,难以承担的特别高的费用,最多40%。

(2)对公共信息的财政支持：

(a)起草文件费用支出,最多40%；

(b)计划执行费用支出,最多20%。

(3)作为规定,给予补偿的机构对科技人员培训应一次性补偿。

第六十条　风险担保

(1)对经过批准应用的新设施和新设备给予风险担保。不适用于公司担保。

(2)在试验期以后的5年内,如果发生替代设施和设备支出,申请到的风险担保费用必须用于设施改进。

(3)根据上一项,风险担保费用总量最高分别达20%和60%。

第六十一条　程序

(1)申请联邦补偿必须向联邦办公室递交申请。

(2)联邦补偿数：

(a)联邦办公室最多补偿300万瑞士法郎；

(b)超过300万瑞士法郎的,由联邦办公室和联邦财政部联合发放。

(3)联邦办公室颁布申请补偿的方案,决定补偿费用及保险规定、起草文件和付款方法。

(4)财政部决定对农业部门的补偿。

第十章　实　施

第六十二条　此条例于1999年7月1日生效。

附录 1

水生态学的目标

1 地表水

(1)植物、动物和地表水中微生物的生物群落和周围环境均被地表水所影响：

(a)它们接近自然、融入自然和再繁殖；

(b)在无污染水中或正在讨论的轻度污染水中表现出其种类的变异和频率。

(2)水力理论(被水冲积挟带而形成的底层堆积物、深度和径流系统)和生物形态与其周围自然环境相协调。特别的，它们有绝对的、自我清理的过程。水中生物和物质的自然转化与周边环境相互作用。

(3)水质量的具体内容：

(a)温度情况接近自然；

(b)水中悬浮物以及水中沉淀物中不含连续性存在的人造物质；

(c)由于人类的活动，其他污染物可能进行水中：

• 没有聚集在植物、动物、微生物以及悬浮物之中；

• 对植物、动物、微生物以及悬浮物和水的利用不构成损害；

• 不引起非自然性的大规模的生物繁殖；

• 不影响(如，新陈代谢过程、繁殖过程和动物的原始嗅觉类的)生物环境；

• 它们在水中的密度和周边环境中的密度不受影响；

• 它们在水中接近零密度是不自然的表现。

2 地下水

(1)地下水的生物群落：

(a)将接近自然环境，适应生存环境；

(b)未污染或轻度污染水对它们的生存至关重要。

(2)地下水在蓄水层(水流动部分、渗透率)、含水层和地下水力原理方面应当接近周边环境。特别的,水的自我清洁和其周边环境应当保证不被干预。

(3)地下水质量:

(a)水温接近自然状态;

(b)水中没有含有长时期的人造物质;

(c)因为人类的活动,其他污染物可能进入地下水:

——•没有聚集在生物群体中或蓄水层中;

——•它们在水中的密度和周边环境中的密度不受影响;

——•它们在水中接近零密度是不自然的表现;

——•对地下水的运用没有负面影响。

附录2

水质量的要求

1 地表水

1.1 一般要求

(1)水质必须符合以下要求:

(a)在任何类型的水厂没有明显的外来细菌、真菌或原生动物,没有藻类的非自然繁殖;

(b)有列入保护的鱼类产卵地;

(c)经过适当处理后,水质量达到立法和污染度的标准。

(d)地下水质没有被水的渗透所影响;

(e)水质符合人们洗浴的卫生要求。

(2)在废水流入其他非污染水后,其混合物不能导致以下情形:

(a)泥浆形式;

(b)污浊、变色或泛泡,发生大雨情况除外;

(c)产生明显的异味或异味改变;

(d)缺氧或不利的 pH 值。

1.2 对河流的其他要求

(1)水质必须符合以下要求:

(a)在水的底部没有明显的硫酸铁盐,一些重要的自然形态保持不变;

(b)亚硝酸盐和氨的含量浓度不影响敏感生物(如鲑鱼)的生长和繁殖。

(2)地表水底部的水,其含氧量不能被以下所列现象的存在而产生不利的影响:

(a)由于非自然的过多的可氧化物质,氧的消耗量增加;

(b)由于非自然的微粒高沉淀率和人为的封堵,造成渗透率的下降。

(3)水力、生物形态和温度条件不能因引用水、水的排放、建筑活动而改变,从而防止自我净化能力的降低和水质量的下降。

(4)水温不能因水的排入和排出的改变,超过正常自然水温的±3℃;在生长鲑鱼的水体,水温变化不能超过±1.5℃,另外,水温不能超过25℃。这些要求适用于水完全混合以后的情况。

(5)下列要求适用于任何混合于排放水以后的水流;特别情况下,从沼泽排放的水、从高部排放的水和从底部排放的水要保持其自然状态。

1.3 备用水的其他要求

(1)沉淀物上层的生物环境和作用,对于生物、动物和微生物的生存有着重要的意义。这一范围沉淀物不被人为改变(挖掘、运输、回填、堤坝的修筑和加固等)。

(2)生物所要求的营养成分,在特殊的自然环境下,最多适应生物量的一般需求。

(3)此外,对于湖泊而言,应适合下列要求:

(a)根据湖水的保护规定,水的排放和取水,冷却用水。这些不应改变环境温度,改变营养的分布,影响微生物的生存和繁殖环境。在靠近湖岸的地方更应如此。

(b)水含氧量在任何时间和湖的任何深度不能少于4mg/L O_2;另外,含氧量对于如蠕虫之类的动物应有足够的保证,使它们能长年地在湖底生存,且数量尽可能地接近正常的程度。这决定于其特殊的自然环境。

2 地下水

2.1 一般要求

(1)在2.2中所列的物质含量百分比,不应连续增加。

(2)地下水过滤以后的质量不能污染地表水。

(3)水的注入和引水活动改变水的温度不能超过其周边自然环境状态的±3℃。

(4)废水过滤后注入地下水,不能导致:

(a)有重大的或明显的气味改变;

(b)水缺氧和不利的pH值;

(c)水浑浊和变色,渗透经过高密度岩石的地下水除外。

(5)渗透设施、取水和其他人为的类似建筑工作的行为,如可能,在一定范围内不要破坏保护层,或破坏水流力,以致给水的质量造成不好的影响。

2.2 用做饮用水或准备用于饮用水的地下水的其他要求

(1)在经过净化以后,水的质量必须符合食品立法方面的要求。

(2)根据特殊的自然环境,下列要求应当遵守。一些来源于污染地区不受相关措施约束的物质被降解或保留。

附录 3

污染废水排放要求

1　市政废水排放入水体

1.1　定义和标准

(1)市政内废水包括：

(a)区域内废水(下水排放和类似的废水)；

(b)从建筑物排水沉淀后的废水或硬化面和区域内排放的废水。

(2)下列要求适用于市政内为超过相当于 200 人以上服务的污水处理厂。它们适用于污水排放点和标准操作的污水处理厂,同时也适用于如异常的暴雨类的特殊情况。

(3)对于市政内为相当于 200 人或少于 200 人服务的从污水处理厂,和从关联处理系统外溢的废水,行政管理机关应根据每一种情况和当地实际情况制定标准。

(4)如果中心污水处理厂的废水也含有工业废水,或其他类型的被污染水,其水排放标准应由行政管理机关制定。如果必要,在没有潜在的污染源排放进废水的情况下,且优于对其的单独处理和维持,可以参照上面(2)、(3)项规定标准。

1.2　一般要求

污染废水排放的要求见附表 1。

附表 1　**废水排放的一般要求**

编号	参数	要求
1	固体悬浮物总量	对为少于相当于为 10 000 人服务的污水处理厂：排放含量百分比为 20mg/L(表层渗透0.45μm)；对为相当于为 10 000 人服务的污水处理厂：排放含量百分比为 15mg/L(表层渗透 0.45μm)
2	生化需氧量(BOD_5,禁止硝化作用)	对为少于相当于为 10 000 人服务的污水处理厂：排放含量百分比为 20mg/L O_2；并且,净化效果,参考未净化的水：90% 对为相当于为 10 000 人服务的污水处理厂：排放含量百分比为 15mg/L O_2。并且,净化效果,参考未净化的水为 90%

续附表 1

编号	参数	要求
3	溶解的有机碳（DOC）	对为少于相当于为 2 000 人服务的污水处理厂：排放含量百分比为 10mg/L DOC；并且，净化效果：85% 公式：$100\times\frac{(1-\text{废水净化后的 mgDOC 含量})}{\text{未净化废水的 mgDOC 含量}}$ 如果不在此值范围内，行政管理机关应评估物质，查找原因
4	透明度	30cm
5	氨盐基（NH_4 和 NH_3-N）	如果废水中氨盐基浓度对河水能产生不利的影响，含量百分比为 2mg/L N；并且，治理效果水平：90%。 公式：$\frac{100\times(\text{1mg 氨盐基}-\text{N 在净化水中的含量})}{\text{mg A 在未净化水中的含量}}$ 在这种情况下，氮化合作用应全年进行（注意：A 表示氨、氨水、有机氮）
6	硝酸盐（NO_2-N）	0.3mg（指导值）
7	可吸收的有机卤素（AOX）	0.08mg/L X 如果不在此值范围内，行政管理部门应评估其物质，寻找原因

1.3 排入敏感的水体中的其他要求

污染废水排入敏感水体中的要求见附表 2。

附表 2　　废水排入敏感水体中的一般要求

编号	参数	要求
1	磷总含量（在溶解过程以后）	污水处理厂的废水： • 流入流域内的湖泊 • 流入河流下游的湖泊，如果是须分别保护的河流 • 流入莱茵河流域下游，从服务于相当于 10 000 人的污水处理厂的湖泊。适用：排放浓度百分比为 0.8mg/L P；并且，净化效果，参考未净化水：80%
2	氮总含量	对于没有含量百分比、用氮的净化作用的污水处理厂，在水的净化和沉淀水处理过程中，要尽量多地使用氮的做法要禁止。结构调整的费用支出要尽可能地低，这特别适用于已经用氮化合作用的污水处理厂 2000 年 12 月 31 日以前，位于莱茵河流域的州，同 1995 年的数据相比较，要制定如何在 2005 年以前减少使用氮2 000t。在此规划内的污水处理厂，在 2005 年底以前，必须做到停止氮的使用

1.4 取样频率和允许误差

1.4.1 取样频率

(1)根据1.2、1.3规定,要求涉及到一年内的检查周期和24小时的连续取样必须在一周的每一天的规定时间内进行。

(2)每年取样的数量由污水处理厂以下因素决定:

(a)服务低于相当于2 000人的污水处理厂。根据每一个厂的实际情况,州行政管理部门决定取样用于分析的最低次数。

(b)服务等于或多于相当于2 000人的污水处理厂。试运行期后或其后的第一年,每年最少取样12次。在以后的年度内,如果样品达到第一年的要求,每年取样4次。如果达不到要求,在以后的年度内要取样12次。

(c)服务等于、多于或相当于10 000人的污水处理厂,每年最少取样12次。

(d)服务等于、多于或相当于50 000人的污水处理厂,每年最少取样24次。

1.4.2 允许误差

(1)根据附表3,最大误差数目是在允许的范围内。

(2)没有样本数据超出下列指标:

固体悬浮物总量　　50mg/L

生化需氧量(BOD_5)　　40mg/L

有机碳溶量(DOC)　　20mg/L

(3)一年一次的平均数不能超越服务等于、多于或相当于10 000人的污水处理厂的磷含量,即0.8mg/L P。

附表3　　允许误差表

每年样本数	允许误差编号	每年样本数	允许误差编号
4～7	1	172～187	14
8～16	2	188～203	15
17～28	3	204～219	16
29～40	4	220～235	17
41～53	5	236～251	18
54～67	6	252～268	19
68～81	7	269～284	20

续附表 3

每年样本数	允许误差编号	每年样本数	允许误差编号
82～95	8	285～300	21
96～110	9	301～317	22
111～125	10	318～334	23
126～140	11	335～350	24
141～155	12	351～365	25
156～171	13		

2 进入水体或公共下水道排水系统的工业废水排放

2.1 定义和准则

(1)工业废水包括：

(a)工业或商业领域产生的废水；

(b)对比废水，如实验室废水和医院废水。

(2)在生产过程和废水处理过程中，排放工业废水时必须采取必要的措施，利用先进的科技以避免水的污染。特殊情况下，必须确保：

(a)尽量少地产生、排放可造成污染的废水和污染物，尽可能地利用先进的科技和操作手段，尽可能地节约经济节支；

(b)未污染水和冷却用水要分开；

(c)为达到要求，污染水不要稀释和混入废水。只有当不产生和排放新的污染水的物质，才可以进行稀释和混入废水。

(3)排放废水入水体或下水管道系统，必须符合以下要求：

(a)总的要求必须达到(2)中的标准；

(b)从工厂的其他部门排出的废水，必须达到(3)中规定的标准。

(4)根据(2)中的要求，责任方应证明其使用最先进的科技，采取规定的操作程序和一般的操作程序。如果其达不到此要求，行政管理部门应对其规定较严格的应达指标。

(5)根据(2)的要求，在取得责任方的相关资料后，根据情况可以对其采取严厉的措施和应达指标。

(6)参照最先进的科技，如果责任方没有处理特殊污染物的对应措施，行政管理部门应对其制定必要的措施。在此方面，可以参照国际标准和联邦办公室制定的相关标准和要求。

(7)如果排放的工业废水同时也含有城市生活废水,或者其他污染水,但没有含更多的污染物,应参照相关附录中的要求。

2.2 一般要求

工业废水排放的要求见附表4。

附表4　进入水体或城市下水管网的废水排放要求

编号	参数	对排入水体的废水排放要求	对排入城市下水管网的排放要求
1	pH值	6.5到9.0	6.5到9.0;有充足的下水管网进行污水分流
2	温度	最高35℃ 夏季行政管理部门可以进行小规模短时间的评估	最高60℃ 在混合前,管网中的温度最高为40℃
3	清澈度	30cm	
4	固定悬浮物总量	20mg/L	
5	砷(As)	0.1mg/L As(总量)	0.10mg/L As(总量)
6	铅(Pb)	0.5mg/L Pb(总量)	0.5mg/L Pb(总量)
7	镉(Cd)	0.1mg/L Cd(总量)	0.1mg/L Cd(总量)
8	铬(Cr)	2mg/L Cr(总量) 0.1mg/L Cr-VI	2mg/L Cr(总量)
9	钴(Co)	0.5mg/L Co(总量)	0.5mg/L Co(总量)
10	铜(Cu)	0.5mg/L Cu(总量)	1mg/L Cu(总量)
11	钼(Mo)		1mg/L Mo(总量)
12	镍(Ni)	2mg/L Ni(总量)	2mg/L Ni(总量)
13	锌(Zn)	2mg/L Zn(总量)	2mg/L Zn(总量)
14	氰化物(CN^-)	0.1mg/L CN^- (易去除)	0.5mg/L CN^- (易去除)
15	碳氢化合物总量	10mg/L	20mg/L
16	挥发性的氯化的碳氢化合物(VOCl) 或 挥发性的有机卤素(VOX)	0.1mg/L Cl 或 0.1mg/L X	0.1mg/L Cl 或 0.1mg/L X

3　进入其他污染废水体和公共下水管网系统的废水排放

3.1　一般规定

(1)区别于城市废水和工业废水,行政管理机关对污染的废水排放应根据废水的特点、最好的可应用的科技和每一种水体的情况单独制定规定。如此,行政管理部门应参照国际或国内的标准、联邦办公室出台的指导意见或与联邦办公室协同部门制定的标准。

(2)从建筑物和硬化设施面的下排水和未混入污染废水的水也归入“其他污染废水”。

(3)在污染处理中,为保证最先进可利用科技的运用,(2)的规定必须符合最低程度。

3.2　特殊规定

3.2.1　连续冷却设施

(1)运用连续冷却设施的工厂必须最大限度地保证热回收的要求进行设计和运行。

(2)冷却水(DOC)的溶解有机碳含量可以最大增加到5mg/L DOC。

(3)冷却水中,如某种物质的使用可导致水体污染(如,生物杀虫剂),应规定停止使用此种物质排放。

(4)其他关于排入有水坝的渠道和河流的使用规定:

(a)冷却水的温度最高为30℃;在夏季,行政管理部门可允许水温限度在短时间内微量增加。

(b)相对于自然状态,水温的增加量最高为3℃。生长有蛙鱼的水体,水温的最高增加量为1.5℃,且增温后的水温不能超过25℃。

(c)泄洪道建筑必须保证快速配套。

(d)水温的增加速度必须以不对植物、动物和微生物的生物群体生存构成危险为前提。

(5)对排放入湖泊的,应根据当地情况和排放个体的情况增设附加规定。

(6)对排放入公共下水管网系统的,废水排放的最高水温为60℃,且排放的废水混入市政下水管网后水温最高为40℃。

3.2.2　封闭的冷却设备

(1)从封闭的冷却设备排放含有泥浆的水入水体,不能超过下列数值:

(a)温度为30℃;

(b)悬浮固体总量为 40mg/L;

(c)溶解有机碳(DOC)为 10mg/L。

(2)加入冷却水的物质能污染水体,规定中应禁止使用此物质。

3.2.3　建筑工地

(1)参照附录 3,如果建筑工地的废水符合对一般工业废水的规定,可以排入水体或公共下水管网系统。

(2)其他,当排入水体时,下列参数不能超过:

(a)AOX 为 0.08mg/L X;

(b)亚硝酸盐为 0.3mg/L N。

3.2.4　建筑物外观和隧道清理

(1)建筑物外观和隧道清理的水如果不含洗涤剂且已经充分净化的应排入水体。

(2)如不影响污泥作用,且如果污水处理厂有足够的能力处理可污染水体的物质,建筑物外观和隧道清理的水可以排入公共下水管网系统。

3.2.5　废料堆

(1)如符合以下标准,在汇水地废料堆处的渗流水可以排入水体:

(a)符合附录 3 对工业废水的一般要求;

(b)生物氧需求(BOD_5)不超过 20mg/L C;

(c)溶解有机碳(DOC)不超过 10mg/L C。

(2)其符合附录 3 的对工业废水的一般要求,废料堆的渗流水可以排入公共下水管网。

(3)行政管理部门决定附录 3 的解释是否使用,且其他额外规定必须联系废料堆的成分或水体对象的情况。

3.2.6　碎石冲洗

(1)如符合以下标准,碎石冲洗水可以排入水体:

(a)其符合附录 3 对工业废水的一般要求;

(b)其 pH 值不超过 9。

(2)碎石冲洗水不能排入公共下水管网系统。

3.2.7　养鱼场

(1)只允许使用低含磷的鱼饲料。

(2)养鱼场必须按行政管理部门的要求进行清除污泥。

(3)养鱼场排放的水所含的悬浮固体总量不能超过 20mg/L(标准值)。

3.2.8 游泳池

游泳池的排放水,含不超过 0.05mg/L(标准值)的传染物,可以排入水体。

附录 4

水体保护计划

1　特别危险的水保护区域和地下水保护区域的划分

1.1　特别危险的水保护区域

1.1.1　水保护区域(Au)

(1)水保护区域(Au),包括可开发利用的地下水水体和必要的边缘保护域。

(2)可开发利用的地下水水体,和(或)在其地下水自然环境下或地下水资源丰富的可适度取水的区域:

(a)如果有充足的地下水可供使用,需求量可以不加规定;

(b)如果在必要的加工处理之后,符合食品立法的饮用水标准规定。

1.1.2　水保护区域(Ao)

水保护区域(Ao),由地表水体和其堤防区域,直至必须要保证的特殊用途区域构成。

1.1.3　贡献流域(Zu)

贡献流域(Zu),由低水位区域和从地下水井取水最多达 90% 的区域构成。如果区域的确定只联系不成比例的费用,流入区域或贡献流域(Zu)包括全部的地下水井流域区。

1.1.4　贡献流域(Zo)

贡献流域(Zo),包括地表水维持大部分人口依靠生存的地表水的区域。

1.2　地下水保护区

1.2.1　总括

(1)地下水保护区包括:如果划界如贡献流域(Zu)能保证类似的保护,外部保护区(区域 S3)一定不能纳入石灰岩和断裂岩石的地下水区域。

(2)在松散沉积地区,范围计算由最大含量因素决定地下水内部保护区(区域 S2)和外部保护区(S3),水体易转移到低水位地区。

(3)在计算确定地下水保护区时,其石灰岩和断裂岩石的地下水区域、地下水井域的薄弱部分或者人工注入设施是决定因素。不足性有以下几项标准:

(a)近表面岩石区的结构,如石灰岩层区和风蚀区;

(b)保护层;

(c)渗透环境区;

(d)石灰岩或地质分界系列区域。

1.2.2　井源保护区(区域 S1)

(1)区域 S1 起着防止对地下水水井、人造补给设施和紧临周边环境受到破坏和污染。

(2)区域 S1 包括:地下水水井、人造补给设施,地表和设施的紧临界周边环境。这些区域已经被工程建设和钻探行为破坏。

(3)如果存在下面的情况,石灰岩层区或断裂岩层地下水区域也包括其他区域。

(a)呈现特别薄弱部分(如,陡峭的落水洞、裂缝和断层区);

(b)证明或预测这些区域与地下水水井或人造补给设施有直接的联系。

1.2.3　内部保护区(区域 S2)

(1)区域 S2 呈现以下特点:

(a)细菌和病毒进入地下水水井和人造补给设施;

(b)地下水被挖掘和地下工程建设被污染;

(c)地下水的流入被地下工程建设所阻塞。

(2)松散沉淀区地下水用以下方法测量:

(a)地下水从区域 S2 外层界限流入地下水水井或人造补给设施的持续时间至少在 10 天以上;

(b)依据水流方向,从区域 S1 到区域 S2 外层界限的距离至少 100m;如果水文地质的调研证明地下水水井或人造补给设施同样很好地被原始的不透水覆盖层保护起来,距离可能更短。

(3)在石灰岩层区或断裂岩层地下水区域(区域 S2 包括地下水水井流域或人造补给设施)呈现出更多的薄弱部分。

1.2.4　外部保护区(区域 S3)

(1)区域 S3 应当保证在危急情况下(如,出现导致水处于污染物污染的危急情况),应有足够的空间和时间来采取必要的措施应对。

(2)松散沉淀区地下水区域。从区域 S2 到区域 S3 外层界限的距离,规定至少应大于从区域 S1 到区域 S2 的距离。

(3)石灰岩层区和区域 S3。其构成地下水水井区域,或有中等薄弱部分的人造补给设施区域。

1.3 地下水保护区

地下水保护区的划分,使地下水水井的位置能够从人造补给设施的位置划分,并且能够相应地划分地下水保护区域。

2 水体保护措施

2.1 特别危险地区的保护

2.1.1 水保护区域 Au 和 Ao

(1)在水保护区域 Au 和 Ao,不建设导致水体处于特别危险的设施;当为储存水危险液体建造大量储存池,应使用 1998 年 7 月 1 日颁布的针对水危险液体的水体保护条例的第九条的规定。

(2)在水保护区域 Au,设施的建设不应低于平均地下水水位。同其他以往没有受设施影响前的状态相比,在地下水的水流动率减少至最多 10%的情况下,行政管理部门可以允许建设。

(3)在利用水保护区砂砾、砂和其他物质期间:

(a)所取物质的保护层应保持至少高于 10 年中当地最高的地下水水位 2m;对于人造补给设施,实际地下水水位应高于 10 年中当地的最高值。

(b)在抽取水区,仅限于保证自然地下水的补给。

(c)在抽取水后,抽取水处的覆盖层应及时恢复,保护效果应达到其原有状态。

2.1.2 流域 Zu 和 Zo

由于进行土壤管理,流域 Zu 和 Zo 水被以取得设施保护物质而使用侵蚀和滤取行为,和被肥料或类似物质。州行政管理部门应制定必须的水保护措施,其措施包括以下部分:

(1)根据附录 4,限制使用设施保护物质、化肥和其他类似物质;

(2)限制大规模的农业和蔬菜的种植;

(3)限制农作物的挑选种植、轮种和种植程序;

(4)禁止将草地转换为可耕种土地;

(5)禁止秋季犁耕;

(6)任何情况下,保持覆盖在土壤上的永久植被;

(7)借助机械帮助、程序、设备和特殊生产手段。

2.2 地下水保护区

2.2.1 外层保护区(区域 S3)

(1)在区域 S3,下面所列是禁止的:

(a)工业、商业厂房设备对地下水构成危险的；

(b)工程建设降低含水层水贮存量和水流动能力的；

(c)污水渗透(不包括从房顶流下无污染水,其从种植园处土壤层渗透)的；

(d)保护覆盖的明显减少；

(e)管道方面参照1963年10月4日颁布的管道法,气体管道除外。

(2)设备保护物质、木料保护物质、化肥和其他类似物质的使用。

(3)用做水危险液体用途。

2.2.2　内层保护区(区域S2)

(1)内层保护区S2,参照外层保护区S3。另外,下面所列是禁止的:

(a)工程建设。在重要土地区域,行政管理部门可以允许,但对饮用水的利用构成危害的必须禁止；

(b)抽取水不利于保护覆盖层的；

(c)污水渗透的；

(d)其他从质和量危害饮用水的。

(2)设备保护物质、木料保护物质、化肥和其他类似物质的使用。

(3)用做水危险液体用途。

2.2.3　井水水源保护区(区域S1)

在区域S1,只允许有与饮用水供应相关的工程建筑和行为,割草且存在原地的除外。

2.3　**地下水保护区**

(1)此区域内的工程建筑和其他行为必须符合区域S2的规定。

(2)在查明将来外层保护区域S3的范围的情况下,相对应的范围必须符合外层保护区S3的规定。

瑞士江河与溪流防洪

1 战略

1.1 形势

瑞士不计其数的河流治理工程及其他额外的建筑大大改善了洪水安全状况,为洪泛区大片地区的经济发展作出了巨大的贡献。

尽管几十年来投入了巨大的努力和投资,但对洪水却没有绝对完全的保护,这由1987、1993、1999年和2000年的大洪灾已经得以确定的证明。另外,近年来的小洪水也一次次说明,工程性措施对例外的自然事件的防护效果是很有限的。

1.1.1 具体行动的需要

减少洪水对社会经济生活的影响要求未来做出重要的努力,如果经济损失量想得以控制的话,特别是潜在的危害应得到减少。迅速采取行动有许多理由:

(1)经济发展经常是在危险区域,特别是洪泛区,这些年洪水危害在稳定增长。

(2)改造过的河流的流量在加速,下游洪峰泄量在增加。

(3)当极端事件发生时,对来水一般没有足够的阻止空间。

(4)河道的维护经常被忽视。因此,危险状况会突然发生改变,新的区域会受到威胁。

(5)由于外部因素的影响(如全球气候变化),危害的风险一般在未来几十年会加剧。

1.1.2 各种损失

除了这些安全因素,还有其他一些不足。分配给河流的空间限制在狭窄的河道,从生态的观点来看,这样的河流是不足的,因为以下原因将不再能发挥各项功能:

(1)几何排列的河道是单调的风景元素。

(2)延伸到河边的紧张的土地使用没有为自然的动态改变提供足够的空间。

1.1.3 一个新的定向

人们已经认识到了这些问题,并导致了对防洪概念性的重新定向。1987年的洪水为防洪基本的再思考和发展新的战略提供了决定性的冲动。

人人安全、事事安全是不可能的,这不单是因为公共方面预算紧张且财政有限的原因;涉险货物的价值也大量提高了,因此抵御危害不再是惟一的问题。什么样的具体风险被接受或可以预期被接受也需要讨论,如:可能会发生什么,可能在哪里发生?

1.1.4 法律框架

所有上述的发现都产生了法律后果。新联邦防洪法 1993 年 1 月 1 日生效,它为危害的综合评估、保护目标的区别、措施的充足计划以及持续风险(紧急计划)的限制等提供了一个战略基础。

防洪法令代表了一个额外的基石,它于 1994 年生效,1999 年修正。依据这些法律,各郡描画危险区域及分配给河流防洪用的必要空间,同时也是为了它们可以发挥生态功能。这意味着这些区域必须包括在工程和土地使用计划中并且在所有土地使用活动中予以考虑。

1.2 我们想要什么

最新的防洪保护不局限于完成和维护现存的河流治理工程;相反,应该致力于将防洪保护包括在所有的土地使用活动的计划和协调中。这包括各有关方面的法律需要和诸如水质控制、渔业、林业、农业、风景保护、供水以及水电生产等活动。

今天的防洪保护反映出许多利益冲突。为了设计好的解决方案,防洪保护必须完成以下几项要求:

(1)生活空间和经济环境必须得以充分保护。

(2)进一步的经济破坏必须通过一套综合的预防战略得以限制。

(3)对不确定因素的处理需要得以改善并包括在防洪保护概念中。

(4)必须视河流为自然和风景的一个根本性的连接元素。

防洪的联邦法和法令明确强调了这些要求。只有最少量的防洪保护活动可以允许沿河流进行。洪水预防有高度的优先权,尽管有预防措施,功能性的紧急计划和紧急组织也不可缺少。

在此基础上制定若干防洪保护原则。只有当这些原则得以落实后可持续的防洪保护才可以实现。因此,所有参与者有合作并取得一致的愿望必不可少。

另外,有关防洪保护、水质控制、自然和风景保护、渔业、林业、水电生产等的联邦政策要处于致力于更好合作的进程中。

相关法律的逐步修正有一个共同的目标,在可持续性的主题下可总结为:对自然和风景的影响不能危及后代子孙的生活状况。

1.3 防洪保护的原则

(1)分析危险。要正确地评估保护的要求,必须具有关于水文和水力状况及河流最常有危险的综合知识。现有危害和冲突可以通过编制洪水事件文件,完整的洪水事件清单,建立危害指数图等方式得以明了。危害形势应定期更新,现有的危害应在工程和土地使用计划中予以考虑。

(2)评估和消除生态不足。可持续的防洪保护支持丰富的河岸植物,并为水上、两栖和陆地生态系统的自然多样性的发展提供足够的空间。

(3)区分保护目标。防洪保护概念建立在一个明确的目标区分的基础上。价值高的地区和目标比价值低的要求更高程度的保护。根据这一简单原则,农业用地个别的建筑要比城镇、工厂和基础设施要求的保护程度低,更无须对低密度农村地区采取特别的保护。但是,对可能的危害的评定,会导致不同的影响,因此需采取的措施应依据它们的合适性进行评估和判断。

(4)可能的地方阻滞,不必要的地方少通过。为了减弱洪峰,应在可能的阻洪区对泄洪量进行阻止。因此,自然的阻洪区在可能合适的地方不但要维护,还要新建,洪流应只在当地形势要求如此的地方,狭窄的定居点,允许无阻止通往下游。这些地区应建立洪水走廊或使其保持自由,以提供足够空间应对极端的洪水事件。

(5)将影响最小化。具有足够流量的横截面是安全防洪、保持沉淀体制的平衡以及保证一个地区洪水排泄的基本条件。洪水安全对自然的动植物产地和栖息地的影响应最小化。

(6)检查可能的出事点。自然的不确定因素必须认真考虑,因此保护工程的安全性应得以适应和优化。另外,在极端的洪水事件时,需要对它们的功能和结构安全进行检查。通过对现有工程合适性和有用性作周期性检查,可能的出事点能够得以及时认识到并减少。

(7)保证维护。对河流的渠道进行合适的维护是一项永久性任务,它保证现有保护工程的坚实性以及相应的泄洪能力。

(8)获得必要的河流空间。一条溪流应比水槽占用的空间多,而一条江河应比运河多。附近区域的土地使用要求离其有足够的距离。各郡必须为河流决定必要的空间,在工程和土地使用计划中建立,并对所有影响土地使用的活动进行考虑。

(9)尊重需要。对许多人来说,河流是休闲和放松的娱乐区,这些需要应和水资源可持续利用的需要,特别是水电生产的需要一起加以考虑。

1.4 如何实现这些要求

1.4.1 条件的偏向性及措施的优先性

每一项防洪保护工程根据如下因素决定的条件具有偏向性:

(1)盛行的自然危害。

(2)现有的或施工了的土地使用。

(3)所讨论河流的水文和生态状况。另一方面,联邦防洪保护法在这些相应措施中决定优先权。

可持续性措施具有明显的优先性:

(1)防洪保护通过对江河溪流河床的正确维护而得以保障,这也包括对整个集水区域具有保护功能的森林的维护。

(2)用以保护沿河流区域的开放空间,防止泄洪区潜在损失不可控制地增长的土地使用计划措施和河道的维护具有相同的优先性。与缺乏考虑而描绘出的代价高昂的对建筑区的保护措施来比,考虑到现有自然危害的城市发展是一种更好的预防形式。

(3)只有当维护工作和计划措施不足以提供必要的安全时,才可以考虑工程性措施。

(4)优先权的决定要求考虑其他措施,如楼房的防洪及其他现有的建筑等。

1.4.2 防洪保护的指导原则

必须在一个预定的框架基础上,由有关各方合作而决定采取具体行动的具体需要。这只有在满足如下条件后才有可能完成,即:①具有对流行的危害的知识;②危害得到了正确的评估;③各项利益得以协调;④相关的法律得到了遵守;⑤优先权得以设定。

(1)对站得住脚的解决方法进行通盘计划是必要的,其结果是考虑了所有类型的自然危害,并协调了各种土地使用活动的一揽子措施,这些措施必须适合现有的发展计划。

(2)从防洪的观点看,在生态状况可接受的情况下,江河溪流现有的状态必须通过维护工作和土地使用计划得以保护。

(3)如果安全评估反映出了不足,那么应建立需采取措施的计划,措施必须适合当地情况。在此过程中,洪水安全及生态不足必须加以考虑,这对保证适当的洪水安全及维持江河溪流的生态功能来说具有同等的重要性。

(4)防洪保护不再局限于漫堤洪水的预防。江河溪流的生态系统养育着各种各样的动植物,同时也是极好的休闲场所。因此,最新的防洪保护需要对江河溪流的各种功能予以考虑,并且如果可能的话要努力保护和加强它。

(5)每一项防洪保护概念必须在技术、经济和生态平衡方面加以评估。如果一项具体的工程在此方面不是平衡的,那么土地使用或保护目标必须重新考虑。

(6)如果措施被认为是均衡的,那么一个详细的项目必须建立。

(7)遗留风险总是存在的,因此这些遗留风险必须加以评估,计划的措施要由紧急计划和相应的紧急组织(包括警告概念和撤退计划)予以补充。措施的功效必须加以检查,以防在极端事态期间出现强度过度。这一整体检查导致人们从全球风险的范围对可能发生的危害的认识。

2 行动

2.1 认识行动的需要

洪水控制与对生态的关切不是冲突的,而是在任何防洪保护计划中都具有同等的优先性。

2.1.1 从洪水控制的立场看行动的需要

从洪水控制的角度讲,在评估行动的需要之前,必须评估危害。人们通过对现有的或计划的土地使用来衡量危害形势,可以意识到尽可能地保护亏空。

如果一个亏空存在,下一步是确定潜在损害的程度。如果现有的风险很大,那么这些保护亏空必须通过措施计划得以弥补。如果没有亏空存在,必须保证维护工作,那些可以被用做潜在的滞洪区或泄洪道的适合区域应加以检查。

2.1.2 从环境的立场看行动的需要

从环境的立场讲,江河溪流必须检查其生态的生活力,必须设立生态发展的目标,以评估行动的需要。江河溪流具有多重功能,它们不只是当地动植物的产地和栖息地,也是网络走廊。因此,上下游的形势也必须考虑。

一成不变的、经高度治理过的河道不体现这些功能(或只是有限的)。因此,维护和恢复接近自然的状况也属于洪水控制的任务。河流应成为显著的风景构成元素,接近自然的水系应尽可能地维护。另外,人们的休闲需要应寄予更大的重视。

2.1.3 农业的关键作用

当衡量土地使用要求的利益也关切环境时,农业起着关键作用,这是因为基础建设工程所需的生态补偿措施经常要占用农业区域。但是仍然有解决的方案可以既服务于农业也服务于防洪保护。因此,受影响的农民应从开始起就包括在计划中,他们可以从事河流的维护工作以得到适当的报酬。

另外,财政刺激奖励水道附近近乎自然的用途。生态补偿区应考虑其性能评估。邻近河流的低密度农业区域具有得到财政支持、符合相关法律的优先权。

2.2 确定危害形势和潜在损害

特定区域的洪水的影响基本上由三个因素决定:

(1)出现的洪水进程;

(2)洪水强度;

(3)时间的期间。

因此,某一区域潜在损害的程度不是一个固定的数量,而是取决于一系列通常很难证明的假定。

错误的假定显然导致错误的判断。因此,必须精心制定由广阔范围的潜在洪水进程证明为正确的各种方案。只有这样,才可能获得可用的客观和综合的代价/收益率的比较。所有有关的技术专家、设计工程师、城市代表、郡和联邦政府等都应该讨论这些方案并使之得以通过。这样确定的危害形势将使洪水的潜在后果得以评估,如,涉险人员、物质损害量、附属损害的程度(中断生产、产品替换)以及环境损害的程度。

2.2.1 弱点

洪水主要通过入口、地下室口或车库门等进入楼房。因此,楼房易受损害的弱点主要取决于相对于周围区域的这些潜在弱点的标高。一个楼房的外表密封、供应设备以及电梯设施也是潜在的弱点。

2.2.2 确定损害

一般来讲,对潜在损害的大致评估就足够了,物质损害的基本数据尤其可以得到,而为其他项目评估金钱价值经常是很困难的。通常,具体的土地使用类别的损害以单元来评定,但是个别敏感的目标必须予以特别重视。

2.2.3 特殊风险

特殊风险包括化学和生物制品工厂、存储地、橡胶焚烧工厂、垃圾站、配电中心以及装有超过平均价值的机械设备的生产车间等。为防止重要的基础设施场所,如,指挥中心医院和紧急避难所的灾难,也必须予以特别的预防。

通常,依据法令对主要事件的特殊风险已经做了调查,并且可以使用。否则,必须命令其进行这些调查。只有当证明一个洪水控制工程的经济生存性成为讨论的热点时,才进行详细的研究。

2.3 评估江河溪流的状况

一个自然的江河或溪流的风景镶嵌着不同的动植物产地或栖息地。在保持着自然状态或闲置着几乎是自然状态的江河溪流附近狭小的空间里,可以看到相互接近的或流动或静止的水、或深或浅的河流,以及周期性或间歇性漫堤的区域。因此,它们提供了一个很大的多样性的动植物产地或栖息地。

但是,这些水和陆地间的过渡区域,发挥着各项功能的区域,却由于严重的土地使用的压力,而在许多地区消失。因此,所有的洪水控制工程必须对季节性水流变化和水流多样性寄予高度重视。为了从生态和洪水控制的立场确定行动的必要,这些因素应首先考虑。

(1)江河或溪流有多种工程吗?现有的迁移障碍或治理工作减少了这些工程的多样性了吗?

(2)发挥其生态功能,河流需要多少空间?

(3)河流需要什么样的横截面来泄洪?

在各河流自然功能方面采取行动的需要,可以从一个经济形态学评估中得出。当计划洪水控制措施时,这一行动需要应如土地使用保护目标那样进行精确的考虑。

术语经济形态学覆盖河道的整体工程状况,既有治理工程(例如,河岸保护、堰或河床稳固工程),也有附近环境的状况(养殖地、土地使用、植物和河流空间)。

相应的评估可以以不同程度的细节进行。在河流的地区性评估中,有如下五个主要特点:

(1)平均河床宽度;

(2)自由表面宽度的多样性;

(3)河床稳固工程和河流迁移障碍;

(4)岸堤保护工程;

(5)岸宽和河岸特点。

2.4 设定保护目标

要设定不同的保护目标,取决于可以危害一个具体地区的危险的类型以及需要的保护形式:人类居住或高度的物质损害处于危险中的地方,保护比率的设定要高于那些用于农业或森林的区域。因此,一些目标会经常被淹,其他的很少被淹,还有一些尽可能的永远不受淹。

这与过去的计划相比是一项关键的创新。在过去,洪水控制措施经常被设计成是为了一个具体的洪水事件。因此,通常会选定百年一遇的洪水事件,为这一洪水事件几乎要确保所有的保护。

2.4.1 新的计划

与此同时,下述的程序使其价值得以证明:定义保护目标应和土地使用及要保护的目标相联系。

这导致一个所谓的保护目标模片的概念,其构成设定保护目标的方法论和区别原则的基础。这样的一个保护目标模片起初根据1987年Uri郡的洪水后的目标种类分等级,这一事例在其他的地区也得到了证明。

2.4.2 区别保护目标

洪水控制的努力集中在减少和预防损害。对有较高物质价值的目标,保护的程度要设定得高。根据这一原则,保护目标由要保护的价值而分级,有关的进程应予以考虑。最重要的目标种类是:

(1)封闭的定居区。它们通常要能保护免受罕见事件的危害。

(2)工业和贸易。对这些设施和装备的保护相同于对封闭的定居区的保护原则,它们通常要保护免受罕见洪水事件的危害。

(3)基础设施。根据设施所具有的国家、地区或局部重要性而要有所区别。保护目标或高或低,取决于其价值或弱点。

(4)种植区。对高密度种植区和低密度区,较好地保护前者。在减低土地肥沃性的洪水过程和那些最坏结果是导致一次性庄稼损失的洪水过程中,也需要有较大的不同。

(5)特殊目标。这些必须单个评估,但是同样要用此原则,即损害的潜在性越大,保护目标应越高。

2.4.3 主要参数

保护目标基本上与发生的可能性相联系,这以具体的参数为特点。最常用的数量参数是有一定的重现期的洪峰流量 Q。

(1)损害限制 Q_a 指对需要保护的目标不引起损害的流量。

(2)危害限制 Q_b 指当流量超过这一限制时,将导致一个不可控制的洪流形势,要保护的目标的安全不再有保证。

(3)洪水流量在损害限制 Q_a 和危害限制 Q_b 之间的洪水过程会引起有限损害,但是需要保护的目标和洪水控制建筑一般都不会被破坏。

(4)对特定的目标种类,如果洪水过程引起高危险时,设计泄洪必须从损害限制 Q_a 提高到危害限制 Q_b。

(5)区别目标种类时,决定性的保护目标应通过评估遗留风险而确定。如果一个项目导致不平衡的代价或影响,保护目标或土地使用实践一般必须改编。

(6)其他受影响领域的关切(如,农业、自然保护和风景、定居地发展以及能源生产)必须在衡量利益时予以考虑。

2.4.4 对有关进程的依赖

保护目标不但取决于一个地区是如何被使用的(目标种类),也取决于那里洪水出现的频率和特点。因此,除洪峰流量外的其他重要参数也必须要考虑。遇到河岸侵蚀或碎片流时,保护目标必须根据这些危险的危害程度而提高。与各种进程有关的决定性参数可以由有关方案而设定。

(1)遇到洪水泛滥时,主要的参数是流出河道的水流量和洪水的持续期间。

(2)遇到侵蚀和沉积时,决定性的数量不在于洪峰流量,而更在于洪水的持续期间。

(3)遇到碎片流时,数量经常比洪峰流量更关键。

2.4.5 决定必要的河流空间

任何项目都提出一个关键问题:河流需要多少空间?基本上来讲,最小的河流必需空间包括河床和河岸区。河流可以再造这一空间,使得其可以泄洪,而且通常避免任何使用(建筑和设施只在证明合理的例外时限制到占用最小的河流空间)。另外,由以下需要可以得出回答河流必需空间的答案。

1)洪水控制观点

水文基础和保护目标给定时,长期来讲河流的空间必须加以定义。当考虑本地框架状况时,相关的设计洪流允许从水文的角度来决定需要的理论河床宽度。当在考虑一个1∶2的河岸斜坡和确保评估的3m维护带时,需要的最小空间可以从洪水控制的角度得以估计。

2)生态观点

河流不仅仅是本地动植物的产地和栖息所,也是这些居住地或栖息地网络的一个连接,它们构成风景,为水的自我纯化作出贡献,而且对地表水的再生也是一个重要的贡献。从生态的角度讲,一个简单的计算方法——一个关键的曲线——可以设定最小的必需空间,它确定河岸区的宽度。这一工作目标使用于构成水网络的一个主要部分的中小型河流。

2.4.6 最小的必要空间

以这种办法决定的两个河流空间中大的一个是最终决定性的。楼房和设施基本上应和以这种方法确定的河流空间保持法律规定的距离。

2.4.7 其他空间要求

如期望有休闲娱乐活动,该活动也有空间要求。在使用较少的地区,必要的空间可以由自然河道的漫步用的宽度得以扩展,与漫步宽度相连设立一个缓冲区构成河流接近自然状态的动态发展空间。

2.4.8 获得空间的方法

大范围的计划措施可以使河流为发挥洪水控制和生态功能而确保必要的空间。

(1)郡指南和行动计划的接受:它从长期来讲保持着主要水利工程设施的有效性并为当局提供指南。

(2)在郡或城市土地使用计划中考虑:通过明确的计划和方针定义水道空间。

(3)在城市工程法令中考虑:通过明确的计划和方针来定义河道空间。

(4)定义城市计划区:迅速的临时保证河流要求的空间以防止进一步的限制。

(5)通过公共部门获取土地:保证河流的永久性空间。

(6)土地转让:减轻财产所有人不平衡的限制。

(7)通过承包解决:负责管理和关心河岸区域以及对这些生态服务的补偿。

(8)在城市地区以法律形式描述建筑物的距离:为了维持河流区域的休闲空间,我们建议定义的河流空间要有益于一般法律描述的建筑物距离。

2.5 定义行动的需要

在一个危险形势得以明确,潜在损害得以确定,河流状况得以评估,保护目标得以设立,必要的空间得以决定后,必须在必要的计划措施的程度上落实决定。4种单个情况或这些单个情况的综合可以给出如下所述:

(1)情况A:没有洪水控制亏空。

目前的使用与自然造成的危险相和谐,这种幸运的形势应保持长远。因此,有必要在工程和土地使用计划中加以落实。已经保证的维护应继续,现有的保护性工程的功能(以及它们对危险的敏感性)应定期检查。

(2)情况B:洪水控制亏空。

如果确定有洪水控制亏空,在计划正确的措施中进行的研究必须决定如何消灭或减少这些亏空,同时可能的生态亏空也要考虑到。在措施被实现后,持续的危险要指出来。在工程和土地使用计划中为落实这一目的要编制一个危险图,遗留风险应加以明确并在紧急计划和组织中加以考虑,保护性工程和河道的维护必须长期谋求。

(3)情况 C:无生态亏空。

没有土地使用矛盾,河流处于接近自然的状态。这应通过工程和土地使用计划长期保证,已经实施的维护和关切应加以保证和继续。

(4)情况 D:生态亏空。

如果明确有生态亏空,在正确措施计划中必须也要决定如何改善这些状况,防洪的关切必须予以考虑。改善了形势之后,必须长期保证。如果亏空不能被立即消灭,其必要的土地必须至少以土地使用计划的意识获得。

3 程序

3.1 责任

联邦政府在洪水控制方面有总括一切的立法结构,但是每个郡负责相关的项目。这一任务范围广,而且既包括河道维护和土地使用计划,也包括工程性措施。郡也负责紧急计划和紧急组织。

相应地,郡也贯彻联邦防洪法和落实必要的规章,特别是,它们规范着郡和郡之间的责任(郡,地区和城市间的任务分配)以及计划和实现这些所需措施的可使用的步骤。

3.1.1 任务分配

联邦法的基础勾画出各郡自己完成的物质框架。联邦政府一方面必须为某些防洪措施提供补偿,为河流的恢复(非法律义务)提供财政帮助;另一方面,联邦政府也要促进防洪人员的培训和再教育,执行对全瑞士在防洪和水利状况方面的调查。

另外,它还为担负其责的联邦水及地质办公室(FOWG)提供合适的和可持续防洪的基础数据及手册,也为各郡和其他机构提供建议。对某些项目来说,联邦水及地质办公室的意见是必须的。在所有其他情况下,各郡可以选择性地寻求 FOWG 的意见。

3.1.2 联邦监督

一个中心的联邦任务就是监督各郡对联邦法的落实情况,在此方面 FOWG 也负其责。它检查防洪项目与联邦立法的一致性,特别是环境法,并管理联邦资源的适当使用。

在做出决定之前,各郡向 FOWG 提出防洪项目建议,以获得联邦意见。这在如下情况下尤需如此:

(1)影响一条构成国界的河；

(2)影响其他郡的防洪措施；

(3)需要环境影响研究；

(4)影响国家清单中一项受保护的地区或目标。

3.1.3 步骤协调

使用在个别洪水事件中的所有决定性的郡和联邦法律程序必须以事实性和正式的形式加以协调,使彼此和谐。事实性协议和与之有关的利益平衡允许整体处置和评估,即使在复杂的项目中也是如此。在正式方面可以有如下两种不同的形式:

(1)协调模式。若干机构在不同的程序中负责并使决定相互和谐。

(2)集中模式。一个单一的机构执行不同的程序。FOWG 在联邦层面协调各相关程序。

3.2 法律标准

联邦防洪法和补充的防洪法令在联邦关于防洪的任务中占据中心的位置。联邦法律的概貌可以总结如下:立法关注主要集中于体现现有的自然危险和维护(或创造)必要的缓冲区的土地使用。因此,认识到的危险不应被移去而是要镶嵌于整体的全球概念中。

一旦工程性保护措施变得必要时,联邦法律制定符合不同的动植物及河流生态利益的定性的要求。每一情况下必须为河流保持最小的空间。因此,在建立和保证洪道的同时维护和创造泄洪区也属于措施的权宜计划。

除 WBG 及与之有关的法令外,还有一系列其他关于防洪的法律标准,它们通常需要特别的决定和程序:

(1)联邦土地使用计划法。防洪计划是建立郡工程和土地使用计划的一个步骤,它必须通过衡量利益与其他方面的空间要求相协调,特别是,计划者必须考虑河流防洪的空间要求和保证其生态功能。防洪的工程性措施需要建筑许可,许可的转让必须在建筑区外获得。工程师必须证明措施是地区所必须的,利益优势不可以反对之。

(2)联邦水质量法。水利工程项目不得引起水污染。落实这些项目只有在水保护区和地下水保护区才有条件成为可能。水利防洪措施需要水质控制保护的一个法律许可,特别是在有危险的水保护区。法律基本禁止河流为建筑物所覆盖或把它们引入涵洞中。提取砂、砾石和其他材料需要一个联邦法律许可(如果河流的沉淀体制受到负面的影响,许可将不被授予)。水质法(像水利工程法那样)要求自然河流的维护和恢复。

(3)联邦渔业法。对河流的干预,它们的排洪体制,或它们的路线以及河岸和河床区域需要联邦渔业许可(直到依据水质法不要求许可)。

(4)联邦自然和风景保护法。在联邦淤积区清单上具有国家重要性的目标具有特殊的重要性。它们要不加减少地进行维护(因此防洪措施只在一个有限方式上允许)。在所有其他保护区域,根据联邦自然和风景保护法,不可避免的河流干预要求补偿或恢复措施。生态补偿在高度使用地区应当预见(如通过恢复河畔植物)并通过认识生态缓冲区来保护生物区。

(5)联邦林业法。该法原则上禁止清除林木,只在严格的条件下才允许放弃,特别是想像的工程或设施局限于本地时。基本上来讲,必须提供适当的补偿。但是,如果是为防洪措施,这可以放弃。自然和风景保护措施也可以用来补偿而非财产。伐木许可不排除建筑许可的放弃在土地使用计划方面的需要。通过服务于维护森林的林业工程的方法来治理河流也受林业法的规范。详细内容由水利工程法得出(如果情况出现,林业管理和水利工程要进行协调)。以 WAG 为基础,联邦政府在遇到补充水利工程的其他保护措施时,允许下沉(暴流、岩石流、侵蚀区域、滑坡与河流活动无关)。

(6)联邦狩猎和哺乳动物及野生禽类保护法。联邦政府宣布保护具有国家和国际重要性的水鸟及迁移类鸟类。当有影响保护区域的水利工程计划时,必须获得联邦环境、林业风景办公室的意见。

(7)联邦关于步道和徒步旅行道路的法律。各郡关心计划步道和徒步旅行网络,它们和包括水利工程的其他空间影响活动相协调。

(8)联邦水利使用法。要求协调水利工程措施和特许权(反过来也是如此)。具体来讲,如果河流路线的干预永久影响了其使用的话,它承认给予水利特权所有人补偿权(假定工厂的改编不合理)。

另外,许可特权也使得可以想像在维护费用和可能的工程性保护措施中特权所有人的财务参与。

(9)联邦农业法能够支持低度使用的农用地的下沉。另外,郡、社区和水利工程协会可以补偿用于防洪目标的措施(如洪水区)。河流恢复(包括土地获得)也可以在农业工程方面予以支持。基本来讲,水利工程和农业工程项目应协调。

(10)联邦剥夺法。在贯彻水利工程法中,郡可以剥夺某方的土地或转让此权利来剥夺第三方的土地。

(11)联邦财政资助和补偿法。这统领着联邦政府补偿和财政资助的保证。据此,收益人可能的参与以及那些应负责任者应予以考虑。在接到贡献保证前,如果资助机构批准的话,那些授予补助金的只可以建设或做主要的采购。

(12)联邦特殊用途矿物油税。联邦政府将部分用于公路交通的矿物油税收用于沿公路保护免受自然危害的建筑,特别是防洪措施。

(13)在生态质量法中,设定了连接生态补偿区的最低要求。

3.3 框架状况

洪水控制不能从其他的空间需求中分离出来而计划和实现。与其他影响空间的计划的协调和一致(如,公路设计方面、林业管理、农业、水质控制、水利用及河流恢复等)以及其他土地使用的意向(如建筑区的发展)是在任何情况下都有说服力的,并且有关的基础应加以考虑。

因此,任何防洪保护工程从一开始就应决定其他学科是否受到了影响。只有这样,潜在的矛盾才会被及时认识到并在计划中得到正确的考虑。

基本上来说,在防洪方面的每一项措施必须实现如下条件:一方面,想像的措施必须获得期望的目标;另一方面,它们应当不唐突,并且花费尽可能的少。另外,期望的目标和对受保护物品(如私有财产)的侵入之间应存在一个合理的比率。因此,任何洪水控制措施应从比例的角度进行检查。

(1)花费。洪水控制项目必须经济、有利,因此在保护措施的成本和潜在的会发生的损害间取得一个平衡是必要的。对不经济、没有利的防洪项目,没有补偿请求或财务资助可以被证明是合理的。如果这样一个项目不但涉及公共利益,而且特别涉及有特权的第三方时,花费应在参与者中间分配。

(2)生态诉求。在代表自然和风景方面而提出诉求时,比例也需要加以尊重。基本上来说,现有的状况不应被恶化而应尽可能地改善。遇到补充的权益诉求时,与生态利益有关的花费(即使它们无法用金钱来决定)应分解到比较中。

(3)私人利益。水利工程的需要经常和私人利益是不和谐的。当存在足够的公共利益时,私业主必须服从。因此,一方面,郡有权为了防洪的利益而剥夺财产;另一方面,受影响的私人方可以通过郡和联邦政府规定给他们的程序提出自己的关切。

3.4 联邦津贴

联邦政府给予补贴的关键假定是有关防洪项目的利益计划。

(1)获得与其他利益和伙伴间的协议与合作。

(2)没有双重的补贴(如,来自水利工程和林业管理)。

(3)工程是为了公共利益。

(4)成本参与和确定的利益状况相联系。

(5)遇有冲突目标时,判决要被证明是正确的。

(6)项目体现所有联邦法的要求(如,水道保护规范、土地使用计划、自然和风景保护、环境保护等)。

3.4.1 文件制定

当为工程性措施申请补贴时,自然的危害、可能的损害、选定的保护目标以及可想像的措施的影响应加以鉴别、明确并加以理解。

申请联邦补贴的另一假定是负责的郡机构已经在法律上对有关项目做出了有约束力的决定。

联邦机构也要求制定项目文件以对项目进行彻底的检查。这包括技术方面的文件制定、成本方面的文件以及郡机构的意见和确定。

3.4.2 合法化

在批准的贷款内,联邦政府执行如下的决定:

(1)准备评估危险(包括概念、危险和事件的登记,或危害图)的基本数据。

(2)计划和修建防洪建筑和防洪设施(以及恢复或移去它们)。

(3)在发生极端的洪水事件后,清除河床和恢复足够的流水区域。

(4)建立早期警告服务。

(5)为保护工程获取土地。

(6)当受到水利工程措施的压力时恢复河流。法律诉求没有基础。优先性应给予加强自然河流活力和为动植物产地栖息地网络服务的项目,如在陆地和水流之间通过清淤创造足够的缓冲区和过渡区。

3.5 规则的程序

防洪措施的规则程序可分成以下四步。

3.5.1 步骤1:设计项目

各郡通常都有一个专业办公室负责洪水控制,该办公室具有多项任务:

(1)负责处理和协调项目申请。

(2)在洪水控制问题及有关的河流恢复方面,为当地的责任人或机构、农业组织、私人业主及第三方提供建议。

(3)它是防洪领域联邦水及地质办公室的直接联系者。如果郡办公室和联邦办公室之间存在较早的防洪项目信息交换,此程序可大大简化,特别是当重要的基础(如设计参数)需要决定时尤其适用。但是当其他联邦利益也涉及到时,有关的早期协议也极具使用性(如,根据联邦清单有保护诉求区域的项目)。

3.5.2　步骤2:联邦水及地质办公室的意见

遇到重要项目及特殊情况,负责的郡办公室要与联邦水及地质办公室协商,后者给出有约束力的意见。联邦水及地质办公室也可以在此体现出可能的联邦贡献。

3.5.3　步骤3:郡的决定

下一步是郡对水利工程计划及其财政做出法律上有约束力的决定。当计划需要环境影响研究时,郡法律决定性地决定该程序。

3.5.4　步骤4:补贴程序

以郡有法律约束力的决定为基础,郡办公室向联邦水及地质办公室递交补贴申请。联邦办公室检查项目文件并决定联邦贡献的数量及相关条件,与其他联邦法律的项目和谐问题也在此予以检查。

3.6　加速程序

如果在洪水、下沉灾难过后有明显的安全亏空并须采取立刻措施,可以使用加速程序批准补贴。为确定这一途径,立刻措施定义如下:

(1)一个洪水事件后立刻进行的工作,如清理河道或恢复破坏的保护工程。

(2)尽可能快地减少现有安全亏空估计的措施。

在计划和立刻落实措施时应考虑如下内容:

(1)优先性应给予那些能尽快尽量有效减少现有风险和潜在损害的措施。同时,只具有边际影响安全的措施应根据规则的程序来处理。

(2)任何工作开始前,应咨询郡专业办公室(必要时也包括第三方)。

(3)也要保证与受影响区域的其他项目相协调。

(4)如果项目重要,与联邦水及地质办公室协调也是必要的。这对那些有着重要的成本后果的计划或受联邦清单保护区域的工作尤其适用。

(5)基于安全原因,联邦水及地质办公室可以以紧急工作补贴法为基础,在决定性的基金批准前授予一个临时修建许可,这使得工作可以立刻开展而不用等待补贴程序来完成。

(6)在恢复被破坏的保护工程前,应该通过调查来确定简单的恢复这些工程是否合理,失败的原因应尽可能地得到确定,工程的安全性得到加强。

(7)基本上来讲,河流在洪水事件中占用的空间应被作为河流的空间。新的空间限制应避免,这样可获得决定性措施更大的灵活性。

(8)当有局部问题和清晰的框架条件时,应实现决定性的解决方案。

(9)在必须平衡不同利益的主要计划时,应修建低成本的临时工程。因此,可以为有利的项目管理节约时间。

(10)立刻措施和恢复步骤不应对决定性的解决方案形成先入之见。

(11)淤积区适用特殊的原则。

3.7 参与

所有的洪水控制措施必须以可理解的、透明的和综合的利益衡量为基础。这意味着必须通过交流和讨论使有关各方达成满意的折中。在此应注意,不同的关切应根据制定的目标来分级并根据其重要性来考虑。

3.7.1 信息

直接受计划影响的土地使用所有者和农民必须被及时、可理解地以日程的形式告知计划的内容。告知受影响者不应是一次性的,而应是在整个计划过程中合适的时刻以有利于进行的方式告知。

3.7.2 参与形式

如果引起公众关切,应提倡风险和获得精神(至个人利益和大众福利可比较的程度)。水利工程计划的协调既对下游河岸所有者是重要的(既然他们受项目影响的直接影响),也对上游的所有者是重要的(如,水电厂经营者)。

参与开始的水平取决于项目。各种形式的参与都是可能的。这一方面的目标是实现完善的项目因而改善对其措施的接受。公共的参与也为当地居民运用知识并把它们较早地引入计划中提供了机会。让公众及那些受影响者参与的形式是多种的:

(1)专家出席、公众聚会或连夜讨论。

(2)到情况相似地区参观、旅游。

(3)展览会和公共信息邮递。

(4)成立研究小组或专家组,使各种利益小组与调解人讨论目标和决定可选解决方案。

(5)内部纪律检查委员会。

(6)在本地和地区新闻媒体上登信息。

3.8 克服冲突

计划的目标是做出一个项目可以赢得一致同意并在一个合理的期间实现。然而,河流及它们相关的洪水问题和根本差异的使用需求是混合在一起的,所以计划防洪措施经常导致冲突。原因是多样的,它们会存在于多样的使用诉求中。但是这也是可理解的,即冲突会因计划过程的缺点而出现。例如,当合作者以及那些受影响者的疑问,希望或要求得不到及时的评估或不被重视时就会如此,差别就会因此而出现,在反对中结束(以及被延搁)。

关于如何认识、避免并解决冲突有许多建议,最重要的应在此注意:在做出一个项目前,将受影响的各方尽早纳入并在一个公开和综合的信息政策框架内,对有关计划的鉴别以及对所需措施的理解可以此方式得以促进。另外应遵守以下几点:

(1)对自然的动植物产地栖息地以及程序性流程的法律框架和空间要求应在计划开始时即清楚地阐明。

(2)如这一框架不能被考虑,其理由应公开提出。

(3)对项目草案的广泛讨论包括地方参观将对相互理解和尽早认识潜在的冲突点有所贡献。

(4)如果通过更详细的检查改善决策基础,那么不能立即解决的冲突点经常应被中性化。

(5)如果尽管经过努力,但是进一步的冲突不能被克服,那么郡级检查机构必须衡量相关的利益。

(6)接下来是负责机构的决定,它取决于相关的法律。

(7)最后,所做出的决定必须向所有各方解释和告知,这是很重要的。

4 项目设计

4.1 项目设计工作的顺序

解决防洪问题没有标准的方法。但是,以过去及时和有效地获得防洪目标的经验为基础,可以制定如下建议:

(1)在任何项目中,应将必须的和期望的相分开,以保持成本合理性。

(2)研究的深度应适合项目要求。

(3)必要的决策基础必须尽早准备。

(4)项目所需的基本数据必须完成。有足够的例子可以表明,一个没有澄清的问题可以将一个项目延迟几年甚至导致失败。

(5)在一个项目期间,通常要求具有来自各学科的专业知识。因此,仔细选择分配给特殊任务的参加者很重要。那些负责项目任务的人必须能够展示他们专业的技术技巧、资质记录以及管理指定工作的业务表现。另外,他们必须能在一个团队里工作。

(6)如果对建立的利益衡量进程来说,经济、生态甚至技术措施缺乏平衡,那么预期的使用必须做出改编,选定的保护目标也是如此。

4.1.1 通过多步骤的方法最佳化

一旦行动的需要、问题的形成及必要的原则得以建立，计划措施要取得的目标需要加以定义。这些目标影响要求的基础数据的性质和质量，同时这些措施导致改编和补充步骤。通过此多步骤的方法得到的项目最佳化是个互动的过程，应注意以下几方面情况：

(1)原始状态的文件制定。它包括对危险形势、河流状况及一次极端洪水事件的影响的文件制定。

(2)估计可能的损害。这项研究提供有关一个特定事件的财政后果的信息。

(3)计划措施。各种状况影响河流的原则应是尽可能的小。另一原则要求坚持联邦法律设定的优先性(维护和土地使用的计划措施要优先于工程性的保护措施)。应经常以较小代价获取防洪效果的重要改善，并最终综合的利益衡量导致较好的选择。

(4)评估遗留风险。澄清遗留风险属于一套完整的正确措施的计划，只有意识到与自然事件有关的不确定性时才可以做到这一点。

(5)紧急计划和紧急组织。每一防洪项目也包括一个针对当前危险形势的灾害管理计划。

(6)维护和监测。一个防洪项目的基本构成是要设立维护概念(全部的安全和使用计划)。

4.1.2 补充进土地使用计划

实施了保护措施后，持续的危险形势应以危害图的形式提出来，并在建立工程和土地使用计划中予以考虑。

如果工程被反对，负责的防洪机构必须制出原始的危害图并确保将其补充入工程和土地使用计划。

4.2 集水区域的状况

河流出现的洪水过程主要由相关集水区域的状况决定，重要的参数有：

(1)地形(表面、形式、斜坡、一个区域对一次特定进程的准备等)；

(2)工程和各种类型土壤的分布；

(3)地质；

(4)地形学(形成集水区域的进程)；

(5)沉淀状况；

(6)冻结成冰的程度；

(7)森林区及其状况；

(8)泄洪体制；

(9)河道几何学(经度侧面和交叉段)和河道形态学(河床底土的纹理大小直径)。

所有的防洪项目是以无数件的河道及其集水区域的基本信息为基础的。部分的这些数据可以以数字形式获得(如,地形学和局部的地图以及区域照片)或整合成地理信息系统。各郡及联邦政府也运营着协调办公室。以下的工作和计划工具具有特殊的重要性:

(1)沉淀数据。政府和私人性的机构收集这些数据,对天气数据的评估在评估和澄清主要的沉淀事件方面经常是非常宝贵的。

(2)流量数据。政府和私人性的机构也收集这些数据,可供公众评估。

(3)记录的事件。那些想预见未来的人需要回顾过去。因此,在评估和估测未来事件时,先前时间中获得的经验具有重大的作用。这假定有一个综合的准确的单个事件的文件制定。除了注意关键的进程和损害程度外,对事件的文件制定可以提供受自然危害影响的区域的信息,以及地理、地形、水文状况等。

(4)有关地理的基本数据。包括地理形势形象流量、沉积的性质和量,以及沉积的物理特征。不知道地理状况对大规模运动的稳定计算是不可能的。另外,当涉及地表水时,排泄以及河源附近的措施要求进行水文地理形势调查。

(5)清单。所谓的联邦清单代表着保护自然和风景的重要工具。它在风景和生物小区清单间进行区分,因为它们在法律重要性上是不同的。根据《联邦自然家乡保护法》(NHG)在风景清单中接受的一个具有国家重要性的目标主要是联邦机构的职责(以及那些实现联邦任务或为他们的计划诉求联邦基金者)。沼地风景是一个例外,它以 NHG 为基础而且直接使用于财产所有人。实质上,在沼地保护方面,从 1987 年以来更多的机会被给于联邦政府。沼地清单的法律基础(包括一个具有国家重要性的重要淤积区联邦清单)是条款18aNHG。在听取各郡的证明后,联邦委员会来鉴别具有国家重要性的沼地区,设定保护目标。

(6)潜在损害。以相关文件为基础,郡建筑保险机构可以提供关于潜在损害的数据以及目标保护措施。

4.3 基础数据的不确定性

在所有防洪项目中,流量是一个重要的参数,它对正确措施的设计有着关键的影响。

流量指每秒流过一个河流断面的水流量，通常来讲，它不可以被直接和持续地测量，而只能被零星地测量（一般通过测量整个流经区段的速度分布，但是在某些情况下通过使用绘图工具或实验室试验手段来确定）。

4.3.1 根本联系

一个相互联系的时期—流量曲线（所谓的 $H—Q$ 曲线）可被定义为在不同水平面测量的流量，它构成降水转换成流量的基础。这一相互联系的曲线可随时间而变化（特别是通过洪水期间河道的变形）。因此，流量的测量必须周期性地重复并更新。

由于测量结果经常缺少这些例外的情况，$H—Q$ 曲线必须经常以数学的形式加以推断（这既适用于洪水也适用于旱情）。

4.3.2 重现期

重现期指一个相当或超过的洪水事件出现的长期间隔或若干年代，为此也经常使用一个叫再现间隔的术语。

（1）Q_1 是平均每年一次（所谓的年度洪水时间）；

（2）Q_{100} 是平均 100 年一次（所谓的百年一遇的事件）；

（3）Q_{300} 是平均每 300 年一次（所谓的 300 年一遇的事件）。

4.3.3 保守估计

对所有的洪水进程来说，不确定性在决定可能性时也很重要。从统计学的角度看，即使很长的记录也会显示分散，在估计设计价值时，这种状况必须予以考虑。这通常导致保守的估计。因此，用于防洪计划的水文数据必须说明主要的不确定性。

设计流量 Q_d 和由于保护措施而不引起损害的流量是相联系的，与设计流量的决定相平行，在保护措施的计划中，超过这一流量的洪水结果必须予以确定。

4.3.4 洪水淤积量

在决定洪峰流量时，不确定性已经很重要了，在确定淤积量时，它们更重要，这适用于底沙转移以及评估潜在的碎片流动。这些不确定性的一个原因就是缺少基础的数据。但是，主要的原因是程序的复杂性（以及相关的巨大可变性）。在典型的观察到的碎片水流和容易测量的淤积间是很难找到一个相互联系的。

澄清发生的可能性更困难（如，一次洪水在一个观察期间以一个确定的再现间隔出现的可能性）。因此，必须定义一个可以从数量上认为是发生间隔的似是而非的方案：经常，很少，非常少。

另外,在碎片水流的峰值流量和它的量之间事实上是很难找出相互联系的。碎片水流经常发生得很急。抽样检测也显示在给定的速度和河道坡度内额外的碎片水流不会导致水流深度的增加,只是碎片水流量的增加。

4.4 水利工程状况

所有的河流都是在不停地变化中。一般来讲,侵蚀发生在上游,淤积发生在下游。因此,在水利工程评估中,以下四点应特别注意:

(1)水文(流量体制、洪水类型);

(2)水力(水流能力);

(3)沉淀体制(碎片水流危险、淤积量、河曲的形成);

(4)沿河的弱点。

4.4.1 规则的检查

水利工程评估使得可以对引起损害的短期洪水过程已经长期的发展得出结论。危害形势会随时间而变化,这要求对水利工程状况进行规则的检查。

4.4.2 水文

水文记录着水资源发生与循环及地表、地表下和地表上的水圈(也关系着水质和水中的物质传输)。

与防洪相联系,最有趣的因素是潜在的洪峰流量和水流量,它们对评估现有防洪程度(水文基础数据)、现有保护措施和新建筑的设计基础、鉴别洪水泛滥区域、调查滞洪能力,以及评估超负荷时的系统性能构成一个基础。

最近几年,估计洪水流量的方法有了很大的发展,旧的测量计算中的错误得到了检查。数字的方法(数学模型及模仿)为此作出了关键的贡献。但是,即使这些方法也受不确定性的影响,因此必须用不同的方法估计洪水:敏感性分析是有用的,似是而非的检查也是必要的。

评估河流的生态状况需要额外的数据:洪流期间曲线、平均流速、低流速。

4.4.3 水力

水力关心水的流动状况,决定河道的水流能力。

河道的几何学(断面以及经度侧面)和保护性工程的范围可从设计流量 Q_d 中得出。但是应该经常注意,河流是动态的系统,随时间而改变着它们的几何工程。原因是多方面的,而且从河岸植物的影响扩展到河岸河床的侵蚀以及河道填充物。

当断面的几何或经度侧面变化时,简单形式的水位计算是不够的,必须制定回水曲线计算。水流的高度和能量线得以系统的计算。遇到局部问题时,详细的计算是必要的(如,在具有水力影响如可沉入水中的堤坝、排水渠或桥桩等工程处)。

与空间有关的洪水危险通常通过决定行洪区域而进行评估,由不同的方法来决定。区别淹没区的详细的数学模型计算在10~20cm的关键部分要求精确的高度。

水流深度和流速是在一个具体的点评估危险的两个决定因素。当遇到复杂的情况时(如,特殊的工程),用物理范围的模型更加精确地检查水力是止确的。

4.4.4 沉淀体制

水的形成力、破坏力使得河道得以形成。一方面,水是有效的溶解物;另一方面,它设法传输着风蚀的物质并在别处淤沉。因此,底沙的侵蚀、积累以及其他淤积在任何河流都是相互紧密结合为一体的。

重现期为2~10年的洪水事件对这些河床形成过程尤为关键,这也被叫做形态学。一个动态的均衡可以长期保持,变化是很小的。

一旦极端的洪水事件一起广泛的侵蚀和积聚时,动态平衡就被打乱了。因此,在计划正确的措施时,必须对这些进程加以考虑。要决定的最重要的事情是是否可以获得新的平衡,或者是是否已经出现(或可能出现)一个系统的崩溃。

淤积体制的重要性在水利项目中经常被忽视。河道填充可导致严重的问题——特别是在扭结点,这在近年来被多次证明(如1993年Brig的Saltina河)。

山间急流(大于15%的坡度)特别的危险,在此关键的是供碎片流形成的潜在可用淤积的大小。

现在,数字模仿模型也使得可以分析淤积的移动,估计侵蚀和河道填充。这些方法通常以河床物质分布,河道几何学(断面和经度坡度)以及流量水位图的数据为基础。

河道中的冲刷进程和河道形式紧密相连。冲刷出现在河流弯曲和汇合处,河床起伏变化处以及特殊建筑附近,如下垂建筑、桩和防波堤。与有着近乎平整的河床和一维水流形成的河道相比,在有着三维水流和河床形成的河道中会形成很重要的冲刷。新方法使得可以评估这些冲刷的深度,从而设计河岸保护工作的基础,这一过程应被考虑。因此,在每一个防洪项目中,干预的形态效果应予以仔细检查。

4.5 危害的种类和影响的因素

洪水被一次次证明是保护性工程单独所不能避免的严重危害,也有必要努力预防损害量的持续出现并减少潜在的损害。因此,对可能的进程的准确认知和正确估计有着很大的重要性。

在几个方面洪水是危险的:它们可以通过挟带的淤积泥沙泛滥并毁坏耕地和建筑物;它们可以侵蚀并破坏现有建筑的基础;它们可以移动河床负担和其他淤积,通过它们的能动影响来使建筑物不稳固,冲走人员和车辆并破坏楼房。

依赖一次洪水的主要影响,我们可以区别洪水、河岸侵蚀及碎片流淤积,大多数的洪水是引起这三种类型危害的综合。另外,漫堤淤积(如河道外广泛的淤积)经常发生,但是由于它总是与一个动态的洪水相联系,这一过程不只是作为一个危害类型而进入的。

除了这些基本种类的危害,还有如下一些重要的影响因素。

(1)堵塞。崩溃后,在强烈的风中,在严重的风暴中,倒下的木头、漂游的木头及其他碎片堵塞河流区,特别是在如堰、桥梁或沟壑等瓶颈处,在这些堵塞的后面水面升高,导致的结果是:河水离开河道寻找新的流出口。如果它突然决口,它会使下游汹涌起危险的水流(或在较陡的地段形成挟有木头和淤积的碎片水流。

(2)河道堵塞。岩石流、土地滑坡、崩溃或碎片水流能引起河道河床的提高或彻底堵塞,这些堵塞包括上游洪水。对下游来说,也有决口的风险以及引起各种可能的影响的水流。

(3)内部侵蚀致堤坝失败。如果洪水水面长时间保持较高,那么大堤内会出现渗透水流。取决于渗透性和均匀性以及树根或动物形成的隧道,沿这些管道有细密纹理的物质会被冲走(管涌)。这一进程可以破坏较旧的堤坝,特别是从里面(水面并无高出)。

(4)水面高出致堤坝失败。对水面会因为太高的泄洪,河床升高,木头堵塞,或阻碍而高出堤坝。一个对侵蚀没有采取特别保护的堤坝不能长时间抵御漫出的水,这些水会在短时间内淹没较大的表面。

4.5.1 洪水

洪水指一块陆地的表面被河道外的水所暂时覆盖。洪水经常与其他类型的危害相联系。例如,河岸侵蚀或淤积沉淀。我们应区分两种形式的洪水,它们可以于一次洪水中在较近的距离内以交替的形式出现。

(1)静态的洪水。在这种形式下水流得非常缓慢,河道外水深的升高是逐渐的(在田野里的槽处例外)。静态洪水出现在平坦的野外或沿湖泊。

(2)动态的洪水。这样的洪水以高流速为特点,出现在沿山间湍流或河水的较陡地面。较高的动态压力可以出现在平坦地区接近瓶颈和堤坝决口处。

4.5.2 河岸侵蚀

在许多情况下侵蚀进程是最具破坏性的危害,因为它们发生突然且不可控制。

流动的水既能横向侵蚀也可以纵向侵蚀。结果,当河岸崩塌或失败时(河岸失败),楼房和基础设施会在洪水水面上受到威胁。

在极端的洪水事件中,会出现河道迁移,被侵蚀的物质在紧临近下游的区域沉淀。

河床侵蚀,与河岸侵蚀相联系,会导致额外的淤积输入。河床的降低会危及其基础,河床侵蚀的决定性剪切压取决于水深及流速。局部条件,如河床形态或阻碍能极大地影响河床的剪切压。抵御侵蚀取决于河床和河岸物质的纹理大小,河岸植物以及保护工程的类型。

4.5.3 碎片流淤积

这一危害有许多术语,但是它们的意义总是指由大量的水流以脉动的形式带来的高强度的碎片。沉淀集中的数量在30%~70%之间。

碎片流不是由意外引起的。如果相关的地形地貌及地理条件得到满足的话,不稳定的物质在强雨或雪融时,会在风暴中溶解。这些涌入峡谷形成水、淤泥、沙子和石头的混合物,点缀着大到几吨的漂石和拔出的树根。而且,取决其构成,这些会以60km/h的流速出现。

重新定位后的部分物质经常可以沉积成为堤。但是,出现损害主要是因为碎片流的前部的动态影响,它们会包含大的漂石。

4.6 评估危害

正确地理解和估计现有的危害类型以及它们的影响因素是重要的。为了陈述它们,下面具体的问题应与洪水危害相联系予以回答:

(1)河道的水流能力有多大(有或没有淤积时)?

(2)在什么地方水和淤积可以从河流的河道中逸出,有多少?

(3)在什么地方有可能侵蚀和沉淀,到什么程度?

(4)在什么地方物质会从碎片流而受侵蚀或沉淀,有多少?

(5)河道中有瓶颈和阻碍物吗?

(6)现有的保护措施影响潜在进程的路线吗?

(7)在什么地方可以识别保护工程潜在的弱点?

(8)一个全球的气候变化会影响洪水事件,而且必须加以考虑,这可理解吗?

4.6.1　全面观察

不对整个河流系统进行评估(如,一个河流的上、中、下游间的相互作用),这些问题就不能得出回答。因此,对定义一个潜在危害区域的所有进程加以阐明是至关重要的。

有资质的专家完成危害评估,而郡自然灾害服务机构负责正确的技术执行。

许多基础的数据必须收集并评估,因为准备危害索引图和危害图要求涉及关于特定区域被证明过的、假定的和潜在的进程的所有可用的参考和信息。

(1)经证明的进程:做过文件制定的一个洪水事件。

(2)假定的进程:在考虑的地方不能被证明但是在可比的危害区域出现过的一个洪水事件。

(3)潜在的进程:全面评估显示可能会出现在一个非常具体的集水区域的一个洪水事件。

4.6.2　方案

一个洪水事件按年代顺序排列的进程具有决定性的重要性。最终,在系统中对潜在弱点的评估是特别重要的,它们可以导致一个崩溃因而完全不同的行为。

潜在的进程经常相互依存并以综合的形式出现。因此,在评估它们时,建议具体的危害状况——所谓的方案,加以制订。这些方案可以在结构工程中和负担假定中加以比较。但是,决定所有定义过的标准的负担情况相对来讲是简单的。遇到自然灾害时起始点是更加复杂的。

给定自然状况的差异(其中地形和地理状况)以及一个进行中的进程的潜在变化、相互作用总是会出现在所指河流的系统中。潜在危害的评估应通过两种具有不同再现间隔的主要方案来进行。

(1)对定居区,应使用从百年一遇到三百年一遇的洪水再现间隔(保守地来讲选择百年一遇)。

(2)另一方案应考虑到极端的洪水事件。这是比用做设计重要性更大的洪水事件,但是不应制订不现实的方案(如,一般来讲不应有累积的考虑和独立事件的重叠)。

4.6.3　对话能力

选择的方案必须以危害评估和相关的保护措施对受影响的公众加以解释。因此,方案必须可以理解和透明,必须在专家和政府间保证协调和交换信息。

4.7 危害的图表表达

以1984年的“考虑土地使用活动中崩溃危害指南”为基础，显示危害水平的标准化图表也为洪水和大规模土地运动而制定，它们和有关建议一起被公开。

4.7.1 标准化的分类

所有自然危害造成的危险用强度和可能性加以表达(频率和再现周期)。这些参数在一个所谓的强度/可能性图表中以分级的危险水平加以编纂，编码为红、蓝、黄的颜色。

(1)红色表示实质危险。基本来讲，没有建筑物或设施是用来做人类和动物的避难所而建立和扩展的。对现有的建筑，通过革新或当使用中出现变化时，风险应该被最小化，安全措施应加以改善。

(2)蓝色表示中等危险。在一定条件下建筑被允许，这应根据危害种类在建筑和分区制中加以说明。

(3)黄色表示低危险。使土地所有者明白现有的危险和预防损害的措施，对敏感目标要求计划特殊的措施。

(4)为了防洪，对非常罕见的事件也要调查危害形势(来阐明持续的危险或奉献)，受影响的地方用十字画出黄-白色。

(5)根据目前的知识，白色表示没有危险。

4.7.2 危险水平

应选出危险的水平以使它们可以和一个特殊的行为或使用规则相联系，它们表明人员、动物和具有较大物质价值的东西受威胁的程度。这里要考虑的是楼房内的人员的安全性要比在野外高得多。

为每一种危害和危险水平描绘出危害的损失影响。每一种危害的危险水平基本上是分别决定的。当几种类型的危害威胁某处时，如，洪水和碎片流，这种形势在危害图上以合适的形式加以表明。在每种情况下危险的最高水平是决定性的。

一般来讲，既然对每一个别的风险可采取措施避免损害，当几种类型的危险重叠出现时，无须更新至更高的水平。

4.7.3 程序

与计划正确的措施相联系，相关的评估图表的实际实行在防洪方面也显示出一些特殊的状况，所以，在评估出现的可能性时，存在着主要的不确定性。因此，历史上的(观察过的)洪水事件以及基础数据的质量也必须加以考虑。如果引入了一个措施计划，一般来说行动的需要就得以被展示或至少被认识到了。

如果当前的危害形势没有被评估和提出,必须立即去做这方面的工作。在这一方面还必须考虑防洪可能的局限(设计参数的选择)。

对一个极端事件的遗留风险的知识是必不可少的,不论是在最小化遗留风险的措施计划中(优化项目效力),还是在准备危害图中,或是在分析弱点(建筑结构的坍塌)、保护概念和紧急计划时。

5 措施

5.1 优先权的顺序

在计划防洪措施时,有两条基本上不同的行动路线:

(1)在受威胁区域的被动措施,使目前或计划的土地使用与危险相适应,从而减少潜在损害。

(2)在危害源或受威胁区域的积极措施,根据目前或计划的土地使用减少现有的危险,从而降低潜在的危害。

5.1.1 预防优先

在具体情况中采取什么措施的问题经常是有争议的。相关的原则事实上已被无误地设立,并且这种原则不但适用于防洪法,也适用于土地使用计划法和林业法。它们一致要求保护免受自然灾害主要通过预防措施来实现:

(1)适当地维护河流。维护水流能力和工程性保护措施的效率。

(2)保护性种植树林。现在像以前一样,是保护免受自然灾害的代价最合理的措施之一(最重要的是预防崩溃和岩石流)。

(3)土地使用计划措施。避免危险区域,目标保护以及建立无建筑区和泄洪区可以限制或甚至预防潜在损害的增加。认真考虑到自然危害并为特大洪水指定了空间的当地土地使用和风景规划,作为一个预防步骤比修建和维护代价高昂的保护性工程,来保证定居点和基础设施的安全更可取。

5.1.2 物质约束

但是,最近几十年高强度的建筑发展和相关的土地使用压力已经在许多地区造成保护亏空,这仅仅通过维护和计划措施不能得以更正。因此,保护工程和目标保护(永久性或临时性的)以及对河流的其他技术措施在将来也是必须的。

但是,计划这样的措施期望完全和展示过的对现有危害类型的知识,措施影响这些危害的能力,以及建筑对损害的易受性。落实的措施应尽可能地尊重河流的特点和风景保护目标，即使持续损害后的紧急干预也不能忽视这一原则，至少是长期来讲。

5.1.3 遗留风险

郡和当地政府不能保护每一个项目，但他们又必须尽最大努力保护人口的安全，这就是当前郡和当地政府面临的两难境地。走出这一两难处境只有一个可行性方法，如果未来的行动不仅保护免受自然灾害，还接受一定的风险并使之平衡。这将两个问题推到了前面：可以以什么样的代价提供什么样的保护和可以接受的遗留风险能有多大？如果自然灾害可以被避免或风险根本不发生，安全可以最经济地得以保障。这一原则一点也不新，我们的前辈服从它，即使可能是宿命论。一般来讲，他们没有别的选择，只有向自然危害的命令屈身。现在，既然对保护的日益增长的需求不能再只通过技术措施而遵守，这一熟悉的适应战略又获得了新的意义。用途必须再次更加贴近地与自然状况相适应而不是相反。

5.2 合适的维护

河流应如何维护的标准会非常显著的不同。在希望和真实的可能性之间这一冲突领域的挑战，可以找出一个可行的解决办法。在过去的时代，防洪在于不惜任何代价防止水流漫出河岸。然而，保护当地一方和风景以及保护和恢复动植物产地和栖息地也必须予以考虑。因此，对河流的适当维护比其他措施具有优先性，最重要的是：第一，它保证现有保护工程的长期功能；第二，它保证洪水需要的流动区域；第三，它为维护和改善河内和沿河动植物产地和栖息地作出贡献。

5.2.1 永久性任务

对河流进行合适的维护是一项永久性任务，这是根据法律的要求由各郡规范、资助和监测的。

维护的类型、范围和频率取决于河流的类型和当地的状况。可能的措施范围相应很广，它包含清除减少河流区域并威胁现有保护工程的灌木丛和树木，也包括去除漂木和危险的河道填充物，修补河道的微小损害、定期清空淤积沉淀盆地，以及恢复河畔植物。当落实这些措施时，对以下几点要予以特别注意：

(1)所有维护工作应经过财产所有人、专业的郡办公室，以及自然保护和渔业服务部门的同意。

(2)在清理土壤生物工程措施和新植物期间，与林业服务部门和技术办公室合作是必要和有用的。

(3)工程多样性的维护和恢复是合适维护的重要目标。这包括不同水流条件下的河道多样性、可变的河岸坡度以及丰富多样的河岸植物，但是这要和具体的地方相联系。然而，不同的植物和动物群落的发展——所谓的延续性，应予以明确地考虑。

(4)使用活植物作为建筑材料的土壤生物工程技术应优先。如果“强硬”措施依然必需，应使用天然石头以使小的动物和植物至少可以在石头的缝隙定居。

但是，如果得不到落实，即使最好的愿望也会没有价值。这只有在有关各方都相信这一计划时才会成功。这里还应该注意，水污染和水浑浊应该避免。

5.2.2 维护概念

计划合适的维护必须与防洪概念整合成一体，因为它可以立刻影响矫正措施的选择，如修建一个预计滞阻盆地。但是，这个计划也允许在修建和维护措施间做出区别并且保证未来的维护措施便利地落实。

因此，为河流制定一个维护概念是明智的，它制定总体目标，为以下问题提供信息：

(1)谁监测河流和检查相关的河岸保护工作以及保护建筑？

(2)以什么样的间隔检查这些和调查发生？

(3)谁承担维护义务？

(4)什么时间相关的维护任务应进行？

(5)什么时间进一步地实行工程性和技术性措施是必要的？

5.3 林业方面

当雪融化或在强降雨后，山洪迅速汹涌。它们破坏河岸，带走土壤、沙子和石头，离开河床，将河床移动负担带到别的地方，特别是在挟带有淤积的湍流中也会引起碎片流。

5.3.1 保护林的维护

由多年的高大树木和种类构成的像一幅镶嵌画一样的稳定的存储工程的树林，提供对自然进程力量最好和最经济的保护。但是，这些树林必须得到长时间的照料，以使其能够以可持续的方式发挥它们的保护功能。

取决于威胁一个给定区域的自然危害，一个理想的保护林必须满足非常具体的要求。沿湍流有着深深树根的封闭的树林能保护免受湍流的危害和碎片流的形成。

(1)树顶可以阻挡降雨，使部分降雨在空气中蒸发(拦截)。

(2)有着深深根系的土壤像海绵一样吸收降雨，逐步地散发水量。

(3)树根加强地表,使河岸稳固,挡住潜在的河床负荷和其他的淤积。

(4)在碎片流的减速和沉淀区的树和树干,起着自然闸的作用。

5.3.2 恢复工程中的清除

在靠近河流的地方种植树林和临近湍流的情况一样,也是一个持续的任务。但是与恢复工程相关,如果这些河流被给予更多的移动的话,会导致对临近林区的侵蚀。

这提出了从树林的正确用途转换林地的问题(根据林业法的清除许可)。恢复一条河流的自然动力的计划不是转换其正确使用。因此,它们无须清除许可,而总是假定以下条件得以满足:

(1)干预被限制在自然河流区。在定义的河流区不允许其他的用途(如宿营地、机动车道、停车场)。

(2)在定义的河流区内,由自然更替来发展潜在的林区(与可能的现有树林发展规划保持一致)。

5.4 冲积区

冲积区是周期性或间隔性被洪水淹没的动态的动植物产地和栖息所(在这些地方地下水的高度和植物的根系的标高相同)。另外,在这些动植物产地和栖息所,侵蚀和淤积起着一个重要的作用。洪水对淤积区来说不是问题,相反,洪水帮助它们的再生产。

(1)水的动力和淤积的传输激励冲积区的树林。

(2)洪水提高生物多样性,因为新生成的石头带和淤积成了先锋植物的产地。

(3)洪水改变地貌,创造新的水流路线,这为宝贵的生态系统的存活作出贡献。

5.4.1 干预应注意的事项

在一次极端的洪水事件后,有必要采取立刻的、工程性的行动来保护周围区域。在这种情况下,应遵守以下原则:

(1)在执行紧急措施前,与负责的郡政府或联邦冲积区咨询中心保持一致是绝对必要的。

(2)筑坝、防波堤,筑堤回填或开凿运河,这些措施会使冲积区从主河道分开而将不被允许,它们影响冲积区的冲积动态和水体制。

(3)必须避免降低地下水的水面及有关的取水。

(4)当移除物质和实施初始化渠道(导航渠)时,应注意不会导致河床的降低从而使淤积区变干。

(5)超出的物质应在淤积区外沉淀。

(6)一次非常的洪水事件后,应对仍然存在的动植物予以特别的注意。

5.4.2　利用机会

在淤积区应利用洪水带来的机会。可能的话,应保持新的河道形势,因为改善淤积的动力通常是期望的。

因此,在特别的洪水过后,也有可能在冲积区建立保护工程,以使水道更加自由。

如果现有的工程或基础设施受到了威胁,应检查将它们从危害区移除。

5.5　土地使用计划措施

尽管困难重重,像瑞士这样的地方定居点密集,生活区高强度的使用,潜在的损害应通过土地使用计划措施加以减少。只有当一个土地使用值得保留,或在衡量了所有利益后,一个土地使用的改变绝对必要,才能用工程性和技术性措施来减少潜在危害。

下面的土地使用计划措施对防洪有所贡献:

(1)在郡工程计划和城市土地使用计划中考虑受威胁区域(本地计划)。

(2)在郡工程计划和城市土地使用计划中鉴别河流空间(本地计划)。

(3)在郡工程计划和城市土地使用计划中定义禁止进入区域(分洪河道)或洪水区(本地计划)。

(4)从认识到的危害区排除或再分区受威胁的土地使用。

(5)引入建筑许可约束,为受威胁区现有或计划的目标要求目标保护。

5.5.1　工程计划

工程计划描述实现寻求的空间发展所需的活动,它为政府部门间的相互一致设立框架。

正式的工程计划包括图表和文本。在图表中必须粗略地总结开始阶段的危害区域。在工程计划中自然灾害的重要性体现在文本里。这个文本应对已有的和正在落实的基础研究作一全面的描述,它还应详述防御自然灾害的原则,列出需要的措施,包括影响到的专业办公室。因此,工程计划在自然灾害领域承担如下任务:

(1)早期认识土地使用和自然灾害间的潜在冲突,以及鉴定需要成立的专业办公室。

(2)对自然灾害已有的和将要制定的基础性研究做出全面的描述(如,准备危害图,协调各种危害的计划)。

(3)制定防御自然灾害的郡原则。

(4)为下一计划阶段设立指南和规划任务,特别是为城市土地使用规划(定义危害区域)。

5.5.2 土地使用计划

土地使用计划制定在目的、位置和数量方面许可使用的土地,详细到土地大小,并因而对产业人有约束力。

根据联邦土地使用计划法第十八条款,郡计划法可准许除建筑、农业和保护区外的其他土地使用区,例如,以此法律基础为基础,危害区域可被定义为与其他用途相重叠。

但是也有可能与各种使用和定义的危害形式相联系,或在建议方面加以限制(主动或被动计划)。

在考虑了工程性用途后,相关的危险水平可以被同意。对人或动物的危害应避免,物质损害应保持尽可能得低。对于建筑物的危险水平,相同的要求也适用于农业区。应为所有的危险区域制定警报和撤退区(紧急计划)。

5.6 禁止进入区

如果洪水区没有得到发展或高度使用的话,洪水可以溢出河岸而不引起损害。但是,这样的禁止进入区在瑞士已经变得非常少。然而,还有一些地区,那里不存在潜在的巨大损失,那里也不必要有昂贵的工程性防洪措施。

土地使用计划措施应继续有助于保持这样的可用空间,以对付大的洪水。

如果要保持一个漫滩区禁止进入,必须提前定义其空间。在对水力的计算和对过去的洪水事件的评估过程中,要略述这一区域的大小。但是,由于对所有河流峡谷的高度使用,这些为极端洪水事件而依然保持可用的空间不是没有限制的。

如果想尽可能好地控制持续的风险,我们建议通过二级堤坝,沿河流和铁路线的地形调整等,或通过当地地形再调整来创造行洪区等,对留置给不可控制的洪水的区域进行有意的限制。

第一,采取步骤来预防和改造河流的不可控制的堤坝决口。为此预见特别的泄洪道,也可以想到可沉入水中的大坝等。

第二,在设计渠道时,将一个大坝升至比别的高,从而预防漫堤。

第三,峡谷平原的高度使用区可由沿河的二级堤坝和地下道等路面调整来加以保护。

5.7 目标保护

所有预想会有新的或变化的工程使用的潜在的受威胁区域,在衡量所有利益后,必须通过具体的建筑许可限制来考虑到现有的危害。

通过永久性或暂时性的安排,可以保证目标保护或这些措施的混合,因此警告次数和那些负责者的能力也必须予以考虑。

(1)为基础和其他建筑外露部分,根据潜在的负荷,进行设计(如,基础部分的冲刷保护)。

(2)修建支持工程、墙、堤等,或提供坝或保护墙。

(3)封盖保护性外套和选择防水材料来修建地板、墙和顶。

(4)提高地板地面、入口(甚至是棚屋的入口)或车库入口。

(5)通过认真选择线和管道路线来保证饮用水和供电的安全。

(6)固定油罐,通过自动门或手工阀来保护下水道。

(7)保护性屏蔽诸如进光墙、门或窗户的门闸。

(8)在计划中包括紧急撤退,保证它们的长期可用。

特别危险的进程包括碎片流以及在暴风雨中经常发生的分散的泥流和表面的土地滑坡。遇到大的阿尔卑斯山碎片流时,经常达成千上万立方米的淤积物被送到峡谷,碎片流的流速可达到 60km/h 或更高。

甚至是这些自然危害也能得以抵御,至少在某种程度上,通过相关的建筑来许可限制:

(1)使建筑适合于地形、建筑的形状适合于可能的压力。

(2)设定与现有碎片流的危险相适应的内部空间使用。

(3)特别注意门、窗或车库入口的位置和高度。

(4)加强外墙,保护出口。

(5)将建筑置于堤坝的地形中,特别是新建筑,因为它们是价格最合理和措施最有效和正确的建筑。

(6)构筑滞洪坝保护小的碎片流。

(7)修建导流墙和导流坝。

(8)修建楼房和塔门等上游分离工程。

5.8 保护工程

经证明的工程性保护措施的范围是很大的,而且经常要求一个各种矫正措施的综合。

这些保护措施中的一些与设定的这些指南特别相一致的措施,将在以下做以更详细的叙述。更多信息可从 FOWG 的网站上得到。

5.8.1 对保护工程的要求

工程性措施,只在现有保护工程的正确维护,努力使用土地的计划,目标保护,以及保护性的树林种植不能达到目的时,才证明可用。如果仍然需要工程措施，那么，他们必须满足下述的基本要求：

(1)没有标准的江河或溪流。取决于集水区域、地理状况、当地水体制、临近的土地使用以及周围风景的特点，在设计工程性措施时，也要做不同的设计优化。

(2)不许总是考虑保护工程是如何与河流及其集水区域相结合的，以及因此可能的危害类型和影响因素。

(3)还必须准确地鉴定工程措施对下游的影响。

(4)保护措施不能引起潜在损害的上升，以防超过设计价值。因此，必须在项目设计中鉴定超负荷的影响，也应说明可能的正确措施来限制损害。

(5)在保护工程超负荷时，必须研究影响因素。必须给出说明什么样的合适措施(对建筑和目标保护的)有可能限制损害，提高系统安全性。

(6)如果保护工程被破坏了，失败的原因应予以分析。还应决定有无意义来全部重建它们。

(7)除改善防洪外，环境因素也必须加以考虑：重新评估风景价值，促进动植物产地和栖息地网络。

(8)必须限制自然的动力实施，应研究用土壤生物工程措施可以取得怎样充足有效的防洪。

(9)应特别注意措施的长期效果。

5.8.2 注意局限性

长期以来在计划矫正措施时，工程性保护措施占据着突出的位置。同时，情况发生了很大的变化，因为这一抵御灾害的方法必须同时应对以下一些局限性：

(1)技术局限性。即使代价高昂的保护工程也不能取得对自然灾害的绝对保护。

(2)生态局限性。工程性干预经常与最小的影响自然和近乎自然的风景相矛盾。

(3)经济局限性。考虑到在公共领域经常过度超支的财务状况，对代价高昂的保护工程的计划、落实甚至是维护不能再理所当然地被采取。

(4)效率局限性。希望通过保护工程的武装来抵御自然力量，在许多地区导致灾难性的价值集中，结果这引起保护需求的提高。

5.9 建筑方法

经证明，工程性的保护措施的范围是很大的。许多例子在此以较为紧密的细节加以阐释，它是可持续保护措施的有意识的选择。它们的目的和功能得以介绍,优势和弊端加以表明(以近年来的经验为基础)。

防波堤是一个例子,它们是保护水力工程中有名的工程性措施,但是新方法使它们陷入默默无闻之中,然而,相对于线形的河岸保护工程来说有着一些优越性,它们经历了一个复苏。

5.10 紧急计划

对于洪水及与之相联系的危害,没有绝对的保护。汹涌的水挟带着既不可以完全理解也不可以完全控制的危险潜能。极端的或长时间持续的洪水可以使世界各地的河流洪水泛滥和碎片流泛滥,或引起土地滑坡。

因此,上升到特别高水平的洪水一次次证明是个严重的威胁,但是这种威胁的确可以通过正确的维护、计划措施以及保护性工程加以减少和限制,然而它们永远不可能被避免。而且,不能忘记任何的水力计算都受一定的不确定性所影响,特殊情况下,即使各方都接受的正确定义的设计值也会超出。

因此,所有情况下都有必要有一个紧急计划来减少风险,这些风险总是会以可接受的水平而留存的。最大的优先应给予挽救人和牲畜的生命以及限制间接损害(如,来自危险物品或化学工厂的损害)。

负责的当地政府或地方政府清醒地意识到临近的洪水危害是非常关键的。在有了适应需要的准备后,洪水的影响至少可以得到减少。这些对相关集水区域的原则要和计划措施相联系予以调查和评估。然后,将结果整合进一个综合的预防计划中。

在这项重要的工作中,市政府将受到郡专家办公室的支持,主要的计划也得到联邦政府专家办公室的支持。营造与现有组织和设施的合作是有用的(如,与早期警告相联系)。对遗留风险的评估没有标准的解决方法。任何集水区都有受当地地形、地理、水文、表层土和土地使用等影响的特点。

5.11 紧急组织

在处理洪水或其他自然或人为危害引起的紧急事态时,一个有着指定任务区和相关行动计划的工程清晰的紧急组织是一个中心的设想,但是这一组织只有在没有迟延地承担其任务时才是有用的。在这一方面必须包括以下领域:

(1)警告。必须及时认识到危险的发展,以指导群众,警告紧急服务机构,并采取立刻行动。

(2)应对措施。在一些情况下,如果潜在的事件被及早认识到的话,可以采取行动来防止洪水(如,一般清理河道中由奔流带来的木头碎片或漂流的碎片,加强大坝或修建移动大堤)。

(3)特殊风险。有巨大潜在损害的目标(如,医院、家庭、农业目标、油站、化学存储地、供应设施、配电或通信中心)要求特别的“防洪行动计划”,以使损害得到有效的预防。

(4)营救行动。最终的受害人应得到营救,运到安全区域,得到医护。

(5)撤退。如果一次洪水不能被阻止或是严重的威胁,群众必须被运到安全区域并得到处置。一定情况下,宝贵的物品也应被从危险区域移走,但是确定这些措施的合适时间是不容易的。原则上来说,人们努力提前这一时刻,但是可能的假警报问题也会出现。

(6)基础设施。立刻采取紧急行动用的机器和材料必须要准备好,以保持运输路线的畅通和确保可以到达受影响区域。

(7)监测。必须不断监测天气及集水区域的事态,以支持营救和清除工作。

(8)通信。有关设施不但在紧急时必须发挥功能,而且在需要的地方也可用。

(9)目标保护。单个的房屋和有限的区域可通过临时措施加以保护(如,沙袋障碍、移动墙,或如果时间允许,甚至可以垒墙)。

(10)伙伴。与相邻社区的紧急组织间的合作应是准备和培训计划的一部分。

流域规划的最佳实践*

——规划过程导则

欧盟成员国、挪威和欧盟委员会联合开发了支持2000/60/EC规程的公共战略,在水政策领域内规范了公众行为,后来被称为水机构规程的公共实施战略。该战略的主要目的是为了持续统一地执行水机构规程,着重于回答有关该规程科技含义的方法问题,使之为大众所理解。

该战略的主要短期目的之一是面向在流域内实施水机构规程的专家和利益相关者,建立关于水机构规程技术方面的非法律约束的、实用的导则文件。因此,其结构、表达以及专用术语都尽可能地满足这些专家的需求,避免正式、法律化的语言。

在战略的规划实施上,2001年7月成立了一个致力于在流域规划问题上进行最佳实践的非正式工作组,主要任务是在水框架导则的4个方面提出非法律方面的切实可行的指导文件,这4个方面包括流域选择、规划过程、公众参与和一体化流域管理。西班牙和欧盟委员会有活跃这个由政府和非政府组织专家组成的工作组的责任。

本次提出的文件是规划过程指导的最后版本,它提出了整个规划环节的概述,并给出了成功实施的评述,它是建立在欧盟成员国及其他国家专家和利益相关者这样一个大范围输入和反馈基础上的。

欧盟、挪威、瑞典和申请加入欧盟的国家的水指导者已经通过2003年3月书写的程序方式检验并编写出了这本导则。我们感谢工作组的所有成员,特别是准备这份高质量文件的领导者们。

我们相信这份指导文件将在水框架导则实施过程中起着非常重要的作用。

这个指导文件并非是固定不变的,它需要在所有欧盟国家及其他应用和实践国家应用的基础上不断改进,然而,为了将该文件提供给更多公众作为当前实践工作的基础,该文件需要以当前的形式让更多的人去使用。另外,我们

* 水框架规程实施公用战略。

欢迎一些志愿者在2003年和2004年在欧洲的一些试验流域检验这个规划文件,目的在于保证该指导书在实际操作中具有更大的适用性。

我们也将在实践检验后对该文件概述的必要性和项目实施第一阶段后获得的经验进行评估。

1　导则文件简介

本文件旨在指导有能力的政府实施欧洲委员会2000年第60号导则以建立水政策领域内的团体活动框架(水框架导则——WFD),主要集中在计划时间内完成WFD需求的任务和活动及其相互作用。本导则是一个在国家层面上实行水框架导则的管理工具。

1.1　导则的目的

尽管本导则也包括其他规划范围内的信息:如子流域、国家和国际区域,但它认为有能力的机构应该对实施流域地区的导则负责。

本文件也有助于政府部门采取决策进行责任和资源分配,使利益相关者和非政府组织能够更好地理解规划过程诸多方面。

1.2　规划文件的目标

规划文件的目标是让参加者知道在规划过程期间组织协调进行的活动及问题,并在流域管理规划的开发中提供程序上的指导,确保在准备工作中方法的一致性和高效率,这些指导方针并不是全面细致的说明,而仅仅是提供概念的框架,另外还要视单个流域的需要和特征。指导文件主要致力于以下几方面:

(1)对导则中相关的规划过程有个一般性的理解;

(2)通过解释与流域管理规划相关的实施阶段和分析导则提供指导;

(3)对如何实现规划操作过程提供建议和经验;

(4)阐述如何组织规划程序,提供一些做什么、谁来做和何时做等方面的信息。

指导文件不涉及以下方面的内容:

提供规划过程中具体技术指导,其他工作组将做这方面的工作。

1.3　导则文件的组成

本导则主要由水资源规划的概念、水资源规划的实践、规划过程中指导的需求及利用流程来总结过程中要做的主要任务等四个部分组成。

因此,水资源规划的概念主要回答下述问题:

(1)规划的意思是什么？

(2)规划过程中的主要类型是什么？

(3)与其他规划概念的关系及与其他规划过程的联系。

(4)规划过程的空间范围是什么？

水资源规划的实践要解决下列问题：

(1)规划过程中的关键因素是什么？

(2)如何使这些因素适合整个流域规划过程的导则？

(3)对成功规划的建议。

同时，导则的需求和要做的主要任务是以下几方面：

(1)主要活动是什么，在规划过程中他们什么时候开始进行活动？

(2)导则中这些活动在什么地方更清楚？

(3)主要活动之间的连接是什么？

(4)主要的约束和瓶颈是什么？

(5)流域管理规划的目标和功能是什么？

(6)从规划到计划，在规划过程中为满足流域计划导则设置的需求必须考虑什么？

(7)如何通过计划报道规划过程中不同的结果？

本导则中不包括以下两方面内容：

(1)规划过程中特定的方法，如水文模拟、决策支持系统等；

(2)量测项目的建立，这方面有专门的导则文件。

2 导则的实施：设置情景

本部分将全面介绍实施水框架的全部内容，使大家能够了解本导则产品在水规划中的能动性。

2.1 2000 年 12 月：水政策的一个里程碑

2000 年 12 月 22 日是欧洲水政策历史上的一个里程碑，在这一天，水框架导则发表在欧洲委员会的官方杂志从而进入强制实施阶段。

本导则是专家、风险相关者、政策决策者等之间的一个较大范围内历经 5 年多的讨论和谈判的结果，本过程强调在现代水管理关键原理上达成更广泛的一致，这是形成今天水框架导则的一个重要基础。

2.2 水框架导则：欧盟新政策的新挑战

导则建立了一个框架来进行水资源保护（主要包括内陆地表水、过渡水、海岸水和地下水)：

(1)防止水资源的进一步恶化、保护和加强水资源现状；

(2)基于长期的水资源保护促进可持续的水资源利用；

(3)通过特定措施如流量减少、前期物质损失和排放,特别是有危险物质的排放和终止废水；

(4)流量等旨在加强和改进水环境；

(5)确保减少对地下水的进一步污染；

(6)致力于减轻洪水和干旱的影响；

总起来说,导则的目的是到2015年获得良好的水状态。为此,各成员国需要采取一些关键行动来实现这一目标。

(1)在2003年之前确定本国境内的流域范围及应属的流域分区并为其指定流域管理机构。

(2)在2004年之前根据流域用水面临的压力、影响和经济状况确定流域的特征,包括登记流域分区内的保护面积。

(3)在2006年之前,联合欧洲委员会进行生态系统状态分类的相互校核。

(4)在2006年之前建成可操作性的监控网络。

(5)2009年之前,在有效监控和对流域特征合理分析的基础上,确定取得《水行动导则》所提出的环境目标而需要采取措施的行动计划。

(6)2009年之前,制定并发布《流域管理规划》,为各流域管理区提供包括产生较大变更的水体名称等各方面的指导。

(7)2010年之前执行有利于水资源可持续发展的水价政策。

(8)2012年之前确保可操作性计划措施的实施。

(9)2015年之前实施措施计划和实现环境目标。

由于技术可行性、经费问题及自然条件等因素,成员国不一定能在2015年之前使所有水体达到理想状态。这些情况在《流域管理规划》中特别进行了解释,《水行动导则》给成员国提供了进行规划和实施的更进一步的两个六年周期的可能性。

导则第十四条指出,在导则的实施与流域管理规划的发展中应鼓励有关各方的积极参与。而且,成员国应使公众了解并咨询公众意见(包括用水户),尤其是以下几个方面：

(1)最迟在2006年制定出流域管理规划的工作大纲、时间表以及顾问的作用；

(2)最迟2007年对流域重大水管理问题做出概述；

(3)最迟2008年编制出流域管理规划初稿。

水框架导则的关键在于一体化,一体化被看做是流域范围内水资源管理和保护的关键。

(1)环境要素的一体化。为了高度保护重要的水生态系统和保证其他水体处于良好的运行状态,环境要素包括水质、生态、水量。

(2)水资源一体化。水资源包括流域范围内的地表水、地下水、沼泽水、海水。

(3)用水、水功能和水资源价值等的一体化,从而形成共同认可的政策框架。用水包括环境用水、为了健康和生存人类所消耗的水、经济发展用水、运输用水、娱乐用水、社会公益事业用水。

(4)纪律、分析、专家意见的一体化。结合水文、水力、生态、化学、土壤、技术工程和经济来评估当前形势对水资源的影响和冲击。

(5)水法的一体化,从而形成普遍认可的框架。为了满足现代生态管理的思路,在水框架导则中对一些旧的水法进行了重新规定。在经历了一个过渡期之后,这些旧的水法就会被废除。其他的一些立法条款在流域水资源管理规划中有一个磨合期,进而形成流域水资源管理措施的基础。

(6)与可持续流域水资源管理规划有关的,包括那些在水框架导则范围外(如洪水的预防)的各种管理和生态方面的一体化。

(7)为了保证获得水框架导则中的环境目标,包括水价、经济杠杆等手段在内的一系列措施的一体化。这些措施的实施办法在流域管理规划中有具体说明。

(8)决策者和国内民众在决策方面的一体化。流域管理规划的有关决策者应该向广大民众公布信息,保证决策的透明度。

(9)影响水资源和水状况的不同决策水平的一体化,为了水资源的有效管理,这些决策水平既应从当地出发,又应从具体国家实际情况出发。

(10)不同成员国水资源管理的一体化。

2.3 为了保证水框架导则的贯彻执行而应该采取的措施

为了保证水框架导则的贯彻执行,欧盟成员国和一些观察国已经采取了一些措施。

2001年5月在瑞典,欧盟成员国、挪威和欧盟委员会就水框架导则的具体实施办法达成一致协议。

为了保证水框架导则的贯彻执行,最主要的措施是就水框架导则的组成,大家要形成共识。最关键的是要共享信息和经验,在具体实施方法上要达成一致。

在水框架导则的贯彻执行中，为了验证没有法律约束和指导下水框架导则的实施情况，组织了一系列的工作团体并开展了一些共同活动，水框架导则策略协调委员直接监督并将他们的行为直接汇报给欧盟水行政主管部门。

为了保证水框架导则的贯彻执行，已经建立了一个工作团体来处理关于流域规划的一些具体事宜。这个组织的成员既包括来自欧盟成员国的专家，又包括一些来自欧盟观察国的专家。

这个组织的主要工作大纲如下：

(1)流域识别导则；

(2)规划措施导则；

(3)公共参与导则；

(4)流域一体化管理和规划导则。

3　与水资源规划相关的原理及决策过程需求

3.1　简介

这一部分讨论了规划过程的背景。它不用来处理导则细节(这个将在以后的章节中做)，而是给出了对于规划理论本身的理解。规划系统介绍的导则方针不仅是可能的一个，而来自方针中的最终期限和任务是必须做的。在规划中，主要决定规划由谁做、什么时候做和做什么，这里没有单一的最好方法来做出决定。这已经导致了不同类型的规划过程的出现。灵活地运用不同类型的规划对于权威机构从导则中得到需求非常有用，这一部分给出的信息就是为了使这种灵活性成为可能。它介绍一般的规划原理，并给出了在成员国和附属国进行导则实施期间，对某种类型的规划做出选择时所必须考虑的其他不同方面。

规划的根本目的是为未来的投资决策提供一个计划。规划作为一个系统的、一体化的、重复性的过程，它包含了一些已经执行的步骤在过去的一个特定的计划。

水资源规划是一项有效彻底地用于改善和维持水资源管理的措施。从这个意义上来说，水资源规划必须被当做方针本身的一个过程而不能看做为导则的一个目标。

当所有的相关信息已经被考虑和一系列的行动被选择后，规划过程达到顶点。然后为实现目标，规划就被实施。

该方针介绍了河流水体的环境目标，在导则中所采用的规划过程可以用"最后结果规划"来进行形容，从决策的开始就非常清楚地显示什么将是最终成果，在这方面就是"好的水体状况"或"好的潜能"。

这里有某些在规划过程中必须要考虑的因素，它们并不能够阻止导则目标的完成。

(1)在有关的流域里，不仅方针的规划过程是正在进行的，而且有其他的最初就存在的，例如，地区工业带的发展，房屋建筑物，延伸的地基，重新构造的农业，兴建的娱乐场所等。从 WFD 的任务冲突上可以发现，规划过程必须是灵活的、动态的、循环的和预期的。这样它能够预期和考虑一些事情，例如洪灾。

(2)不同的成员国有他们自己的传统规划，这就意味着他们都有自己的长期建立的随社会发展而调整的长期方式，有相应的在公众和个人之间所扮演分担的角色和集中的任务。为了应用能被全社会所接收的方针措施，每一个成员国都能够被通知、授权和提高风险承担者以及可以预定当前规划改进和修订的公众的积极性。

方针也提供一个框架，实际操作运用必须发生在成员国内。在这个框架内有很多在不同标准下执行的机会。每个成员国、每个附属的流域或者每个水方面的主题，只要是"好的状况"的前景为主要的原则，并且有如下不同的规定步骤。

3.2 规划过程的一般范围、功能和类型

3.2.1 规划过程的范围

通常使用的经典的方法包括三个主要阶段，即目前和将来的事件评估、制定目标、采取措施和行动的方案。这些阶段部分是循环的和重复的过程，它们有可能定义了三个附加的成分(公众参与、监控和评估过程)，作为和其他的一个连接，这三个附加成分将会并行发展(见图 1)。

有效的用水规划将提供一个预见水问题的方法，分析可选择的管理措施，在最大化利用水资源时制定政策和特殊的措施。

然而，水规划不仅是一个策略方法。尽管水规划的作用在导则中旨在实现改进和保持目前水状态的措施方案，其他的附加功能也涉及到了。

3.2.2 功能和类型

(1)提供一个建立规章制度和与其他计划方案协调的框架。

(2)增加水管理的合法性和透明性。计划具有增加公众、利益方和政府对话之间采用决策的合法性能力。在发现问题和制定章程的阶段尽早开展对话

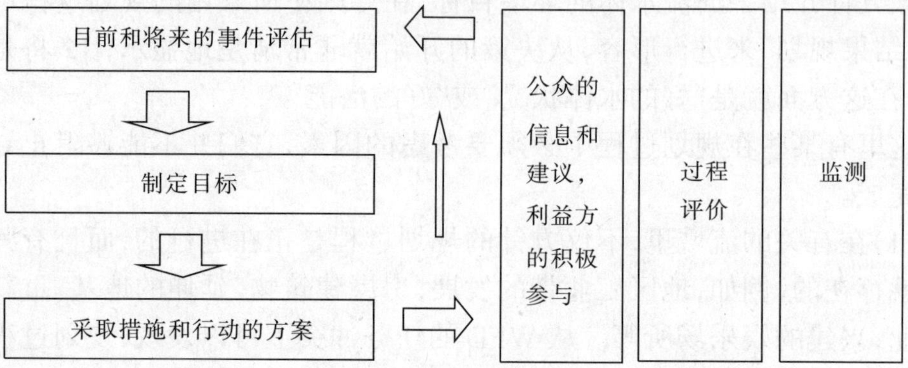

图 1　规划过程的范围

对于增加计划过程的合法性是很重要的，更进一步地明白计划过程中涉及到的利益和对计划有影响的机遇将会积极主动解决合作中的问题。

图 1 与 WFD 相关的规划过程包括 10 个主要的内容，见表 1。

表 1　与 WFD 相关的规划过程

主要阶段	依据 WFD 的组成部分
目前和将来的事件评估	(1)选择地点 (2)目前状态评估和最初的差距分析
制定目标	(3)差距分析 (4)制定环境目标
采取措施和行动的方案	(5)制订措施方案 (6)流域管理规划的拟定 (7)措施方案的实现和中期报告的准备
联系阶段	(8)监测项目的制定 (9)第一、二阶段评估 (10)公众的信息和建议，利益方的积极参与

(3)促进管理者和为解决冲突问题提供办法的利益相关者之间的联系和讨论。

一些问题能增加水资源冲突但并不是错误和非法手段的结果。正如不同的人有不同的目标、观点和价值观一样，水资源计划应该考虑到多种用户、多种目的和多种对象。带来最大净收入经济利益的计划是不足够的。资产净值、风险，国家财产的再分布，环境质量和社会福利的问题及经济利用率是同样的重要。制定一个单一的满足所有利益、所有政治和社会方面的目标是明显不可能的。

因此,水计划过程应该发展大量的考虑到的合理手段,从它的经济、环境、政治和社会影响的角度去考虑。

然而,同时实现环境、社会和经济的目标是不可能的。因此,在环境功能和有冲突目标的用户之间建立平衡是非常有必要的。计划能够帮助实践者去解决复杂的问题,帮助思考,形成一个达到正确平衡的认识。只有这样,一些重要问题才能被确定,基于大量信息和全面考察制定出复杂的选择。

(4)水管理政策的报告。导则中明确要求成员和参加国之间就每个 RBD 提交一个管理计划。河流流域管理计划被用来记录在 RBD 中水体的目前状态,制定和总结要实现目标需要计划采取的措施,并且作为面向委员会和公众的主要汇报机构。

这个过程有大量的输出结果,以报告的形式体现。为了确认这个过程,要求成员和参与国家在预定期限之前向委员会提交报告。紧接着河流流域计划过程的是管理计划的实现。

因为在制定政策和执行政策有不同的传统方法,实际的规划过程可能会有不同。表征不同规划类型的的显著因素如下:

(1)(公众和私人)利益相关者参与的方式;

(2)制定目标的方法;

(3)实现这个过程结果的可操作规划类型。

这些因素的差异性体现了最初提出该规划的官方关于规划的认识。在规划的不同类型中间,表 2 描述了不同国家之间规划的明显的 4 个方面。

(1)在国家制定的规划类型中(组织管理严密的),最初提出该规划的官方决定问题、解决问题的方法、达到目标的时间安排和方法。在这个过程中其他一些没有参与的利益相关者,一旦制定了方法他们就会得到通知。私人参与者在规划实现的过程中可以卷入,例如:堤防加固规划,在政府决定为了扩大河流的水力容量必须解决水灾的问题之后才能实现。堤防的具体工作可以由私人参与者去执行。

(2)在具有“开放眼光”的国家制定的规划中,政府认识到了政策制定的社会状态的复杂性,然而这个问题由最初提出该规划的官方决定。在问题分析和准备解决办法的过程中,其他一些利益相关者也能合作,就像在第一种类型一样,私人参与者在规划的执行中可以参与。例如,为了减少下游的危险在特定的河流中减小最大过水流量,一个关于在一个地域的几个市政当局的上游采取措施项目的草稿由水权威方发起。

(3)在相互作用的规划形式中,最初提出该规划的官方开始一个在公众和私人参与者之间交流和谈判的过程。问题的决定是一个过程的结果,一旦参与者的网络是稳定不变的,则该问题的决定就是稳定的。公众和私人参与者对规划的准备和执行作贡献。简单地说,最初提出该规划的官方制定目标,其他的利益相关者在执行的方法中具有发言权。例如,在一个特定地区预防水灾的全面规划,包括不同的参与者一致同意的措施,河流容量的考虑,自治区的雨水排放制度,从屋顶流下的雨水的减少,私人的室外和停车场以及农业和自然地水的储存。

表 2　**不同国家之间规划的 4 个方面**

规划的认识	政策制定方法	参与者	规划类型
(1)完全由国家制定的	在特定时间用特定方法达到目标	这个问题由发动的官方来制定 公众参与者有责任来准备规划 私人参与者在执行期间能够参与	空间—技术的 需求国家的考虑 跟踪目标—方法—推理的执行
(2)国家制定,对于政治,行政和社会联系的复杂性具有开放的眼光	在分析可能实现的行动基础之上,确定相关的目标和措施的方法	这个问题由发动的官方来制定 规划的情形和准备的分析和几个公众参与者进行合作 私人参与者在执行期间参与	安排的框架(在什么时候谁将做什么,什么时间相互者应该在一起做什么,在什么情况下规划必须调整);这个规划可以是增加的
(3)完全的相互作用的规划	政策是公众参与者和私人执行者之间的过程输出结果,每人用他们自己的资源	如果参与者的网络是稳定的,这个问题的制定也是稳定的;公众和私人参与者都对规划的准备和实现做准备	一致的预期达到目标的描绘,也是大众和私人目标将达到的目标;每人的任务和财政输入
(4)对于根本争论具有开放眼力的相互作用	以有力的谈论为基础,为了达到目标参与者和一些手段重新组合	这个问题由公众和私人参与者联合来决定;广泛的公众被邀请(公众和私人)	在谈论过程中对公众和私人参与者的活动进行回顾;调整规划和次要的规划

(4)在具有“开放眼光”的相作用的规划形式中，最初的决定可以来自政府，也可以来自其他参加者。然而，政府协调了解决问题的过程。这个规划形式的讨论由对一个问题产生的新观点来决定并且通过几个因素而认定。基于这些观点，形成强烈的联合，跟踪一些正在进行的活动。例如，认识到水的有效空间不能没有结果的无限制地减少，水流的空间规划必须考虑。在考虑规划中将会有逆向的思想，从水管理实施服务到空间规划，从描述性的水管理到空间规划的可能性。

在规划的4个方面中，在规划过程中呈现的不确定性将作为日益增长的重要性来评判。尽管在规划形式中历史的发展是可以认识的，但所有的形式在目前是可行的。除此之外，不同形式的规划在一个特定的地区可以在同一个时间发生。

举个例子：像荷兰和其他国家和关于非点源污染的正常化，相互联系的规划方式是占主导地位的。同时，在大水灾后，高水位的处理变得十分迫切，对于特殊的问题，运用理性的国家制定的规划方式。目前，由于印象深刻的关于大水的记忆已经淡化，要求有更多参与者的呼声在加大，这导致了从规划方式到一个相互关联的方式的转变。

这个例子说明，主要的规划方式是可以不同的，不仅体现在地理范围方面也体现在时间的尺度方面。

像其他指导文件所证实的那样(例如，水、公众参与)，对于一个有能力的政府，知道一个问题的社会联系是一件重要的事情，从利益相关者的分析开始。通过知道利益相关者之间地位、知道公众和私人利益相关者的方法、一个有能力的政府能够选择出在给定的状态下哪种规划方式是最适合的。在不同的规划方式之间带来了一个转变的机会，产生良好的效果。

3.3 水管理规划以及与其他计划过程的联系

规划的最重要的特征是它是一个动态的过程，按照发生的活动和通过信息的反馈和传送而知道特征。这些活动的功能能转变信息成为产生一系列决定的形式。这个过程的所有阶段以及和其他相关的规划过程能被保证。事实上，水资源必须用集中和历史的方式去管理和规划。这很可能包括流域规划管理和其他相关的规划过程协调，为了确保导则能够实现。

举个例子，许多土地利用活动依靠水。因此，正确的水管理是为了避免不必要的负面影响。另外，土地利用也影响了水流并且改变它的特征。举个例子，顺着水的流路产生了污染物。为了保护水资源，需要进行土地利用调节。

尽管 WFD 没有明确包括和土地利用规划相联系的部分。规划的执行安排将需要对达到目标的土地利用有责任的水体考虑。因此,建议土地利用和水规划过程应该是尽可能的相互支持。关于这个问题,要求战略环境评估委员会进行考虑。

尽管,上面已经进行了强调,仍然有和其他规划过程的许多联系,水管理规划有与其他规划流域显著不同的一些特征(例如,空间规划和经济规划)。

首先水是我们用的东西,形成水管理中那些规划易于实现,然而同时制定政策保护水以避免水质恶化,目的是为了保证这些功能的前提条件。导则尤其需要关心水制度的功能,仅是一种许多利益相关的积极方式。

其次,水成为我们生活必需品的一个重要条件是两种功能同时存在。第一是地域功能,水成为依靠水制度的一些其他活动的必要前提(例如农业,航运,空间规划)。第二是功能效用,水在过程中被实在地应用(例如生活用水,工业用水)。

这些特征使水管理成为其他形式管理的先决条件。然而并不是一个容易达到的条件,由于水制度的自然动力条件是永远不确定的。

规划并非100%精确。不确定性是超出我们控制范围的发生事件。不确定性总是规划过程中的一个基本元素。因为涉及到许多因素的复杂性,它就出现了。事实上,决定规划过程的气象的、统计的、社会的、技术的和政治条件有一些不能准确知道的行为方式。不确定性的产生主要是自然的随机性,一些主要的因素影响了这些过程。

虽然它可以根据情况而改变,采取的措施方案是处理不稳定的一个工具。

最后,水不是固定不变而是一种流动的物质,不应该限制在行政或政治的范围内,而应遵循物理和水力形态的范围。作为一个小流域,空间的联系是普遍知道的。

导则(自然水循环的反映)描述了在地域范围内也就是在流域区内发生的活动,这些活动很大程度上考虑了地表水流域、相关的地下水和海岸水体。在小流域范围之内,连接着大的水体,或几个相连的小流域。为了使水管理在河流流域区更有效,导则允许有能力的政府去联合或参加。

对于海岸水体,规划过程和应该考虑到其他影响海岸水体在超出水框架导则控制的1海里的海岸线范围。在偏离海岸的范围内进行水交换会影响海岸,甚至运输水,没有考虑这种情况可能会导致关于质量退化和需要改进情形的措施方案的不正确假设。

依靠河流流域,创建一个水管理的空间单元。空间冲突和其他对水有重要的影响的政策的问题将出现,但是在行政和政治范围内被限制。

这点带来了图域的尺度问题。水管理的复杂性很大程度上依靠水管理制度考虑的流域特征。在小流域尺度,这个规划比大的尺度容易操作,像卷入许多国家的多瑙河和莱茵河。导则要求在行政和政治的范围内进行协调。

4 准确规划过程的一些考虑

规划是一个为了决策的制定和改进现有资源而达到特定目标的工具或工作方法,它需要操作的实际技能知识和评估预期的效果以及达到这个过程的能力。

根据与 WFD 相关的几个方面,一个正确的规划过程的如下先决条件将被强调:

(1)流域区(RBD)长期的认识;

(2)管理的信息和知识,增强能力的需要;

(3)决策水平的一体化,与其他规划政策的联系;

(4)恰当的时间选择;

(5)正确的工作方法。

4.1 RBD 长期的认识

RBD 长期的认识在将来能够帮助从可持续发展的观点采取什么措施,而且为后代留下足够的水资源的数量和质量。导则强调了基于长时间的保护可利用的水资源有必要保持目前的水资源。

RBD 长期的认识是一个很有必要的工作:

(1)关于政府和利益相关者的目标达成协议;

(2)另采取必要的行动来逐渐实现这些目标。

一个稳定的长期规划在整个执行过程中具有的参考作用是很重要的。在这个阶段的后期,进展和最初的进展将在必要的时候可以更正这些措施。

河流流域行政区的长期认识在水框架导则中已经被提到几次。

(1)基本概要。成员国要考虑水在河流流域行政区长时间的供应和需求。水经济的指导方针说明了这个地区的基本概要的制定是为什么和如何的必要。

(2)监督和监测。监督、监测项目必须为自然条件下的长时间变化的评估提供信息,以及评估大范围的人类活动产生的长时间变化评估。

(3)考虑污染物运移的自然时间落后和资源的再生性。时间滞后必须及时考虑,为了实现地下水良好的状态而采取的措施和阻止地下水内污染物含量的持续和上升的现象。

4.2 知识和信息管理:增强能力的需要

有效的管理基础是好的科学信息。尤其是,了解淡水生态系统和重要的水文和生态过程是必要的,应该用来决定集中的流域管理的各个方面。“良好的实践”意味着任何一个河流流域管理过程,生态部分应该建立在淡水生态区域范围的评估之上,为了建立一个基于科学和共享的观点去如何保护河流的淡水植物和动物。

同样,为了了解水利用之后的一些驱动力,社会-经济分析也是非常重要的。信息设施必须通过有效的项目而不断地更新。这并不意味着在所有的时间量测每件事情,而是执行一个有策略的、目标的、集中的项目,这个结果被用来通知和调整管理的决定。在许多情况中,社会经济资料被主要的收集而不是收集被中央统计办公室颁布的空间规模。在这种情况下,他们和 RBDs 之间的执行和协调机制的实现也是必须的。

正确的信息管理和分析需要能力,能力被看做是机关部门采取行动的有效性。考虑到 WFD 的复杂和挑战的特点,在所有相关因素中实际完成的最大能力是非常重要的。增强能力方案的基本元素必须考虑唤醒公众的意识(例如,为了流域管理目标获得广泛的支持)、“知道如何”的信息传播(例如,在流域管理者之间进行信息交流)以及在国内和国外范围之内的正式的培训(例如,特别的监测技术)。然而,严格的需要根据国家与国家之间和流域与流域之间是不同的,根据不同的社会-经济条件和实际的水管理问题而制定。相关的方面如下:

(1)增强能力的需要(从意识增强开始)在经济部门和非政府组织(NGOs)之间,同样在官员、规划者和行政管理者之间。

(2)在共享流域的国家和地域之间,加强信息和经验共享的需要,同时网络提供宝贵的新机会。

(3)为了能力增强活动在每个 RBD 中分配足够的人力和财政资源的需要,作为全面的 WFD 实现的一部分。

4.3 操作水平的一体化及与其他规划政策的联系

WFD 在水环境持续管理方面制订了一系列的方案。

该持续的观点是更为一体化,是将水环境放入更大的环境体系中。举个例子,环境管理是直接或间接地受到多种不同活动的影响,这些活动不仅是与水相关的部门联系涉及到多个部门,例如交通、农业和土地利用规划等。

很显然,为了进行水资源的有效管理,不但那些水环境的活动,而且与其他部门密切相关的一些活动都要与水资源的管理和保护相一致。

采取如此愚蠢的水资源管理办法,曾在整个欧洲进行了不全面的执行,它所引起的失败被认为是现存水法体系中的主要缺陷。

WFD 采取的方法认为需要进行不同部门之间的协调,因此提出了一系列规划和管理。流域规划程序是水资源管理不同政策之间协调的主要工具。然而,这并不意味着其他部门的政策目标必然会被水资源管理的政策所限制。然而,它意味着在获取经济或社会利益的同时,必须以保护水资源环境为首要条件。

如果 WFD 与其他水资源管理的其他相关领域部门的政策相协调,它仅仅致力于环境的可持续发展。

MS 需要建立一个具有明确的目标和国家政策的规划体系,包括环境保护与改善的一系列目标与其他部门之间的关系。

流域内良好的全面协调是有效贯彻 WFD 的前提。这些需要在不同的操作层次上逐步成为一个整体,尤其在以下几个方面:

(1)不同流域之间,直接涉及到水管理的部门(例如,负责水的储存的供给、洪水管理和废水处理的那些部门)。

(2)水管理和其他部门之间的关系,例如土地利用规划、农业、林业、洪水管理、工业和旅游业或娱乐业之间)。

(3)地表和地下水资源管理的一体化(目前通常是被完全分开的)。

(4)内陆流域和海岸流域的一体化管理,例如应用"沿海区域一体化管理"(ICZM)的方案和原则。

(5)在国际的流域中,在不同国家之间建立相互的合作关系(这里不是指地域),寻求以 WFD 执行方案与其他现存的影响水资源管理方案之间双方面或多方面的共同点。

一个好的一体化过程中,尺度是一个极其重要的相关要素。从某种意义上讲,有时候一体化管理需要在流域尺度上进行,例如洪水管理和水的供给与环境保护措施之间;有时候需要在国际尺度上进行,例如水资源法和环境保护法之间;另外一些时候在欧洲范围的尺度上进行,例如 WFD,一般的农业政策(CAP)和建筑资金之间。在某种程度上,认识到国家之间流域尺度的差异是重要的,这意味着在一个地方合适的手段并不能在另一个地方完全照搬。规划尺度的一体化意味着需要印象进行"组织管理严密的"和"自下而上"的方法协调(例如,确保许多在局部尺度上的明显的分离因素实现完全协调的;河流尺度"良好状态"的目标)。作为一个"好的实践",流域规划和管理者需要建立一些完全清晰的原则指导或拟范他们工作的各个方面,保证有效的结果要求的协调和一致性可以完全实现。

因此，一般的规划过程和 RBMP 的草案将依靠于不同的管理和行政部门。在大流域的尤其是国际的尺度，RBMP 的草案拟定必须通过不同的协调水平和决策制定。

为了使 RBMP 的草案容易和确保单位的一致性和和谐性，尽可能早地确定 RBMP 的全部机构是很必要的。而且，为了制定出 RBMP 全面涉及到的框架，尺度的需求和详情的程度应该在一个早期阶段被明确化。测试基本的结构和 WFD 的第五款分析的报告准备或许是个好主意。

4.4 恰当的时间选择

实现 WFD 目标的最后期限是非常具有挑战性的。因此，“早期和不完善”的开始要比等待“完美的条件”好（例如，所有可能的资料已经被收集和分析的时候）。因此，WFD 的最后期限不应该看做一步步的逐渐去实现。以过程为导向的“好的实践”需要同时运行许多要素。

成员国的准备工作时间应该认识到 WFD 的最后时间实现和“好的实践”方法需要及时的行动。没有进行适当的、正确的组织管理和为了充分发展时所需要的技能及资源不能利用时，主要的和次要的立法变化是必须的。

尽可能地使用现存的结构、程序和工具可以节省时间。然而，这应该从属于最后成果回顾的结果，分析那些呈交 WFD 需求结构的适宜性和能力。在许多情况下，需要进行一定程度的调整。

监测和规划是推动 WFD 的管理行动之间联系的工具。然而，管理行动不能推迟到所有可能的规划和监测完成之后。例如，如果监测规划在 2006 年的最后期限没有执行，将会导致 2009 年的最后期限准备有效的措施方案的时候出现严重“瓶颈”现象。

公众参与和利益相关者从开始被发展和贯彻的策略是尤其重要的，通过认识不同的分组需要在不同的过程阶段参加。

与政策方面（例如，土地利用规划政策，国家基础建设投资）有关的最初时间选择会严重影响实现 WFD 目标的时间，如果在早期阶段没有考虑这个联系的话。

4.5 正确的工作方法

知识和信息管理，增强能力和决策水平的一体化需要正确的方法。需要的方法如下：

(1)收集正确的资料（数据库，GIS）；

(2)在数据库上采集相关的资料和信息；

(3)分析和描述 WFD 规划程序的内容(图表和与官方和公众和有直接关系的基于 GIS 的地图);

(4)推动管理的需求;

(5)关于措施方案的优先权的决策支持工具。

在一般的执行方法下,应该制定考虑 WFD 的 GIS 环境的特殊导则文件。

然而,那些参与水资源系统方法制定的人知道正确的工具本身不能保证水资源和管理的正确规划的制定。事实上,考虑到竞争性和变化的目标以及不同利益组的优先权,"最理想的规划"的概念真正是如何有用是不清楚的。然而,在相当详细的情况下,系统论帮助定义和评估在利益冲突组之间的体现各种可能性的大量因素、价值和管理目标。尤其是,一个严格的目标分析应该能够帮助确定可量化目标之间的平衡以便获悉进一步的讨论和分析。系统分析的艺术是确定出那些非常重要的问题,进行分析使某事清楚明白地显示出来。

尽管水资源规划的系统方法没有局限于数学模型,模型确实是方法。模型能够以一种非常有组织和序列的方式体现水资源系统的多种控制结构和用户的重要联系和相互作用。模型允许对可选择工程措施的经济和自然结果的分析,包括各种执行和分配政策,考虑未来流量的不同假设、技术、成本和社会与法律的需求。尽管系统论不能决定假设的最好目标,考虑那些目标和假设它能确定好的决定。

进行一个成功的水资源系统研究,系统分析者不仅要拥有数学需求和方法论技巧,而且应该了解水资源规划问题的环境工程、经济、政治、文化和社会的各个方面。

这样,模型的作用可以被看做是解决正在规划的系统的执行或方式中出现问题的工具。然而,因为规划程序的动力学特性,模型中得出的结论将会导致出现最初没有考虑的问题并且需要进行重新制定。因此,模型的作用是相互作用的。模型被用来在决策制定(例如规划制定)中提供信息。同样,模型可以在重新制定问题时带来反馈的信息。

5　水框架导则对规划过程的具体要求

5.1　总体考虑

水框架导则的颁布对有关政府进行流域区内的水管理行为构成了法律义务。理解导则对规划和管理的要求是考虑和建立这些关于规划程序导则的基础。规划程序旨在完善流域管理计划的建立和措施的规划,因此有利于导则总体环境目标的建立：获得“良好的水状况”，防止“进一步恶化”，“促进可持续水利用”，加强保护，采取措施完善水环境，“逐步减少主要物质的排放，停止或分阶段停止主要有害物质的排放”。

水框架导则（WFD）中有许多不同的计划概念，经常被交替使用，需要做一些澄清。这些概念包括流域规划、流域管理、流域管理计划、措施规划和评估过程。

水框架导则要求MS为每一个流域区拟定一个管理计划。流域管理计划是流域规划成果的核心焦点。它将记载流域区内水体现状、概括地拟定采取何种措施达到目标，担当向委员会和公众报告的媒介。

流域规划是为了在规定的时间内达到水框架导则中的目标，收集和分析流域数据和评估管理措施的过程。

流域规划过程之后紧接着是规划措施的实施。规划过程以及规划措施的实施通常被称为流域管理。

顾名思义，水框架导则为水环境的规划和管理建立了一个框架。该框架包括了一系列规定时间内必须完成的任务。为了证实任务完成的进度，要求MS以报告的形式向委员会提交一些中间成果。

尽管这些关键任务都是规划过程中的里程碑，水框架导则并没有规定必要的程序性细节以支持流域管理计划的发展。流域规划过程具体性质由MS自己决定。

在导则中没有关于规划过程的具体条款。导则序言明白地提出了规划程序，只为强调具体问题具体分析的需要，表明水计划是一个长期的过程。

然而，有几条谈到了与规划过程有关的任务，在第三部分已经概述，在第六部分更加详细。事实上，根据导则，水规划的总体途径可以认为基于以下主要内容：

- 确定背景；
- 评估现状，分析主要差别；
- 建立环境目标；
- 制订监测方案；
- 差距分析；
- 制定措施大纲；
- 发展流域管理计划；
- 规划措施的实施，准备中期实施报告；
- 首期评估和第二期评估；

• 信息公开、公众咨询、利益团体的积极介入。

导则包括抑制恶化的具体要求，额外措施的实施应该遵循先前现有的社区法规。委员会正在致力于基础报告的编写，该报告将关注“防止恶化”的要求。

有人倾向于基于以上提到的因素，将规划过程看做是一种清晰界定的线性系列。事实上，这些因素不可能按照严格的顺序，它是非线性往复的过程。

流域规划过程并不是一个线性过程。规划包括许多相互联系的成分，应该尽可能按照理想情况发展。

规划过程中的每一个组成部分都包括许多活动。本部分以及第六部分将介绍这些活动的详细内容，更多的技术细节将在其他指导文本中给出。

本导则只具体关注规划过程的总体途径。规划中用到的技术内容及工具将在下一阶段准备的流域一体化管理规划综合手册中介绍。另一方面，本导则中提到的每一步规划过程的具体详细内容将于指导文献中介绍，该文献将由联邦实施战略中提到的工作小组编制。

5.2 第一部分：现状评估和主要差距分析

贯彻水框架导则过程的第一个阶段称为“确定背景”，包括流域区鉴别、旨在协调活动的适当管理体制的建立，主管当局的指定。

在这之后，规划过程的第一个组成部分是描述每一个流域区的特征。因此，水现状评估主要基于以下4项任务：

(1)流域区的总体描述，应包括地表水参考条件的建立；

(2)保护区的注册；

(3)重要压力鉴别以及它们影响的评估；

(4)水利用的经济分析。

这些任务应当于2004年12月22日前完成，2005年3月22日前向委员会提交报告。

流域区的综合描述非常重要，因为它是以后规划程序的基础。

流域区的综合描述包括将沿海水体分配给各区。水框架导则界定沿海水体从陆地海岸线向海洋延伸1海里。

共享的地下水必须分配给一个流域区。这是与海水显著的不同，海水可以允许分配给不只一个流域区。

除非发生了退化，所有水体都应是良好状态。每一个水体都必须按照生态区类型或者按照水体的差异标出其特征，利用不同的必备的和可选择的因素将这些水体分类。这项工作为进一步活动奠定了基础，这些活动将确定：对

“每一类”水体而言，良好状态意味着什么。

根据导则的要求，必须对“没有受人类活动影响或者仅仅有非常少的改变”的水体特征的相关方面进行界定，在导则中这些几乎未受扰动的状态称为参考条件。

参考条件也必须包括在流域区综述之中。这些参考条件应该按照化学、水文形态特征选择，应该用更加具体的在生物参数基础上的量化指标予以评估。为了能够计算生态质量比率，参考条件必须界定每一个质量因素和每一个水体类型，每一个地表水体应确定一个类别。地表水特征化要求成员州为每一个水体类型建立一个参考网络。如果没有参考水体，参考条件应基于模型或者专家判断。

有时，获得“一个几乎未受扰动状态”的水体是不可能的，因为人类的灌溉、供水、发电、航运等活动对水体都产生了很大的改变。导则承认，在某些情况下这些用途的利益需要予以保留，如果一系列标准满足，则允许他们标示为人工的或严重修改的水体。

人工的或严重修改的地表水水体的参考条件就是“最大生态潜能”，即源自最类似于未受影响的地表水水体类型。

水体的首次特征化也包括对人工和严重修改水体的临时鉴别。人工或严重修改水体的标示也可以被认为是“良好生态状况目标”的例外，但是这项任务在流域管理计划中要求 2009 年 12 月前完成最终的标示。无论任何情况，人工和严重修改水体都应于 2004 年前完成临时鉴别，于 2009 年前完成正式标示。

导则通过《保护区标示和注册》提供了更高标准的保护。保护区就是那些按照欧盟法律已经标示为需要特殊保护的地区，要么保护他们的地表水或地下水，要么保护直接依靠那些水源的生物种群。地区内保护区的注册也将于 2004 年底前发布。

导则规定，对每一个保护区而言，在导则颁布之后的 15 年内，已经制定的任何标准和目标都应与导则一致，除非联邦法律已经具体标示。

根据导则要求，保护区的注册包括以下保护区类型：

- 标示为供人类消费的饮用水保护区；
- 标示为经济上显著的水生物种效益的保护区；
- 标示为娱乐用水的水体；
- 富营养化敏感地区；
- 标示为物种保护的地区，在该地区水状态的维持、改善将是重要因素。

表3显示了与每一类相关的联邦法律。

一般而言,保护区的地位由具体的社区法规鉴别或界定。因此,不需要具体的权力来“标示”新的保护区种类,尽管需要一种力量运用导则规定的责任规范保护区。

表3　　保护区与相关联邦法律

保护区	法规
饮用水水源保护区	地表水抽取导则(75/440/EEC)
经济效益显著的水生物种保护区	水生贝壳类水体导则(79/923/EEC)
娱乐用水	游泳水体导则(76/160/ECC)
富营养敏感地区	硝酸盐导则(91/676/EEC) 城市废水处理导则(91/272/EEC)
物种保护	生物聚居区保护导则(Ⅰ)

人类发展的现状和未来压力的显著性鉴别和它们影响的评估基于水框架导则。一旦鉴别出主要压力,就必须进行评估,并预测它们将如何影响水体,即它们如何影响环境目标质量的实现。运用监测数据和模型技术可以获得地表水体状态对压力的敏感性。

在联邦实施战略之下,已经制定了具体指导文本,以按照水框架导则进行压力及其影响分析。

对于地表水和地下水,尽管对其要求、表述上稍微有些差别,但实质上方法是一样的。那就是:尽可能地收集对水体的压力信息,评估压力对水体的影响以及不能满足既定环境状态目标的风险。

事实上,导则对鉴别工作所要求的就是一个水体不能满足环境目标的风险评估。这个信息将用于确定规划措施和监测计划设计。

地下水风险评估考虑到一旦污染,地下水恢复需要一个较长时期。如果到2015年,实现良好状态技术上不可能或异常昂贵,将会建立较低的目标。

将制定较低目标的水体必须进行鉴别,需要进行自然恢复或人工帮助恢复可行性的评价。在流域管理计划中,降等水体的使用须经许多试验,这些试验必须向委员会报告。

在联邦实施战略之下,地下水污染趋势鉴别的统计工作以及监测结果的汇总工作方面的具体指导文本已经编制,一个所谓的关于地下水的子导则预计2003年完成。

2004年,基于水文形态上的显著改变,需要进行一个对严重修改水体的临时鉴别。对地表水的风险评估将决定水文形态改变对地表水体的影响是否可能阻止良好生态状态的达到。

如果良好生态状态的达到被认为是不确定的,那么2004年之后将进行进一步的评估,以决定采取什么措施完善水文形态条件以达到良好生态状态,决定这些完善措施是否对上述改变活动(基于异常代价的降等)产生显著的负面效果。未能满足目标的风险评估结果就是对严重修改水体的鉴别。在该阶段,需要进行第三个评估以决定严重修改水体不能获得良好生态潜力的风险。

2004年仅要求第一个不能满足目标的风险评估。2005~2006年的监测结果使这个风险更明确(证实或否定这个风险)。监测是与风险评估联系紧密的任务。为了决定是否进行进一步评估,监测的结果是必须的。

风险评估是流域规划过程中的主要工具之一。如果每一个压力都能可靠地鉴别,它的效果都能精确地预测,监测活动将是多余的。然而,风险评估从来不是完美的,它们总需要检验。到2004年底前完成的风险评估工作将提供一个估计,即水体有多大风险不能达到环境目标。监测计划必须提供必要的信息以支撑评估工作,以及明确该水体状态。

湿地生态系统无论是在生态上还是在功能上都是水环境的重要组成部分,在可持续流域管理中扮演了重要角色。水框架导则并没有为湿地设置环境目标。然而,湿地依赖于地下水,也构成了地表水的一部分,或者是保护区,都将从水框架导则中获益。相关的定义在CIS行业指导文本中已经制定,将在湿地导则中进一步界定。

湿地承受的压力(如物理改变或污染)能对水体生态状态带来影响。因此,对这些压力的管理措施需作为流域管理计划的一部分,这些措施对于满足导则中的环境目标是必须的。

在适当情况下,湿地创造和扩展能够提供可持续的、成本收益和社会效果都可以接受的机制,以帮助达到导则中环境目标。尤其是,湿地能够帮助削弱污染影响、有助于削弱旱涝的影响,帮助实现可持续的沿海管理、促进地下水回补。湿地与规划措施的相关性在单独的湿地行业指导报告中被进一步检验。

5.3 第二部分:环境目标的建立

规划过程实施的第二部分是环境目标的建立,主要基于水框架导则。

导则为地表水确定了以下主要环境目标:

(1)防止状态退化；

(2)截至2015年，恢复良好地表水状态(或者恢复严重修改以及人工水体的良好生态潜力)；

(3)采取必要措施，旨在逐渐减少主要污染物质，停止或阶段性停止主要有害物质的排放。

5.3.1　对地下水

(1)采取必要措施阻止或限制污染地下水，阻止各类地下水水体状况退化。

(2)保护、加强和恢复所有地下水体，保证地下水的抽取和回补平衡，旨在最迟在2015年12月取得良好的地下水状态。

(3)采取必要措施抑制任何人类活动影响导致的污染物含量的显著及持续的增长趋势，以逐步削弱地下水污染。

5.3.2　对保护区

(1)最迟到2015年12月，达到建立保护区的国家法规所规定的具体标准和目标。

(2)除非因故推迟否则到2015年12月，应达到良好状态目标；如果所有必要完善措施不能在2015年内实现，则应实现非严格意义上的目标。

环境目标界定的主要目的是确定目标，然后作为规划措施决策的基础。目标应适合流域区长远规划，应该被看做经由具体规划过程实现远景目标的步骤。

在某些情况下，通过流域规划过程可能确定不同的目标，例如对水体而言，良好状态的恢复可能技术上不可行或者异常昂贵。对于标示为严重修改的或人工的地表水而言，到2015年必须实现的状态目标是良好的生态潜力和良好的地表水化学状况。

1)每一个生态区的边界必须界定

欧洲委员会制定的测量过程将是界定高的生态状态以及高与低之间边界的关键因素，包括好的与中等之间的边界确定。基于此创造测量标准网络的具体指导文本已经制定。

2)严重修改和人工地表水体的分类

尽管被标示为严重修改，水体仍然必须达到良好化学状况和良好生态潜能的目标。

最大生态潜力确定的参考条件是考虑了所有削减措施，当然这些措施没有对具体使用或更宽的环境产生显著的负面影响。

良好生态潜力被界定为比水体所能实现的最大生态潜力稍微弱一点儿的状态。

环境目标的确立可以被看做水框架导则实施中的一个核心部分，也可以被看做水框架导则规划过程中的一个核心部分。正如先前解释的那样，在水框架导则中确立目标意味着采用不同方法进行决策。环境目标的确定不仅是某一水体（不是全流域状态）而应该是一个什么状态的问题，而且是这个状态何时应该达到的问题。因此，为了区别水框架导则本身中界定的目标与流域当局确定的目标，采用了目标确定的表述方式。

5.4 第三部分：建立监测程序

监测是在规划中与风险评估和环保达标措施评估极为相关的任务。

导则的框架目标描述了具有不同信息目的的三种监测程序。

5.4.1 监督监测

主要目的是完善评估本身和评估的体系中不能达标的部分，包括地表水体和地下水体的化学状态和污染趋势。

5.4.2 操作监测

特别集中于以下那些在风险评估和监督监测程序的基础上有可能不能达到指定环保目标的水体。操作监测必须建立在对特定强制措施敏感的基础上，这一过程也包括地下水位的监测以便根据地下水量状况进行地下水风险评估。

5.4.3 投资监测

被用于确定水体风险的原因和设计合适的管理措施。

注意：在通常的执行战略下，对WFD（WG2.7）的监测的具体指导性文件已经形成了。

在2006年年底，总体目标要求对地表水和地下水的监测程序进行应用。水状态的监测将于2006年运用，特殊地还包括参考点和水状态评估网格以及在欧洲水平（国际水平）的比较分析方面。监测系统应达到规划要求并且在2006年前能进行应用。

5.5 第四部分：间隔分析

间隔分析需要考虑相对于环境目标（定义的第二步）对当前水资源状况评估结果（定义的第一步）。

间隔分析必须是总体目标非常广阔，并且比欧洲以前的水立法更要庞大。

以往欧洲水立法是以保护特殊用户不受特定有毒物侵害和水环境不受破坏为主要的目的。指标要求创建更广的生态目的，设计水生态系统的保护和必要的恢复。

有效的间隔分析需要翔实的数据、信息和知识。为了增加行为的有效性，这种信息集中地表现为代表站和系统基准。实际上，现有的信息已经足够了，但只是难以统一和整理。一个关键是实际需要什么信息就去整理什么信息。

RBD 的主要特征是用以支持间隔分析的。间隔分析的早期阶段的工具是设计当时状况的评估工具，例如 GIS、专家系统、数据模型。如果数据的精度不够，则这些工具将不会发挥作用。

不同的分析工具能支持间隔分析，但不要忘记间隔分析不仅仅是依靠大量的数据，同时，这些工具应该透明和灵活，能促使公众的参与和建设会商系统。

间隔分析的结果将会使区域水资源管理主要方面的观点更加精确。

5.6 第六部分：制定流域管理规划（RBMP）

管理规划必须是每个流域地区都要制定。流域规划程序的主要事件（分析、监测、目标设立、水资源状况的维护和改进的设想）就是 RBMP，是将对流域地区相关规划信息的概括。

实际上，规划过程的结果不是 RBMP，规划过程与 RBMP 的周密运作同时进行。当 RBMP 公开以后，计划过程进入一个具体的阶段，在该阶段，RBMP 也在伴随着进行，并且执行相应的措施程序。在该阶段，计划的作用是指导措施以合适的方式执行以达到目标。此外，在下一个管理循环中，第一个 RBMP 将被更新后的 RBMP 所取代。

起初 RBMP 的提出是把它们认为从最初的设想到执行的过渡的代表，例如，当确定完成当前水资源状况（包括环境现状和所面临的问题），并且决定了流域成员的努力方向（特殊水位的治理目标是什么）及决定如何获取目标（措施程序的概述）之后所必须采纳的思想。

规划不是实现总体目标所涉及的环境要求的措施执行的原则机制。RBMP 的职能比这要广阔，例如，它们是公众与流域管理者进行流域区域内水环境协商的主要表达形式。

计划最大程度上也是向流域管理委员会和公众报告的主要机制。计划是流域治理（生态状况、水量状况、化学状况、保护区目标）在给定的时间内达标的概括。

计划将包括分析结果的概括、流域特征，人类活动对水资源状况的影响，现存措施效果的评估和与目标存在差距及要求的其他方面。

计划必须包括 WFD 的详细信息，被分为 12 部分，其具体内容包括：

(1)流域区域的总体描述,包括一张显示地表水与地下水的位置与边界的图片和一个显示流域内地表水不同种类的图片。

(2)地表水与地下水方面存在的突出问题和人类活动的影响,包括点源污染的评估,扩散源污染(包括对用地情况的概括)和包括水量抽取在内的水量状况问题,还有人类活动对水资源状况的影响。

(3)图形标定受保护的区域。

(4)图形显示监测网络。

(5)以图形方式显示监测程序的结果,显示地表水的生态和化学状况,地下水的水量和化学状况,保护区的状况。

(6)为地表水、地下水和保护区建立一系列的环境保护目标,包括环境减损的情况。

(7)水资源利用分析的概括。

(8)措施的执行程序或步骤的概述。

(9)任何更详细的步骤和管理计划和内容提要。

(10)采取的公开的信息和咨询信息,结果和对计划的修改。

(11)授权组成列表。

(12)为获取背景资料信息包括实际的监测数据的联系点和过程。

流域管理规划包括有计划过程结果的概括。

一个 RBMP 是一个战略规划文件,也是措施程序执行的可操作性的导则,将会在 6 年内建立健全的、统一的、技术的、环保的和经济的体系和可持续发展的水资源管理。这将会在与公众协商的基础上建成。

总之,计划有很多功能,但主要的是用来对流域区域内的水体现状的记录和在广阔的范围建立为达到环保目标的措施。

规划的职能如下:

(1)作为一个基本的为达到目标而收集信息的详细目录和文件机制,例如包括地表水与地下水的环保目标、水资源的水质与水量信息、人类活动对地表水与地下水的主要影响。

(2)措施程序的协调和其他涉及到流域区域面积的相关程序。

(3)作为向 EC 汇报有关流域区域职能的机制。

将于 2009 年 12 月 22 日完成的规划将会最后确定 2015 年前要达到的水量水质标准,好的水资源现状作为一种规则模式,管理规划必须调整任何目标上的减损,尤其是基于生态分析上的部分,减损首先要作为延迟目标期限来研究,与减损相随的可能会有目标上的调整。规划应当定义为为了达标而确定的规定和行为的优先顺序。

至于管理计划的准备,与公众协商框架目标的制定共分为三个阶段:第一阶段是2006年底之前,是关于计划工作程序;第二阶段是在2007年之前,是关于突出事项的;第三阶段是2008年底以前,是关于起草管理规划的。

在计划阶段,流域成员需要采取措施就如何使流域管理规划在所有级别(子流域、流域、区域和跨国区域)的有效的协调,以确保各级别的连续性与一致性及级别之间的兼容性。

尽管流域规划应当在流域区域级别组织(并且报告),管理决定的细节将意味着计划将在更低一级的空间尺度进行,例如,为了制定计划需要在流域或子流域级比较和观察数据。数据、信息和决策的制定应该可以集中也可以分散。这有助于直接生成特征报告和区域级的流域管理方案,对确保政策透明度也有帮助,例如,流域规划的用户(政府、工业和公众等)可能想要在同一阶段和不同阶段间检查和比较方案。

相对于其他的计划结构,要说出附加的计划是什么还为时过早,但是它们(指其他计划结构)对总体规划的准备,包括咨询程序等有很好的作用。另一方面,其他结构计划也代表了一种不受欢迎的管理负担。

注意:目标仅仅是制定符合国际流域区域管理标准的流域规划。框架目标要求流域成员确保为建立单一国际流域管理规划的协调,借助于已有的、源于国际公约的结构。

总体框架不仅仅只是对实现管理计划的具体化的要求。流域规划过程本来是由流域成员或授权成员组成。再给流域成员或授权成员一个机会以便为特定的自然、社会环境的流域区域应用合适的计划类型,以及与达标(达到一个好的水资源状态)直接相关的过程结果。

5.7 第七、第八部分:测量和评估程序的执行

测量程序的执行应用必然与评估连续相关,这种评估常被(或多或少地有附加内容)认为是规划的最后一项内容。然而,评估是规划之后用以了解计划具体情况和规划已经执行后的工作。这意味着评估不能作为计划的连续过程和选择的工具,即不是普通的计划部分。

根据WFD的规划过程本身是相互影响的过程,并且有很多需要评估的步骤和决定,例如水体鉴定、分类、水资源冲突状况的分析、环保目标的设定等。

5.8 第九部分:公众参与协商及有关团体的积极介入

公众参与不仅是程序的另一步骤,只有公众参与规划的每一部分,WFD

的执行才能达到最佳效果。一个更详细的有关公众参与的导则被命名为“工作包 3”,并且与本规划过程导则处于同一工作组。

关于公众参与的指导性文件包括以下内容:

• 解释为什么流域管理机构应该对流域管理规划负责,及我们可以期望流域管理机构或公众做些什么?即宣布未来决定和关心的事宜以便确保地方局部经验能达到正确的决定模式。

• 出台实际可操作的机会和方式以便实现规划的不同阶段和不同水准的要求。

• 透明度,这是一个合作的新过程和新方式,这需要耐心和相互的信任。

公共参与与协商对规划的成功至关重要,在本篇中需要强调。更大的流域管理机构的潜在的好处能概括如下:

• RBMP 通过对目标的“买入”及在进行中促进相关流域管理机构的“管权”、能力和协作能更成功。

• 冲突的及早的定类、及时可能的解决会使决策的制定更有效率。

• 如果在一个更广的知识面和前景下制定规划,则解决方案将更加符合可持续发展和平衡的理论。

• 长远来看,权力实体与流域管理机构间的关系将会加强。

为了在计划过程中取得最好的实际可操作性,在 IRBM 过程一开始就要为建立公众参与(协商与活动)有效机制而给出优先顺序。

提供真正机会给参与者不仅仅意味着信息的分发和建立协商程序,而需要仔细采纳合适的范围、目标群体和事项等方面。参与者的积极主动需要仔细地管理以确保其透明度和可信度,在开始时,所有的观点都要受到尊重,且各方面的期待都要透明。

附录

导则相关名词中英文对照表

AWB——人工水体
BAU—— 一切正常(照常营业)
BESTPRACT——负责在流域规划中的最好经验的工作组
CAP——共同农业政策
COAST——负责象征学、过渡分类和沿海水的工作组
DPRSIR——驱动力、压力、状态、影响、反应
EAF——专家咨询论坛
EEA——欧洲环境处
EC——欧洲委员会
EQR——生态质量比率
GEP——良好生态潜力
GES——良好生态状态
GIS——地理信息系统
GROUNDWATER——负责评价工具的工作组
HMWB——严重改变的水体
ICZM——沿海区一体化管理
IMPRESS——负责压力和影响分析的工作组
INTERCALIBRATION——负责互相校准协议的工作组
IRBM—— 一体化流域管理
MEP——最大生态潜力
MS——成员国
NGO——非政府组织
PRB——派罗特河流域
RBD——流域区
RBMP——流域管理规划
RC——参照条件
REFCOND——负责分类和参考条件的工作组
WD——水主管者

WFD——水框架指示
TOC——目录
TOR——参考条款
WATECO——负责水经济分析的工作组
WG——工作组

水框架通用导则实施战略*

——湿地保护导则

1 概述

欧盟成员国、挪威和欧盟委员会联合开发了支持 2000/60/DC 规程的公共战略，在水政策领域内规范了公众行为，后来被称为水机构规程的公用实施战略。该战略的主要目的是为了持续统一地执行水机构规程，着重于回答有关该规程科技含义的方法问题，使之为大众所理解。

该战略的主要短期目的之一是面向在流域内实施水机构规程的专家和利益相关者，建立关于水机构规程技术方面的非法律约束的、实用的导则文件。因此，其结构、表达以及专用术语都尽可能地满足这些专家的需求，避免正式、法律化的语言。

1995 年国际贸易促进会和欧洲议会关于湿地的合理利用和保护的委托交流分析了欧洲湿地的紧急状况及其行动急需，强调了湿地的大面积缩减、退化以及所带来的自然资源有益功能很大退化的结果。通过激发合理利用和保护湿地的积极性，委员会强调了欧盟参与湿地保护和加强湿地保护的重要性，并提出了建立多部门统一行动的战略性政策。

本规程的目的是建立保护内陆地表水、转换水、滨海水和地下水的机构，从水需求、陆地生态系统和依赖于水生态系统的湿地等方面，防止进一步的恶化和提供保护，提高水生态系统。但是，它并没有专门界定关于什么是湿地、湿地被利用来保护环境目标的程度。因此，欧盟成员国和利益相关者认为，本文献将有益于探索和说明湿地在实施水机构规程中的作用和地位。

在 2002 年 11 月的水理事会议上，公共文本被添加进入公共实施战略导则文献。在这个文献中，理事们认识到湿地所面临的压力，并突出了湿地在流域管理、实现水机构规程环境保护目标的潜在重要作用。为了实施这些规程，

---

* 水机构规程湿地保护导则文件，最终稿(8.0 版)。

理事们建议准备一份湿地保护导则。

水体定义横向导则(HGIWB,为定义和保护规程所定水体而编制)、分类导则、转换水和滨海水的参照状态和分等系统(COAST)、重度影响和人工水体的定义和指认导则(HMWB)、基于水机构规程的压力和影响分析导则(IM-PRESS)等为目前的文献提供了支撑。上述导则是经成员国分别起草、协商而成的,因此目前的导则文献将建立在这些导则的定义和建议之上。此外,本文献还将提供湿地与水机构规程实施关系分析,并描述和提供湿地在实现水机构规程环境保护目标中作用的分析导则。

1.1 背景材料

2002 年 11 月哥本哈根水董事会签署通过的湿地公共文本,提出了保护湿地的重要性。

湿地生态系统是水环境非常重要的生态性和功能性组成部分,在实现可持续流域管理进程中起着潜在的重要作用。水机构规程并没有设立湿地环境保护目标。不过,依赖于地下水体的湿地,是地表水的一部分或者保护区,其保护将得益于水机构规程保护和恢复水体的有关规定。相关的用语在关于水体的 CIS 横向导则文献中已有定义,在湿地导则中将进一步完善。

湿地所面临的压力(如形态变化和污染)能够对水体生态状况产生影响。因此,河流流域管理规划应从实现 WFD 环境目标出发,将湿地管理作为它的一部分。

在适当条件下,湿地的扩大和加强可以为实现 WFD 环境目标提供可持续的、投资有效的、社会接受的动力。在特定状况下,湿地在以下几个方面有帮助作用:减轻污染影响、减少洪旱灾害,加大地下水补给。在湿地保护导则中已对相关的措施进行了检查。

根据参与 WFD 的 CIS 编制的有关非政府组织的提议,来自一些成员国的代表成立了一个起草小组,负责编写满足 WFD 要求的横向导则。

1.2 导则目标

该规程的目标是建立保护内地地表水、转换水、海滨水和地下水的机构,从水需求、陆地生态系统和依赖于水生态系统的湿地等方面,防止进一步的恶化和提供保护,提高水生态系统。

在适当条件下,湿地保护和恢复能够有效地、可持续地实现 WFD 环境目标,从而使地表水和地下水得到保护和加强。本导则的主体就是强调这些方面的执行。

由于湿地是一个多学科的问题,本导则的目标是详细描述 WFD 对湿地的要求，使之得到公众的理解，并阐明湿地在实施过程中的作用。

在某些地方，如果人们再努力一点，湿地将有很大的提高效果，在此情况下导则将进一步推荐 WFD 法定需求之外的最好惯例。

本文的另一个目标是尽可能区分法定义务和最好惯例建议之间的区别。成员国可以根据本国特殊要求，建立更严格的环境保护目标。

1.3 导则结构

在第二章中，按照 WFD 制定的目标，并与其他横向导则文件相一致，特别是HGIWB，关于湿地导则的内容对湿地功能进行了描述。而且，在说明经 WFD 验证的湿地主要属性时，对湿地与地表水体、陆地生态系统以及影响水体和流域管理的地表水其他成分间的关系进行了分析。

湿地在实现流域管理环境目标过程中所起的特定作用在第三章中进行了说明，内容包括规定的最小 WFD 需求、湿地与 WFD 地表水保护目标的关系、湿地与地下水保护目标的关系、湿地与转换水和滨海水的关系。

第四章说明了湿地系统与高影响水（HM）、人工水体的关系。第五章是关于保护区的内容。第六章对 IMPRESS 导则所强调的普遍问题对湿地所造成的压力和影响进行了分类。第七章说明了湿地在管理计划的作用，从基本、辅助措施方面讨论了湿地，7.2 节特别把湿地恢复和再生作为防止流域环境恶化、环境质量下降的技术措施之一，同时也考虑了其投资效果。第八章对关于湿地监测的有关问题做了阐述。第九章对一些结论以及今后需进一步研究的概要性问题作了摘要说明。

2 在水框架指导下认识湿地

2.1 什么是湿地

湿地是水文学上多样化的复杂的生态系统，该系统趋向于从陆地到主要的集水栖息地的水文要素中进行开发。这是一个外延广的定义并且是湿地的通俗解释。这些定义在于反映欧洲不同的国家惯例以及在环境特征方面的不同。从一个生态观点看，湿地是在自然状态下开发地异源的且明确的生态系统或者说是人类活动的结果。湿地的生物化学功能明显地取决于培养基表面的淡水、盐水恒定或周期性的淹没深度。它们的特征可以通过静止或慢慢移动的水分来表现。共同的特征包括含氢的土壤、微生物有机组织、疏水活化的植被及真菌。这些物质适应于周期的或永久的洪水和涝灾的化学生物过程。湿地的表现是有规律的，且这些过程的结合为人们的福利、野生动物及环境质量的维持带来巨大利益。有些湿地已被发现具有国际保护价值。

水文系统的暂时的和空间的特殊类型以及其他的特殊湿地特征,例如特别的植物,动物的群落及生态系统的集中生物量及鱼类的季节性产卵的积累,综合起来可以解释这种特殊的湿地特征。这些湿地特征代表了湿地的特点,且承载着潜在的影响来产生利益,例如水质的改善,水文调节,食物链的维持和重要的环境和文化价值的保存等。

湿地是水文连续统一体的一部分。它们包含了其他水体表面和巨大的影响因素。当不会立即污染水面时,湿地经常与这些表面通过水文途径相连接。它们在地表水与生态系统界面的共同发生率可以概括出地表水保护的湿地潜在的相关性。

水体与临近湿地的人为的分离、湿地生态的健康或水文体系的混乱会导致湿地功能的退化。

为了水框架指导的目的,不同于试图建立新的国际湿地的定义,这个指导阐述了导则的环境目标成就的相关性。

2.2 在水框架导则下,操作结构内的湿地

在为 RBM 建立新的框架中,其最大的贡献之一就是多注意水文网络因素之间的重要关系。湿地在这方面的作用很明显。

相对以往水污染控制或自然保护来说,相互依赖的认识对于管理工具 WFD 是一个主要的促进。这种认识支撑着真正的指导目的,这在第一款中已阐述。尽管导则指湿地,但是它并没有定义它们或为它们的大小提供尺度范围。导则也没有为湿地或其他陆地生态系统设立责任或建议。然而,WFD 的环境目标通过水体已被应用到监测中,所以,为了弄明白这些系统是怎样包含在流域规划的范围之内,成员国对于水体与湿地的关系有个清晰的理解是非常重要的。

这些导则的环境目标有以下几个方面:①阻止情况的恶化;②为保证生态的影响力,获取好的地表水;③好的地下水;④在第四款条件下非严格的应用目标,排他性地适用于水体。对于地表水和地下水的认识,HGIWB 提供了指导的原则,且形成了初始的观点见图 1。

导则着重于各类水体和它们的关系,这有助于强化水文流域内湿地的功能。这种关系可以通过以下复杂的图例和本章的文字来反映。

图 1 表达了不同的生态系统,这些系统包含在一个流域区域内,也许它们之间有相关性,且以不同的方式达到导则的目标。下面指导部分描述了流域内河流管理过程达到不同生态系统的作用。

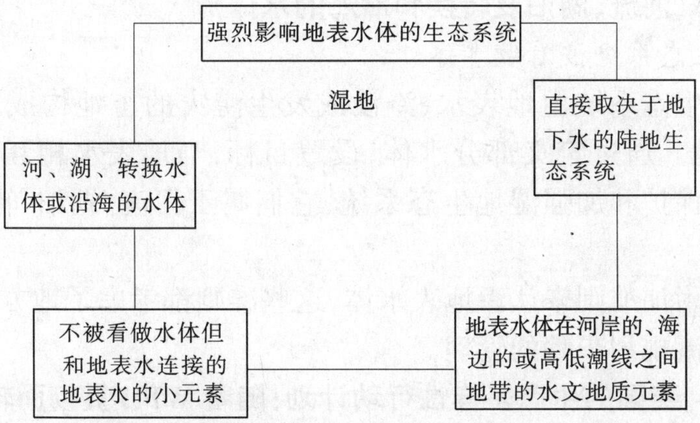

图 1　与导则目标的获取相关的生态系统图

在欧洲,以前的许多动力河流都已被完全地控制了,单向渠道从洪水泛滥区域隔离开来。然而,在非限制条件下,渠道低地洪水区域的系统会成为互相连接的生物小区的一部分。在自然状态下的河流趋于穿过洪水的泛滥区,产生一定范围的激流和静水的栖息环境,例如边沿渠道,与一端相连的死的臂型支流,废弃的编织物品,牛轭湖和池塘。这样能导致一个镶嵌的栖息地,群落交错区和连续的阶段,这可以由不同社区和不同的混乱情况所表征和促进。

河流物理上的修复一般阻止了这种复杂洪水区生态系统的形成。例如,在德国的洪水区,相对没有修复的区域有大量的短期存在的池塘,这些池塘都离河流很近,同时这些池塘受到水工程的强烈影响,池塘的丰富与多样性由于在单一河道上修建护岸已趋于减少。

在总的非干扰的条件下,低地洪水区的河流水体不应当开发成渠道。也不应成为完整的和连接一体的,且包括了全部的演替系列的各个阶段。在波兰别布雷兹河流的各部分能够说明这些概念。河流蜿蜒流过 164km,通过了一个大的泥炭藩篱和沼泽区。尽管它的主要的支流为了农业目的而开发成了渠道,但是别布雷兹本身仍保持着未调节的状态。蜿蜒的河流被有矿物的岛屿分割,洪水区包含了一个复杂的水系,包括了牛轭湖、洄水和废弃的渠道。在春天,自然的洪水陡涨,河水溢出河流,形成了巨大的浅水湖,一直扩展到 1km 宽。这个不同种类的湿地允许大量的生物物种的多样化,约记录了 186 种繁殖鸟类,包括 21 种濒危的种类。且有 60 多种植物群落,包括了波兰几乎所有的水、沼泽、泥炭土地。河流水体的下降和沿河地带的离解及水文地质的质量因素应当反映河流与生态多样性的动力自然属性。

2.3 地表水体(河流、湖泊及转换和沿海的水体)

2.3.1 湿地生态系统被看做水体

许多湿地生态系统由地表水、淹没或发生涝灾的土地构成,例如低地系统、洪水区湿地。通过定义部分水体,设置目标,与地表水相互关联的 WFD 储备会自我地保护和加强湿地生态系统,它们属于河流、湖泊、转换水体或沿海的水体。

成员国用附加准则来认识地表水体,这些准则都考虑了地方的具体情况,因此有助于河流规划步骤的管理。

案例研究 1 英国的生态多样性行动计划:随着 WFD 贯彻而辅助的资源

英国已经认识到一定区域内的物种和栖息地,这些物种是优先保护的,并研究了"行动计划"来支持它们,作为它生态多样性的一部分。

这项计划包含了认识、保护、湿地栖息地加强的储备,例如,洪水区的草地,支撑重要湿地物种栖息地,例如癞蛤蟆、水蛭等。这些栖息地的特征和信息由政府或非政府所掌握。通过基于国际网络的计划正在实施中。许多数据通过地方和国家注册已获得。这个重要资源在 WFD 实施中可以使用,帮助水体的选择和认识地下水承载体的利益特征。

在这些准则中,也考虑到了地理、水文地质和自然保护特征,以及人类的使用和其他指导的目的或目标的一致因素。因此,成员国使用正在存在的信息和湿地特征价值,包括生物多样性和文化内涵,这有助于选择水体。我们建议,河流内湿地的多重作用应该按照水体的情况定义来给予考虑。

2.3.2 地表水的水滨,河岸和潮汐涨落地带的质量因素

地表水体的水文地质质量,包括河流水滨地带的条件和结构、湖泊的岸边及过渡带或沿海水体的潮汐地带。HGIWB 已弄清楚,这些地带可以包括被看做湿地的生态系统,这些湿地的结构和条件是和地表水体的目标获取相关的。

关于湿地,这意味着这些湿地必须和水体相联系。这些水体直接影响着相关水体的情况。湿地的边界必须以明确的方式加以区别,以便满足一个"分散而巨大"的要素需求。

在洪水泛滥区,水滨带的湿地在适当的参照条件下,会有重要的开发意义。

2.4 直接取决于地下水的陆地生态系统

获得较好的地下水的指导目标和好多地下水的化学特征要求:在其他事物中,取决于地下水体的陆地生态系统需要得到保护,有必要借助某一范围来

躲避或救治这种系统的巨大损坏。

直接依靠地下水的陆地生态系统会包括陆地生态系统的各种类型,这种类型发生在靠近或在地表的区域内。

2.5 与水体相连但不被看做水体的地表水的一些小元素

像在 HGIWB 中注意到的,把河流中每一个地表水元素统一起来,作为水体的一部分。成员国必须在河流管理过程中决定哪些地表水因素是不足分散的和被看做重要的水体。没有被统一的许多地表水要素和地表水体相连。根据 HGIWB,这些要素需要得到保护。在某些情况下,这些要素需要加强并求助于一定范围,以确保任何人类活动的影响不妥协于水体环境目标的成就。在某些情况下,成员国甚至选择人为地创造这些地表水,他们认为这种做法是适当的或必要的获取指导目标的手段。例如,有些成员国人为地创造了蓄水池塘以便储存城市的径流。

2.6 强烈影响地表水水质和水量的生态系统

与水体毗连的生态系统会影响这些水体的情况,应当包含水滨、湖边或潮汐地带,以便确保 WFD 环境目标的最大效果。然而,也有些其他的湿地生态环境,尽管它们不和水体相连,不形成部分的水滨河岸或潮汐带,但会强烈地影响水体的水质和水量,或影响到小的地表水要素。成员国需要确保进入这些水体的水量和水质,以便确保相关水体目标的完成。通过这种做法,成员国可以决定什么地方适合或必须去管理相关行为,并保护、加强和恢复或人工创造这种生态系统。

图 2 提供了流域内,一个系统的不同生态类型的总括,这个流域和指导目标相关联,会包括被看做湿地的生态系统。

3 水框架规程(WFD)环境目标与湿地

3.1 主要要求综述

除了那些全部或部分为地表水体的湿地外,WFD 对其他湿地不制定独立的生态目标。然而,WFD 要做的是:①制定对这些生态系统负有责任的地下水目标;②确定那些可能是达到这个导则目标的湿地功能的作用。

WFD 中与湿地有关的最重要的规定有以下几点:

(1)对地表水的责任,适用于那些水体开放的湿地,即湿地被确认为水体,或者属于河流、湖泊、过渡水体或者沿海水体的任一种。

(2)在高生态位状态,有责任阻止哪怕是微不足道的人为干扰对地表水体

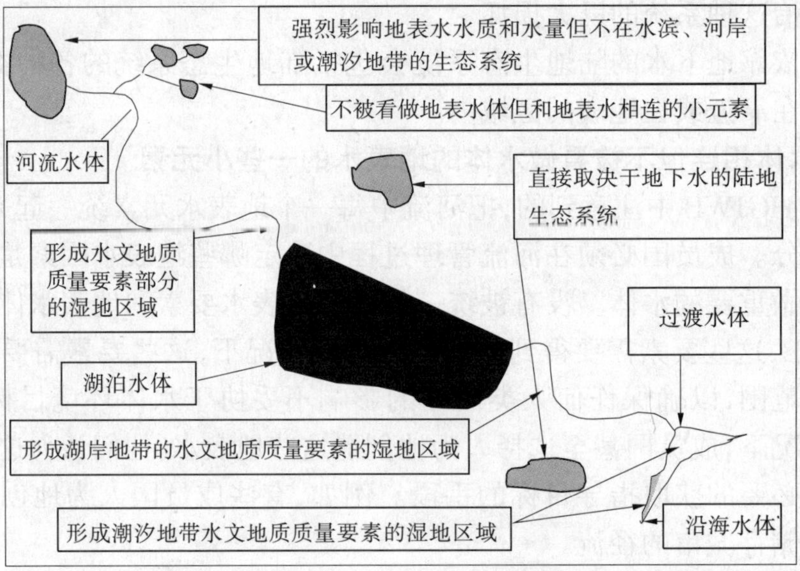

图 2　与指导目标的获取相关联的流域内的生态系统

的水文地貌条件的影响。地表水体的水文地貌质量要素包括河边、湖边或潮汐地带的结构和条件,因此任何湿地都包含这些地带。这种保护措施对阻止高生态位的退化是必要的。

(3)有责任保护、增强和恢复那些被确认为水体的湿地,这对取得以下成果是有利的:①良好的生态条件或生态潜力;②良好的地表水化学状况;③不很严格的目标。如果任何有害于这种地表水的事件发生了,无论是在流域的哪段发生的,对达到这个导则的环境目标来说都是一个失败事件,必须采取适当的措施予以弥补。

(4)对非单一水体组成,但属于滨河带的一部分的湿地负有责任。成员国必须制定措施以控制、减轻任何可能改变这些地带的结构和条件的活动,包括他们所有的湿地区域,以确保这些水体的水文地貌条件与所要求的生态条件或生态潜力是一致的。

(5)有责任达到良好的地下水条件,逆转地下水中任何明显的和持续的污染物浓度上升趋势,以逐步减少地下水的污染。除此之外,成员国必须控制和治理人为活动对地下水质和水位的影响,以确保这种人为影响现在和将来不会引起:①对那些直接依赖于地下水体的陆地生态系统的明显破坏;②与地下水相联系的地表水体的化学和生态质量的降低。这还包括有依赖性的地表水达到其环境目标的责任,这些地表水依赖于地下水的质量和数量。依赖于地下水维持其特征结构和功能的泥塘和沼泽地,应归入依靠陆地生态系统的类别。

(6)正如在生境导则(导则 92/43/EEC)和野生鸟类导则(导则 79/409/EEC)中所特别要求的那样,在管理保护区内的湿地时,有责任采取保护性或恢复性措施。

此外,湿地在促进达到其他不以保护湿地为直接目标的与保护区有关WFD要求时发挥着相应的作用。以下所列举的主要指在其他生物群落立法中所制定的目标,为达到其中某些目标事实上必须通过湿地管理。这些目标是:

(1)在经营管理被指定为饮用水提取区和与保护具有明显经济价值的水生物种有关的区域时,有责任采取保护性和恢复性措施。

(2)在经营管理洗浴水导则所指定的娱乐性的水体(导则 76/160/EEC)时,有责任采取保护性和恢复性措施。

(3)在经营管理硝酸盐导则(导则 91/676/EEC)和城市废水导则(导则 91/271/EEC)中所指定的敏感区域和脆弱地带时,有责任采取保护性和恢复性措施。

3.2 地表水目标和湿地

用于该导则的湿地包括地表水区域。该导则的条件目标适用于被定义为水体的地表水。在导则中,地表水被定义为:

一个具体的和明显的地表水要素,比如一个湖、一座水库、一条小溪或者运河、溪流、河流或运河的一部分,一方过渡水或海岸水的延伸。内陆水、地下水、过渡地带水和滨海水除外,除了考虑水的化学状况,陆地水也应包括在内。

第二章详细讨论了哪些湿地系统应包含在地表水体的定义内,或自身就是湖、河、滨海水或过渡水,或仅为这些水体的一部分,即滨河、滨湖或潮汐地带。导则的这一部分将详细探讨取得有关这些水体的环境目标的深远意义。

3.2.1 地表水体的生物质量要素

典型的河流区域是地表水、暂时被水淹没的区域和陆地生境的镶嵌体。HGIWB 文件提供了一种很实用的方法,可以用来确定地表水区域哪些组成了水体本身,哪些是湿地生态系统的一部分,而应定义为或组成水体的一部分。

案例研究 2　Great Ouse 河:英国低地河流中河流调节对鱼类组成的影响

持续不断地和广泛地对低地河流如 Great Ouse 河进行调节已经引起了鱼类种群的巨大变化。由于修堰、挖泥或捕捞活动、修建防洪堤和过船闸等,Great Ouse 河受到强烈调节,致使该河流大部分与其滞洪区相分离。在英国因为没有其他的低地河流可考虑用做参考条件，可以将 Great Ouse 河与位于东波兰的未受调节影响的 Biebrza 河进行比较，因为该河与 Great Ouse 河未调节前的特征类似。

在 Great Ouse 河上，适应性广的鱼类物种（斜齿鳊和鲦鱼，淡水鱼类）在系统中占主导地位，通常占到系统鱼类种群的 70% 以上。鲍鱼、三脊棘鱼、白鲑、大头鱼和银欧鳊偶尔共同占优势。与相对很少受到影响的 Biebrza 河相比，Great Ouse 河中的特色鱼种 limnophilic 类（缓流和静水鱼类）和 rheophilic 类（急流中的特色鱼类）鱼的再生补充状况很差。在 Biebrza 河里，limnophilic 类鱼，如银欧鳊、丁鲷鱼和赤睛鱼等在全河上下都可找到，而主要集中在临近的 U 字形河湾和废弃的侧边河道中。Ouse 河很少有与其漫滩区相连的水域，因此 limnophilic 类鱼的繁殖局限在下游河段。显然不存在 rheophilic 类鱼，因为这类鱼是未受调节影响的低地河流及其漫滩水中的常见种，历史记载表明，这类鱼在 Ouse 河未受调节影响前也是很常见的。普遍不存在鲑科鱼类也表明河流调节导致许多敏感的 rheophilic 类鱼和占优势的适应性广的鱼类大幅度减少❶。

1）河流

依赖于河流形态的河流系统在参考条件下（即高水平）具有复杂的、动态的河道、U 形湖湾和暂时的地表水特征。在这种情况下，考虑单一的河流环境，而不考虑其他组分的条件（如将主河道与回水、侧边水和河湾水分离开来）来评价河流的生物学质量要素是不合适的。

大河道的水流程随时间的变化而变化，其生物质量要素依赖于河流及其漫滩系统中范围宽广的生境，以维持物种的生活史和丰富度。在这种关系下，河流水体及其生物参考条件应反映系统的动态和生态条件的整体性。

当评价河流的生态状况时，表 1 的生物学质量要素是必须予以考虑的。

下列案例说明相关的生物学质量与河流漫滩水体的条件和状况的相互作用。

案例研究 3　洪水干扰与维持大型植物群落的重要性

自然淤积漫滩包含穿过漫滩的河道水流形成的水域，其受到洪水各种各样的干扰。洪水干扰在维持与河道隔断的 Charophyte 种的多样性方面有积极的作用。Charophyte 种通常被认为是使用地下水的被干扰生境的先锋种。

---

❶ Copp G. H.（1990）低地河流 Great Ouse 河中河流调节对鱼类繁殖的影响。河流调节：研究和管理 5：251－263。

这个种在受洪水影响的大河流漫滩上生长很多。来自 Doubs、Saone、Ain 和 Rhone 河上与河道隔断的63个漫滩的资料表明，Chara Vulgaris 和 Nitella conferuacea 种在洪水频繁干扰下于河道甚至仅限于河道中出现频率很高。与此相反，C. major 和 C. globularis 种常出现在很少或没有洪水干扰的河道中，表明某些种在低频干扰条件下能够生存。为了维持理想的物种多样性，需要系列不同年龄段的被隔离的河道，包含不同演替阶段的植被[1]。

表1　　与评价河流的生态状况相关的生物学质量要素

生物类群	特征				
浮游植物	分类组分	丰富度			
大型植物和底栖植物	分类组分	丰富度			
大型无脊椎动物	分类组分		对干扰敏感种与不敏感种的比率	多样性水平	
鱼类	种类组成	丰富度	存在对干扰敏感的种类		群落年龄结构

在欧洲许多地方，实施土地灌溉和洪水管理活动的目的是获得最大的农业产量和保护人民生命及其财产安全，结果却使低地漫滩经历了历史上的根本的物理变化。在许多情况下，关于如何实际上或期望上恢复如此河流系统的水文地貌条件以达到良好的生态状况，取决于应用严重改变了的水体指示试验(见第四章)。然而，WFD 关于发展自然水的特别类型参考条件的原理是清楚的。对如此系统的参考条件应反映无或很少人为活动对生物学质量要素的影响，而良好的状态应代表一种能接受的但与参考条件略有偏离的条件。对被严重改变了的或人造的水体的参考条件应使生态潜力最大化。

对某些漫滩河流类型来说，用于生物学质量要素的参考条件可能强烈依赖于较广范围的地表水及其相邻滨河地带天然或几乎未受到干扰的生境。当确定生物学质量要素良好状态值和水文地貌条件与取得的这些值是否一致时，这种依赖性应予以考虑。

高地势时甚至在参考条件下的河流水道时常很容易鉴别；对水体及其滨河地带(邻接河道的土地条件直接影响河道的生态条件)的识别不很复杂。然而，确保滨河地带，包括与其相关的湿地的要求是其物理条件能支持良好状态

❶ Bornette, G 和 Arens, M(2002) 被隔离河道的 Charophyte 群落——河道连接的作用。水生植物.73:149～162

的水体的生物学要素。对这一点 3.2.3 中有更详细的讨论,它描述了水文地貌要素在参考条件下和作为良好的生物学质量要素的支持要素的作用。

2)湖泊

具有坚实的、宽浅的滨水地带(在许多条件下称做“湿地”)包括季节性被淹没区域的湖泊,从其特有的滨水地带群落获得了它们的生态学特征。这在为相关的生物学质量要素制定合适的生物学参考条件时应予以反映。

在评价湖泊的生态状况时必须考虑表 2 所列生物学质量要素。

案例 4 说明了水体的季节性淹没自然变化的水位的相关性,也说明了在这种关系条件下生物学质量要素如何包含了湿地和半陆地生境的类别和群落。

表 2　与评价湖泊的生态状况相关的生物学质量要素

生物类群	特征			
浮游植物	分类组分	生物量		
大型植物和底栖植物	分类组分	丰富度		
底栖无脊椎动物	分类组分		对干扰敏感种与不敏感种的比率	多样性水平
鱼类	种类组成	丰富度	存在特别类型的敏感种类	年龄结构

案例研究 4　Turloughs 和 Breckland Meres:水位自然波动较大的湖泊及其生物多样性

湖泊水位自然波动,导致其特征动植物在一年的某段时间全部或几乎全部是陆生的。在英国,现有描述这些湖泊典型的动植物群的生境行动计划。

水位浮动的结果是:在这些湖泊循环的某个时期水生植被不见了(比如在北爱尔兰,局限于剩余的水池),而在其他时期又很丰富。对 Turloughs 和 Meres 两者来说共同的要素是水生或半水生的苔藓盛行,如 Fontinalis antipyretica 和 Cinclidotus fontinaloides,对干燥的抗性比高等(有维管束)水生植物强。洪水淹没带的罕见植物包括在 Meres 的苔藓 Physcomitrium erystomum 和在北爱尔兰 Turloughs 的 Viola persicifolia。尽管一些在北爱尔兰 Turloughs 的永久水池生长着白色水百合和其他水生植物,而在 Breckland Meres,较深的洪水持续较长时间,水生植被较好地生长起来了,且较 Turloughs 多样性更高。Meres 典型的植物是闪亮的塘草 Potamogeton lucens 和多叶的塘草 Potamogeton gramineus,有时伴随着它们的杂交种,长叶的塘草 Potamogeton x zizii,其在整个国家都很罕见。

这些浮动水位的水体中的水生植物适应了间歇的干燥条件。通常没有鱼，但可发现很多两栖类，包括在 Breakland 受保护的 Triturus cristatus。无脊椎动物包括许多昆虫，如蜻蜓、水船夫和潜水甲虫，它们迁移能力很强，因此能够成为开拓者。还有一种典型的群居大型甲壳类，如跳蚤，可以借休眠阶段在土壤中度过干燥期。蜗牛类，如沼泽蜗牛 Lymnaea palustris，能在石头堆里和潮湿的植被中生存，在 Turloughs 和 Meres 都很普遍。还有无数的无脊椎动物，如大蚌虾、Cypris bispinosa（小潜水甲虫）等。在有水阶段，Meres 可供养许多种（略）。

3）沿海和过渡带水域

正如与河流、湖泊一样，沿海和过渡带水域生物学质量要素包含了传统上与湿地相联系的类别和群落，这可以通过湿地植被在评价 Solway 和 Forth 河口环境质量中的重要性来说明。

案例研究5 Solway 和 Forth 河口：评价盐性沼泽生物学质量中植被的重要意义

盐性沼泽的过渡本性导致植被的地带性分布，从要求频繁水淹的先锋种过渡到生长在海岸边的陆生植物。盐性沼泽植被自然地拦截泥沙，减缓水的流速，促进泥沙沉积，抬高沼泽水平，使生境发生了循序渐进的变化和陆地化。在沼泽的先锋地带、较高地带和较低地带，有28种盐性植被群落遍布于英国各地，每一种都为无脊椎动物、鱼类和鸟类提供了独一无二的生境条件。

Solway 和 Forth 河口是具有国际重要性的盐性沼泽，定居有大型的冬季鸟类种群（Solway，120 000 种鸟类；Forth，20 000 种鸟类），泥滩地带和沙滩地带为许多鱼类种群提供了繁殖和饲喂的场所。在 Solway 河口，邻接盐性沼泽的土地是低地放牧沼泽，可用于控制冬季洪水和使绝大多数海岸线免于筑堤。从海水到淡水生境的过渡很完备。植被表现为先锋群落通过四个明显的较低的和中等的沼泽地带过渡到陆生过渡带，即成熟的位置较高的沼泽。

相比之下，邻接 Forth 河口的区域人口密度很高。土地利用包括农业和工业，多数泥滩地和沙滩地都被开垦。鸟类数量因泥滩地和沙滩地净减丧失了无脊椎动物食物而锐减。植被调查显示，52%的植被属于 Puccinellia 群落，另20%植被属于 Festuca rubra 群落，该群落趋于超过 Puccinellia 群落的生长。高地沼泽或较后演替阶段的植被消失了，这是由于绝大多数沼泽只剩下5～80m 的长条，位于海水墙后，阻止了自然植被发生序列沿海岸的前行。物种极端贫乏，群落丰富度很小，反映了来自于土地开垦的干扰破坏很大。

导则没有给出朝向陆地的过渡带或海岸水的任何指示条件。用于过渡带或海岸水的水文地貌质量要素之一是潮汐带的结构。因为某些质量要素很可能在潮汐带内监测,推荐过渡带或海岸水体包括从最高到最低的天文学潮汐区域。

特别地,这与监测潮汐带内的植被有关,植被的组成和丰富度关系到对生态状况的评价,这在前面的案例分析中可以看到,其表明潮汐的泥滩地条件和延伸程度对 WFD 中要度量的生物学质量要素有直接的影响。

在评价沿海的和过渡带的水体生态状态时,表 3 所列的生物学质量要素要求予以考虑。

表 3　与评价沿海和过渡带的水体生态状态有关的生物学质量要素

生物类群	特征				
浮游植物	分类组分	丰富度	生物量		
大型藻类	分类组分(过渡性的)			覆盖度	对干扰敏感的种类(海岸的)
Angiosperms	分类组分(过渡性的)	丰富度			对干扰敏感的种类(海岸的)
底栖无脊椎动物群	多样性				对干扰敏感的种类与不敏感种类的比率
鱼类(非海岸的)	种类组成	丰富度			

3.2.2　地表水体的物理-化学质量要素

对地表水体来说,普遍用于生态状况评价的物理-化学要素,如热力学条件、盐度、营养条件和酸度,会受到在滨河地带、湖滨地带或潮汐地带,或在更广的流域内的湿地条件的影响。这些潜在的影响,在进行效果和压力分析及随后为达到导则环境目标进行措施项目设计时必须予以考虑。

例如,一个低地河流,邻接有滨河的湿地,其营养水平和循环可能与那些邻接精细农业生产的灌溉田的河流河道有显著差异。

为了使氮、磷营养流恢复至能够支持特定生态系统发挥正常功能的水平,选择之一是考虑湿地恢复或其功能增强在所采取措施中所起的作用。

3.2.3　地表水体的水文地貌学的质量要素

组成评价地表水状况的质量要素包括支持生物学质量的水文地貌学要素。水文地貌学质量要素包括滨河、滨湖、海岸潮汐地带和过渡性水体的结构和条件,这些地带中许多都包含有湿地。

这里所提出的定义与 HGIWB 中所提出的定义是一致的,甚至更精细。导则的最后一个文件很清楚地表述了水体本身"组成了用于生态状况分类的导则中所描述的质量要素",即包括滨河、滨湖或潮汐地带的结构和条件。

对某些水体来说，在滨河、滨湖或潮汐地带的湿地结构和条件，对取得生物学质量要素的良好状况值是至关重要的。

制定包括水文地貌学要素的导则，目的是涵盖流域物理条件、水文学过程和地表水生物学条件的相互关系。因此，在制定滨河、滨湖或潮汐地带的定义时，首先要考虑相邻地带和生态系统（包括湿地）是怎样帮助确定水体的物理、化学和生物学特征的，而不是依赖于基于大小临界值或洪水事件的定义。这里所给的定义是为了确保被定义为滨河、滨湖或潮汐地带的土地直接影响导则中的其他质量要素。

对绘制滨河、滨湖或潮汐地带的边界图没有要求（同样对绘制其他质量要素位置也没有要求），然而，当评价取得导则中有关地表水体的环境目标风险时和设计措施项目时，成员国应给出他们对水体状况的影响重要性的考虑。

在确定滨河、滨湖地带的范围时，所要求努力的水平，应该与基于压力的导则目标的潜在风险相适应，这种压力可能改变这些地带的结构和条件。

滨河地带：河流紧相邻的土地，其结构和条件对河流的其他水文地貌学质量要素、生物学质量要素和物理、化学质量要素有重要影响，而其反过来也会受到河流的影响。

这个地带包括相关的岛屿和漫滩，它可能包括多种多样的湿地、生境，这些生境依赖于溢流才能够维持，但是反过来也影响河流的环境条件。这些河流地带的范围随着其对生物学质量要素的影响而变化，这些生物学质量要素与生态学状况分类有关。流过峡谷的河流仅仅依赖于很狭窄的滨河地带，而处于三角区的河流，直接依赖于更广范围的土地的结构和条件。

滨湖地带：就是紧临湖泊的那部分土地，其结构和条件对其他水文地貌学质量要素、生物学质量要素或物理、化学质量要素的取值有至关重要的影响，反过来也会受到湖泊、洪水或波浪的影响。

为了确定滨湖地带的范围，所要求努力的水平应与基于压力的导则目标的潜在风险相适应，这些压力可能改变这些地带的结构和条件。

潮汐地带：处于春季平均高潮与低潮之间。典型的潮汐地带包括各种各样的陆地和水生生态系统，比如盐性沼泽、淡水潮汐沼泽、泥滩地、海滩等。表4给出了地表水的水文地貌学质量要素。

3.2.4 环境质量分类

1）高态位或最大生态潜力时的水体目标

在高态位或最大生态潜力时，导则对水体的规定不同于对其他水体的规定。对高态位水体的水文地貌学特征必须说明如表5所列的状况。

表4　　　　　　地表水的水文地貌学质量要素

河流	湖泊	过渡性水体	沿海水体
水文边界（流量和与地下水的连接性）	水文边界（流量、水位、停留时间与地下水的连接性）	潮汐边界（淡水流量）	潮汐边界（淡水流量，主导水流）
河流的连接性			
地貌条件（河道类型、宽度和深度变化、流速、物质条件、滨河地带结构和条件）	地貌条件（深度变化、物质、滨河地带结构和条件）	地貌条件（深度变化、物质条件、潮汐地带的结构和条件）	地貌条件（深度变化，物质条件、潮汐地带的结构和条件）

表5　　　　　　高态位时水文地貌学质量要素定义

	水文学边界	河流的连续性	地貌学条件
河流	流量及其动态，与地下水的因果联系，全部或几乎全部反映未受干扰的条件	河流的连续性不受人力活动的干扰，允许水生有机物自由地迁移和泥沙输送	河道类型、宽度和深度变化、流速、物质条件、河流地带的结构和条件全部或几乎全部与未受干扰的条件相一致
	水文学边界		地貌学条件
湖泊	水流及其动态、水位、滞留时间与地下水的因果连接，全部或几乎全部反应未受干扰的条件		湖泊深度变化较滨河地带的数量和结构全部或几乎全部与未受干扰的条件相一致
	潮汐边界		地貌学条件
过渡性地带	淡水水流边界应全部或几乎全部与未受干扰的条件相一致		深度变化、物质条件、潮汐地带的结构和条件应全部或几乎全部与未受干扰的条件相一致
	潮汐边界		地貌学条件
海岸地带	淡水水流边界，主导水流的方向和速度，全部或几乎全部与未受干扰的条件相一致		深度变化、海床结构与物质、潮汐地带的结构和条件应全部或几乎全部与未受干扰的条件相一致

对高态位的水体来说，在这些表中相关的生物学、水文地貌学和物理化学质量要素的值是特定的。必须保持这些值以达到导则目标，阻止高生态位退化。

为了阻止水体从高生态位退化，成员国必须阻止哪怕是微不足道的对水体水文地貌学条件的改变，因为有关良好高态位级的生物质量要素值与那些很少受到改变的水文地貌学质量要素值是一致的。水文地貌学条件包括滨河、滨湖或潮汐地带的结构和条件。这些规定对湿地有重要意义。要使河流、湖泊、过渡带或潮汐带水体处于高态位，其相邻的对其生态条件有重要影响的地带必须表现为没有或很少干扰。反过来，这就为湿地生态系统的发展和维持提供了必要的条件。实践中，这意味着 WFD 有助于对我们现存的"自然"湿地生态系统，即高态位水体的滨河、滨湖或潮汐地带提供保护。

考虑到处于最大生态潜力的被严重改变的水体，水文地貌学质量要素必须与对地表水的影响相一致，这些影响来自人为的或被严重改变的水体，一旦采取了所有的减轻措施，可确保达到最接近的生态进化序列。

2)良好状态或以下时的水体目标

在良好状态下，水体的水文地貌学要素必须处于有助于建立相关的生物学质量要素值的状态。

事实上，良好的生态状态是不可能达到的，因为河流的流量和流速、湖泊的深度和滞留时间或河口的潮汐类型都发生了本质的变化，这种变化频繁地来自对位于滨河、滨湖或潮汐地带的湿地的破坏。水体的相互依赖及其与湿地的联系应包括在影响/压力分析中，正如 IMPRESS 导则中所确认的那样：

"对湿地的压力(例如物理条件改变或污染)能对水体的生态状况产生影响。因此，应将消除这些压力的措施作为流域管理计划的一部分，这对满足导则的环境目标来说是必要的。"

对漫滩的压力已经对河流状态产生了影响。例如，恢复漫滩至其更自然的条件可能是个有效的治理措施。在某些情况下，这样的恢复措施可能是达到导则目标的综合治理措施的一部分，除非经济检验表明它是不可行的或不合适的。

任何条件下，成员国都可将湿地管理作为帮助实现流域管理目标的补充措施提出来。

3.3 湿地和地下水

尽管不是所有的地下水都在一个含水层内，导则中关于良好地下水的环境目标仅适用于处于含水层内的地下水体。

特别地,导则中,关于“地下水”的定义为“处于地表以下的,位于饱和水层的,直接与天然地基接触的所有水”;关于“地下水体”的定义为“在一个或多个含水层内的有确定体积的地下水”。

确定地下水体的第一步是确定哪个地质层次合适做含水层。根据以上所列举的定义,HGIWB 推荐(见图 3)含水层应是地下层或岩石层或其他地质层,必须满足以下条件:

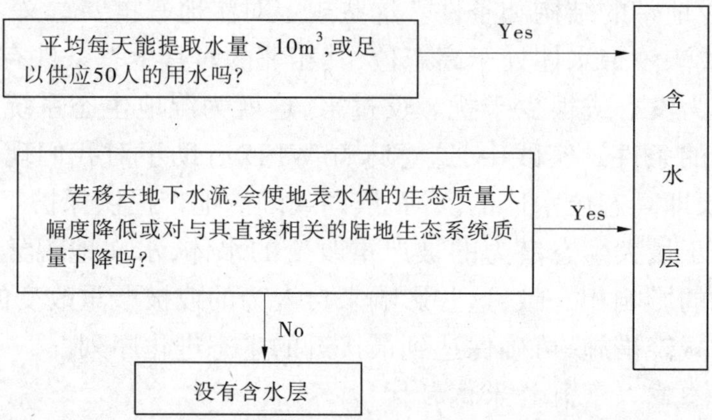

图 3　确定一个地质层是否是含水层的过程(CIS 关于水体的水平导则)

(1)每天能够提取 $10m^3$ 水,平均或足够供应 50 人或更多人使用;

(2)能够提供一定的地下水流量,流量减少可能导致与此相联系的地表水的生态质量的大幅度降低,或对直接依赖于其的陆地生态系统产生严重破坏作用。

由此可见,含水层的确定部分地依赖于确定地下水是否能够直接支撑相关的陆地生态系统。在陆地生态系统得到地下水支撑的地方,其依赖的地下水即是合格的含水层。

图 4 推荐了一种方法,据此可知在决定地质层是否为直接依赖于它的陆地生态系统提供了至关重要的流量时应考虑哪个陆地生态系统,从而确定相应的地质层为合适的含水层。

为取得良好的地下水,要求保护与地下水直接相关的陆地生态系统,如果需要,甚至重建某些范围以避免和弥补对这些陆地生态系统的严重破坏。同样要求保护相关的地表水体,甚至重建,以确保达到 WFD 中有关地表水的目标,并避免对有关水体的生态学和化学质量的严重影响。

关于地下水的数量,导则要求:

“ 地下水位应不受人为改变的影响,这些改变可能导致……对与地下水

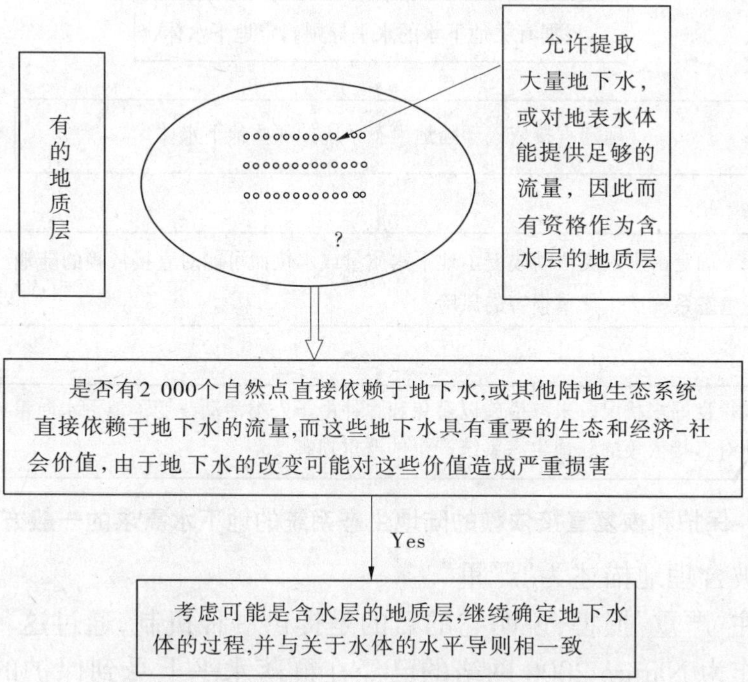

图 4　基于直接依赖于地下水流量的陆地生态系统确定一个地质层是否是含水层的建议方法

体直接相关的陆地生态系统的严重损坏。”

对地下水状况来说,良好的状况要求污染物的浓度:

“不至于导致为取得与地表水有关的环境目标失败,也不至于造成水体生态环境质量的大幅度下降,还不至于对直接依赖于地下水的陆地生态系统产生严重损害”。

这些规定保护有依赖性的陆地生态系统免遭来自于地下水位下降或地下水污染的严重不利影响。然而,这些规定并不能保护与地下水体直接相关的陆地生态系统免遭其他损害的影响,比如灌溉。

图 5 介绍了一种在流域管理规划过程中,常用于考虑由于人类活动改变了地下水质量或水位,而可能对与地下水体直接相关的陆地生态系统产生严重损害的风险的方法。

有大量潜在的陆地生态系统直接依赖于群落内的地下水。同时存在许多支持性的价值特征(生态学的或社会－经济学的),扫描工具对集中力量于最重要的地点和区域是至关重要的,也使成员国不会面对许多行政管理负担。成员国可以采用他们自己的和国家制定的标准去确定被认为是足够重要的陆地生态系统,以及哪些由于人为活动对地下水的改变而引起的对陆地生态系

根据有关地下水的水平导则确定地下水体

↓

确定直接依赖于陆地生态系统的那些地下水体

↓

确定由于人类活动改变了地下水质量或水位而可能对直接依赖的陆地生态系统产生严重损害的风险

↓

为取得良好水状况，采取措施以避免和弥补由于人类活动改变了地下水质量或水位而对直接依赖的陆地生态系统产生的严重损害

图 5　保护和恢复直接依赖的陆地生态系统的地下水需求的一般方法

统的损害可被合理地描述为“严重”。

导则关注“严重”损害，说明它的目的是提供一种机制，通过这种机制成员国可以保护作为 Natura 2000 网络的已经在群落水平上受到保护的湿地的水需求，以及其他受到人为活动严重影响的重要陆地和湿地资源的地下水需求。为了能使成员国利用他们的管理资源获得湿地保护和功能提高的最大效益，图 6 推荐了操作性很强的实用方法。

第一步

识别那些地下水体，它们具有：

(1)自然界2 000个地点直接依赖于地下水

(2)其他直接依赖于地下水流量的陆地生态系统，具有足够的生态和社会–经济价值，由于地下水条件改变而受到损害的话，可能被认为是严重的(视严重性而定)

↓

第二步

评价是否由于人为改变了地下水水位和质量而可能对第一步确定的陆地生态系统存在严重损害的风险

↓

第三步

借助于更多的特征和监测，确认严重损害是否(1)已经发生，或(2)可能发生

↓

第四步

采取必要的措施来避免和弥补第三步确定的任何严重损害，以达到有关水体的目标

图 6　确定由于地下水水位和质量改变可能受到严重损害的陆地生态系统

图 7 介绍了一个在英国如何使用这个方法的例子。由于分析 2 004 个压力和影响的时间有限,工作重点放在确认对话条款中可能对最重要的陆地生态系统产生损害的风险分析上。2004 年之后,对其他直接依赖的陆地生态系统的重要性会谈将予以考虑。

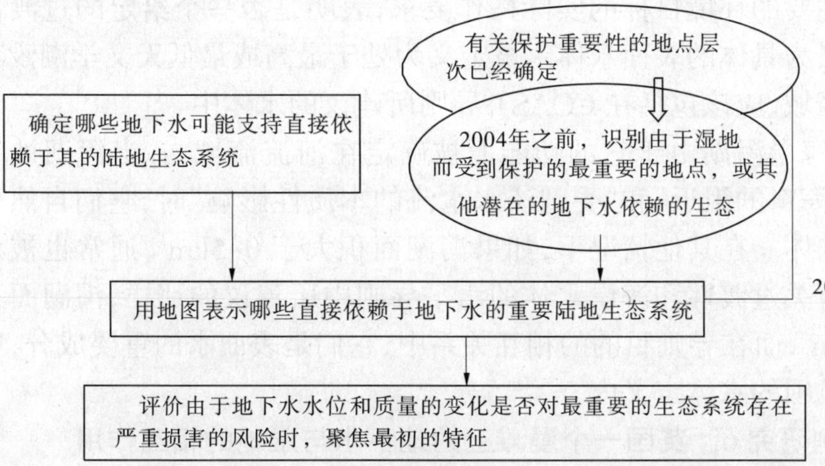

图 7　英国制定的阶段性方法轮廓

有关地下水体的环境目标要求保护所依赖的陆地生态系统免遭“严重损害”。然而,导则没有给出“严重”这个词的定义。“严重损害”这个词,应主要根据与地下水有内在联系的陆地生态系统的生态质量来解释。除此之外,还应考虑其他因素。在这种关系下,由成员国收集的有关所依赖的系统的生态和社会－经济重要性资料可用于形成“重要性检验”的基础。例如,在湿地具有保护重要性的地方,由于地下水改变而削弱对它的保护目标可以认为是一种持续性的严重损害。在这种情况下,成员国需要通过联系关键物种和生境的水要求来评价招致严重损害的风险,并对每一个类型的生态系统确定可忍受的地下水改变的边界条件。

同时也应注意与不饱和层或喀斯特系统连接的湿地可能在保护饱和地带免遭污染影响中发挥着极其重要的作用。在这些情况下,成员国需要对这些生态系统设计特别的保护措施。

3.4　与过渡性和海岸水体相联系的湿地

依据导则有关过渡性水体的定义,绝大多数盐性湿地可划归为过渡性水体:

“过渡性水体是指位于河流入海口附近的表面水体,它们由于距离海岸水很近而部分具有盐性特征,但本质上主要受到淡水水流的影响。”

CIS COAST 导则认为,位于河流入海口附近的表面水体,由于具有河流流域区域的生态重要性而被定义为过渡性水体,导则没有说明应确认为独立水体过渡性水体的最小规模。"表面水具体而重要的元素"这种表述常用来识别重要的水体,同样可根据成员国评价不能满足良好生态状况的风险来解释。

为取得主要的环境目标的实际操作要求,表明是否一个给定的过渡件水体应该被定义为具体的表面水体。被定义为处于最高或最低天文学潮汐具体区域的潮汐区域,应该包括在 COAST 导则所建议的水体中。

同样地,海岸泻湖由于它的功能而被确定在河流流域内,当泻湖被发现"处于河流入海口的附近"和"受到淡水水流的本质性影响"时,它们自然也被归入过渡性水体。在其他情况下,如果泻湖面积大于 0.5km^2,通常也被称为湖泊。正如有关过渡性和海岸水体的水平导则中所建议的那样,泻湖面积如果小于 0.5km^2,而在导则目的的相互关系中,它们是表面水的重要成分,则可以包含在成员国的水体定义内。

案例研究 6　英国一个漫滩上的地下水与湿地的相互作用

Idle 河漫滩是由 4 个独立的漫滩地组成的、面积 84km^2 的低地,位于英国的诺丁汉郡(Nottinghamshire) 和南约克郡(Yorkshire)。这个漫滩地一直被指定用于湿草地和水禽等的特别科学兴趣研究场所。

自 19 世纪以来,Idle 河一直被改变着,至 Idle 河改进方案达到高峰,它亲眼目睹了洪水防御堤坝的建设,在洪水或高潮汐时期排水至 Trent 河的泵站建设。历史上,上百公顷的土地曾被洪水淹没。

这些变化的结果,现存的 Idle 河漫滩仅代表了历史上湿地景观的很小一部分,长期以来其干涸和退化问题受到了普遍关注。

最初曾对泵站操作的边界条件产生疑问。泵站抽水曾被认为是暴风雨后引起水位迅速下降以致淹没的时期和深度不足以维持浅薄的地下水位的原因。

曾设置了一系列较浅的地下水监测洞以验证这种假想,同时制定了泵站控制规则以恢复和保持湿地利益。然而,收集到的资料表明,洪水过后较浅的地下水位迅速下降至低于河流水位的水平。这表明对漫滩中较浅的地下水位的根本控制在于地区性的含水层,而不是维持河流的水位。

对河流、含水层和漫滩之间相互关系的本质仍须进行调查研究。这些发现寓意深刻,长期过量开发利用地下含水层提供公众用水已经使地下水位降至海平面以下。

4　湿地与严重改变的水体的关系

4.1　严重改变的水体与湿地

水框架导则中的严重改变水体领域是 GIS 导则里的一个主题，其原理证实了以下的讨论（严重改变与人工水体的鉴别与指示，严重改变水体与人工水体的政策简述，第二章）：

“严重改变水体是由于人类活动产生的物理变化，实质上其特性已经改变并且不能满足良好的生态状态。在这样的背景下：物理变化意味着水体的水文气象特征的变化。

“一个水体实质特征的改变就是水体已经遭受了重大的长期的水文气象变化，是为了维护像条款 4(3)所列的各种特殊用途导致的结果。一般来说，这样的水文气象变化是水文变化与气象特征交替变化的。”

如果当前的水体用途（例如航运、水电、供水和防洪）或者大环境明显受到恢复良好生态状态所采取的措施的负面影响，如果没有其他技术可行并且花费合理的环境措施存在，这样的水体就可以被判定成严重改变的水体。这些水体的环境目标是实现“良好的生态潜力”，这没有实现“良好生态状态”的目标紧迫。

沿河、沿湖或者是潮汐区包括包含在水体中的湿地构成了水体水文气象特征的一部分。这些地方的条件和尺度与水体的环境目标有关，这些地区的改变与破坏在进行严重改变水体的判定时必须进行考虑。

水体的风险辨别以及湿地在其中所起的作用，在本导则“影响与压力”中有所描述。当前的章节考虑了湿地与严重改变水体的关联，建立了合适的良好生态潜力的评价标准。

明显的水文气象变化常被认定为与良好生态状态不相适应，甚至在长期过程中存在，所以加强严重改变水体的设计应该包括一些结构措施，例如堤防、排水沟等，这样的措施在没有特定用途的改变或者大环境改变造成的负面影响的时候是不会被改变的。实际的设计是建立在一系列测试的基础上的。这些在接下来的章节中已经列出，并列出了与湿地的再造、维护与加强相关的内容。

4.1.1　严重改变水体的判定步骤及与湿地的可能的关联

在水框架导则与严重改变水体导则中有两个主要的判定测试用于严重改变水体。

(1)进行必要的恢复措施以达到良好生态状态对大环境或者特定用途具有明显的负面作用?

一些情况下,对于沿河、沿湖或者潮区汐湿地的影响可能会导致良好生态状态失败的风险。湿地恢复措施可能是产生良好生态状态的必要措施的一部分。在这些情况下,判别测试需要进行一个湿地恢复措施对大环境没有明显的影响或者不会对特定用途产生影响的评价,这样的用途例如防洪,湿地恢复所增加的蓄洪空间应该没有明显的负面作用,这样的水体不应该被判定为严重改变水体。

(2)严重改变水体的变化产生的有益目标能否被其他具有明显的更好的环境目标、可行技术并且花费合理的措施代替?

湿地的恢复与创造可能对这样的判别测试产生有益的目标。

4.1.2 建立良好生态潜力

接着判别过程之后,成员国需要对每一个严重改变水体建立环境目标。这个过程列于表6,指出了相关于湿地在哪些地方及如何发展成为参考的条件(最大生态潜力)并且达到一个合适的环境目标(良好的生态潜力)。

表6 开发相关于湿地的严重改变水体的环境目标

严重改变水体的生态目标	与湿地的相关内容
最大生态潜力的建立: 比较最近的可比的地面水体,考虑所有的对大环境或者水体特定用途没有明显的负面影响的缓解措施	(1)在恢复相应的湿地功能时,存在对大环境或者水体特定用途没有明显负面影响的机会,这样的机会在鉴定最具可比性的地面水体时应该被勘察清楚 (2)如果不存在天然系统(这种情况在严重改变水体与其蓄滞洪区不相连时会发生),专家判断在这样的背景下应该被用来鉴别最好的可能的环境后果 (3)一个合适的参考条件将反映水文气象条件的恢复,其条件是对大环境或者水体特定用途没有明显的负面影响
良好生态潜力的建立: 在MEP,只有一些轻微的生物因素的改变,否则必须采取措施保证实现MEP	在生物质量因素上,良好生态潜力与MEP相比,仅仅有轻微的改变,因此可以提供水体物理恢复的动力,这也与严重改变水体的判定是一致的

4.2 人工水体与湿地

GIS导则给出了鉴别与判定严重改变水体与人工水体的标准,根据该标

准,人工水体被定义为:

“创造在一个原来没有明显地表水存在的地点,并且不是已经存在的水体移动或者重联结或者物理变化产生的,这样的地面水体被定义为人工水体。”

一个相似但不完全相同与判定严重改变水体的判定系统被应用于鉴别人工水体、建立最大的以及良好的生态潜力。这个过程与湿地的潜在关联列于表7。

表7　鉴别人工水体以及与湿地的关联

是否为人工水体	与湿地的关联
人工水体提供的有益目标能否被具有明显的更好的环境方案、可行技术、花费合理的其他措施代替	
最大生态潜力的建立: 比较最近的可比地面水体,考虑所有的对大环境或者水体特定用途没有明显的负面影响的缓解措施	必须仔细选择一个自然类型进行比较,水文气象条件是合适的考虑并能反映最大生态潜力的生物标准 因而,对于一个湖泊类型,湖滨地区的条件,与其相关的沿岸种群,如果缓解措施能够在对大环境和特定水体用途不产生明显负面影响的情况下加强这些因素,这些因素对确定 MEP 有帮助 这与水库的设计或者改造有关 一个合适的参考条件将反映在水文气象的加强上,这就对大环境和水体的特定用途没有负面的影响
良好生态潜力的建立: 在 MEP,只有一些轻微的生物因素的改变,否则必须采取措施保证实现 MEP	良好生态潜力与 MEP 相比,在生物学上仅仅有轻微的改变,因此可以提供水体物理恢复的动力,这也与人工水体的判定是一致的

5　保护区与水框架导则

导则需要各成员国到 2004 年 12 月 22 日建立一个保护区的登记。这个登记一定要包括每一个流域区内所有被设计成需要保护的地区,这些需要保护的地区是专门的联盟法律界定下的地表水或地下水保护区、直接依靠这些水体的动物种群及栖息地的保持区。登记的目的是确保由水框架导则进行的河流统一规划系统能够帮助实现其他与水有关的法律目标,就像其应用于河流的环境脆弱部分与重要部分。保护区的登记将包括一些在“鸟类与栖息地导则”中标明的点,将这些点作为 2000 年自然网络的一部分。

5.1 依水性的环境标准

有些保护区将包括直接依赖地表水或者地下水的湿地动物栖息地与种群。所以,发展这些保护区登记的一个重要部分就是找出在 2000 年自然网络中的符合水框架导则标准的动物种类。接下来的讨论与评价标准为如何开展这个过程提供了一个起点。

自然动物栖息地包括地表水栖息地。其他的自然物种可以依赖饱和条件,地下水位在或接近地表面或者频繁的洪水。其他的可以直接依赖水生过程(例如,沙丘依靠临近的海滨水体的沉积移动)或者依赖于因附近的水增加的湿度。

5.2 鉴别相应的标准与目标

水框架导则要求任何有关保护区的标准与目标应该在 2015 年前被实现,除非在联盟法律中标明的地点。

这将基本上被表达成生物概念,并且将被水框架导则采用为强制措施的判定标准。但是,人们还是广泛地认识到,为了分析压力与影响或者建立一个措施进程,这样的标准与目标是需要的,在实用上,被理解成物理化学或水文气象属性。

在实现水框架导则的职责中关于 2000 年自然湿地的第二并且是重要的步骤就是确定保护区的相关地表水与地下水需要,按照需要的程度决定是否存在明显的不能实现与水有关的标准和目标的风险,确保一定的措施来实现这些。用于实现自然保护区的目标所需要的关于水的标准或多或少地比用于实现良好的地表水状态、良好的地下水状态、其他保护区目标都要紧迫。

流域管理规划也应该包含任何一种水管理的行动,这些水管理行为为“鸟类与动物栖息地导则”(与 2000 年自然网络以外的动物栖息地有关系)提供更广泛的支持。动物栖息地导则表述:

成员国将努力在他们认为必要的地方,在他们土地利用规划和开发政策、尤其是在改善 2000 年自然网络的生态连贯性上,鼓励进行地质环境的特色的管理,尤其是那些对野生动植物有很重要作用的地质环境。这些特色是靠它们的线形或连续的结构(例如,有堤防的河流、传统的约束土地边界的系统)或者它们的功能作为手段(例如,池塘或者小树林),是迁移、疏散、野生物种基因转换必不可少的。

在成员国建立补偿栖息地的地方(包括湿地),作为他们实施“鸟类与动物栖息地导则”的行动的一部分内容,这些额外的动物栖息地的需水将需要综合考虑在流域管理过程中。

5.3 运用 GIS 帮助进行保护区登记

为了帮助进行流域管理过程,保护区的登记应该合并成 GIS 的一个图层,能够完成一个加强与支持决策的复杂目标,这样的一个手段已经被多瑙河的生态专家组开发出来了。

6 湿地与影响和压力分析

水框架导则要求的影响与压力分析是流域规划环的一个主要部分。GIS 导则中影响与压力分析回顾了成员国在鉴别水体风险和不能实现水框架导则目标上需要采取的行动。这部分的湿地导则建立在 IMPRESS 导则基础上,建立了湿地在评价环境目标风险上的关联。

6.1 影响与压力分析的有关目标

以下与湿地有关的目标将在影响与压力分析中被考虑到。

(1)阻止所有地表水体的退化。包括阻止高等级水体的水文气象条件的退化(包括任一在沿湖沿河或者潮水混合区的湿地条件);也包括阻止良好状态或者较低等级水体的水文气象条件的退化,以使其可以成为相关的生物质量因素标准的支持。

(2)阻止所有地下水体的状态退化。包括阻止明显的破坏直接依赖地下水的地球生态系统(包括湿地)。

(3)保护、加强与恢复所有地表水体,目标是在 2015 年实现良好生态状态。这将包括保护加强与恢复水体的水文气象条件到能够支持相关的生物质量标准的程度。水文条件包括建筑与沿河、沿湖、潮水混合区,这些区域里可能含有湿地。

(4)保护、加强与恢复所有地下水体,包括逆转所有明显的对于直接依赖地下水的地球生态系统的破坏。

(5)保护、加强与恢复所有人工的和严重改变的地表水体,到 2015 年实现良好生态潜力和良好地表水化学特征的目标。

这将包括保护、加强与恢复人工与严重改变水体水文气象条件到能够支持相关的良好生态潜力所需要的生物质量标准的程度。水文条件包括建筑与沿河、沿湖、潮水混合区，这些区域里可能含有湿地。

注意：GIS 严重改变水体导则指出，成员国在 2004 年底前不需要对严重改变水体进行实现良好生态潜力的风险评价。

最晚到 2015 年，符合保护区的标准和目标，包括那些被判定为饮用水取水地区的目标。

这将包括在 2000 年自然网络中述及的湿地的目标与标准，鉴别过的用于实施动物栖息地和种群导则，相近的规则描述在饮用水导则里。

6.2 了解有关的压力与影响关系

影响与压力导则指出，水框架导则建立的大范围的目标的实现需要对大量的压力与影响关系进行理解，这比从前欧洲法律所需要的理解要多得多，且在很多成员国是很普遍的实践。

目标包括新的生态目标，它的实现也许会包含很大的压力，包括点源排放、面源排放、取水、水流约束、气象更替以及人工地下水补给。这些以及其他的可能影响水生生态系统状态的压力在分析中一定要考虑。

这尤其与对湿地的压力理解有关，与水框架导则的目标有关。虽然 IMPRESS 导则中认识到初始特征化过程（期限是 2004 年）可能很大程度上依靠现存数据，但它也强调，成员国在后边的流域规划过程中，需要确保对其进行改善与补充。不太明显的地表水体因素，比如小的河道、渠道与湿地，常常形成网络，在维护流域稳定上起到了相关的扮演压力因子的作用。对这些产生影响可能显示出存在的压力并加大流域的脆弱性。

表 8 给出了一些主要的驱动力/压力/影响的关系，可能需要被好好理解，用以实现与湿地相关的目标。

表 8　驱动力/压力/影响与湿地的关系

压力	影响	信息	水框架导则的关联
蓄滞洪区湿地的排水	物理范围的变化，水体生物组成的变化 沿河区条件以及植被的变化 水体其他水文气象因素的变化，包括水流情势、深度和底址 改变进入水体的水的物理化学以及化学质量	理解蓄滞洪区湿地的条件与水体的物理、化学、生物条件的互动性。	地表水体目标

续表 8

压力	影响	信息	水框架导则的关联
防洪堤防导致蓄滞洪区的减少	物理范围的变化,水体生物组成的变化 沿河区条件以及植被的变化 水体其他水文气象因素的变化,包括水流情势、深度和底址 改变进入水体的水的物理化学性质以及化学质量	理解蓄滞洪区尺度与连通性及水体的物理、化学、生物条件的互动性	地表水体目标
在大流域里泥炭田等湿地系统的排水或破坏	改变流域的水文影响到进入下游水体的水流的水质与水量	理解大流域中的湿地,水体的水文情势的互动性,以及组成良好状态的因素	地表水体目标
抽取地下水	减少支持湿地系统的水	必要的水文情势来支持湿地系统的相关成分 地下水体与湿地水文的互动性	阻止退化并实现地下水体的良好状态
地下水污染	依水的地球生态系统的退化,包括湿地	必要的水质来支持湿地系统的相关成分 地下水与地表水水质的互动性	阻止退化并实现地下水体的良好状态
从地表水体取水	减少供给具有实现相关的保持目标的在自然 2000 年网络中的湿地的水量	理解自然 2000 年网络中湿地的水需求,包括与相关水体的互动性	保护区目标
地表水体的污染	降低供给具有实现相关的保持目标的在自然 2000 年网络中的湿地的水质	理解自然 2000 年网络中湿地的水质需求,包括与相关水体的互动性	保护区目标

6.3 理解未来压力的影响

影响与压力分析的一个重要要求就是鉴别未来流域内的活动,这可能对实现水框架导则的目标带来风险。

相应地，在评价实现这些目标的风险时，必须分析压力与影响：

(1)现存的压力与影响(2004 年鉴别)多半会导致水的状态不好；

(2)到 2015 年，压力将会如何发展？如果不设计实施合适的措施，将会导致不能实现良好的状态。

这些调查也应用于任一可能导致退化的规划或项目。

6.4 压力筛选以及阈值

为了在花费合理的情况下进行影响与压力分析，IMPRESS 导则建议在特定的压力分析时使用筛选标准。这样在分析最大不确定性的那些水体的风险时，就会有越来越"狭窄的"分析范围，因此将会把合适的资源用于勘察压力与影响的关系。

成员国在进行压力风险分析时需要考虑由加诸在水文气象质量因素上的影响所产生的不能实现导则目标的风险。

这应该包括典型水文气象条件的高级状态的退化的风险的考虑。

成员国也可能发现了资料是个很有用的基尺，以此来确定评价水体可能因水文气象变化而无法实现良好生态状态的范围标准(这在 IMPRESS 和严重改变水体导则中是相关联的)。这个范围标准将包括一个可接受的偏离于适用于任何湿地(包括在沿河、沿湖、潮水混合区内的)参考条件的偏差的措施。

在这些区域外的湿地将在水体状态影响的压力下，用于评价这样的压力的更大的范围标准将应用到一个复杂的压力/影响分析。在以下的实例研究中，湿地功能的评估用于明确流域的压力。

案例研究 7 通过湿地功能进行影响评估 Cheimaditida 实例

功能评价，使用合适的物理生物因子可以鉴别退化的过程，可能的退化源以及需要被恢复的功能，通过功能评价来进行影响评估使考虑了整个湿地的特性，而不仅仅是退化的湿地。整个流域的活动都可能对水生资源造成负面的影响，一个单独的湿地管理系统不能改变整个流域条件。几种已经开发的功能评价方法如下：①花费合理，同所获得的信息价值成比例；②容易解释信息；③容易理解涉及重要的环境问题的相关政策。这些方法用于评估对湿地生态系统的影响并更深层地评价所提出的管理措施。

希腊的 Cheimaditida 湖是个很有特点的流域的功能评价用于影响评估和可持续规划开发的实例。由于农业取水、地下水补给与储藏都被发现开始退化。尽管湿地还存在几种珍稀鸟类功能评价显示，食物供给功能还是不能达到期望的程度，如果不采取措施，在不久的将来将产生生物多样性的问题。以上功能不能完全实现将导致以下后果:①地下水位下降;②灌溉水短缺;③失去湿地生物栖息地;④生物多样性的逐渐降低。这些环境问题直接影响到当地经济。降低的庄稼产量和渔业的退化导致家庭收入降低和社会不稳定。为了解决上述问题,湿地评价用来建立一个恢复湿地的可持续的参考水平。今天,一个恢复已经退化的湿地的项目正在进行中。

湿地功能的评价可以由特殊的工具和空间分析来实现,就像下面的实例描述的湿地评价决策支持系统。

案例研究 8　湿地评价工具——湿地评价决策支持系统

EVALUWT 项目的一个重要成果就是湿地决策支持系统在简单定义下,"湿地评价决策支持系统"联结一个功能评价的知识库,知识库中包含在 GIS 环境下的社会经济估价方法。知识库执行水文、生物地理化学的评价,也包含生态湿地功能适用的数据,这些数据可以在案头工作和实地考察中大量得到。"湿地评价决策支持系统"有一个简单的用户界面、输入数据,输出的是一个 GIS 的图层。用户可以在线进入"湿地评价决策支持系统",所以不需要花费很多的投资用于 GIS 软件。GIS 环境的应用允许任何尺度上的决策支持,从单个的湿地到整个流域。在一个工具内综合功能与评价信息,决策者可以考虑一个湿地管理系统内所有相关的信息或者一个流域统一管理系统内的所有湿地信息。在这种情况下,"湿地评价决策支持系统"将把湿地管理放在水框架导则背景下,并支持实施其他国家的、欧洲的或者国际的政策,例如动物栖息地导则、鸟类导则、湿地条约、生物多样性条约、可持续发展条约。"湿地评价决策支持系统"将在 7 个研究区内逐一进行测试,这 7 个流域代表了不同的湿地类型与气象区。"湿地评价决策支持系统"可以被应用于各种用途,比如确定恢复地点或者缓冲区,对比湿地地点和管理策略。

7　措施方案和湿地

为了达到导则第四部分提出的目标,导则第十一部分要求各州制定一个相应的措施方案。

作为措施方案的一部分,湿地的建造、恢复和管理被证明是一个既经济又可以被社会接受的机制,有助于完成导则环境的目标。

湿地的潜在好处是具有防洪、消除营养化和污染物、保护野生动植物、旅游和娱乐等功能。本节的目的是检验湿地在措施方案中所起的作用,是否有助于导则环境目标的完成。

7.1 基本措施和辅助措施

7.1.1 基本措施

在下面的情况下,基本措施包括保护、增加或者恢复湿地所进行的一些最直接的活动:

(1)湿地是一个陆地生态系统,它直接依赖于地下水,而要使地下水处于良性状态,需要采取措施使得人类活动所引起的地下水位和水化学成分的变化,不至于对湿地造成显著的破坏。

(2)与湿地相关的是一条河流、一个湖泊、过渡性的或者沿海的水体。

(3)湿地是地表水体水成地貌的一部分,该湿地需要保护、增强或者恢复,保证水体水成地貌的状况与生物长期生存所需的良好的环境相适应。

(4)湿地属于2000年自然保护区,为了达到其标准和目标,需要采取一些适当的措施,保护、增加或者恢复地表水体或地下水体。

7.1.2 辅助措施

辅助措施是指基本措施以外的,为达到导则目标而计划和采取的一些措施。导则列出了一些辅助措施,包括湿地的建造和恢复。

在某些情况下,湿地管理可能是完成导则目标的必要措施。在这种情况下,湿地恢复和建造可能是必须的。在另外的情况下,如果成员州认为湿地管理是最有效的措施的话,它们可能采取湿地管理,也可能采取更合适的综合措施。基于成员州自已的考虑,它们也可能采取辅助措施,达到更好的保护效果,或者改进地表水体或地下水体质量,使其超出导则所要求的标准。

同时,也应注意辅助措施不必处处考虑,只有在采取辅助措施能达到导则目标的情况下,成员州才必须采取辅助措施。

7.2 湿地和投资效率的概念

导则中的经济分析是帮助成员州评价实施措施最佳投资效率组合的途径,通过经济分析,以利于导则目标的完成。要得出投资效率的合理评价,经济分析必须具备足够的详细资料(考虑资料收集费用),特别是基本措施资料。完成导则第四部分目标所采取的措施包括湿地建造、恢复及其他措施,其投资和效益(包括环境投资和环境效益)比较也属于投资效率评价的一部分。

多数情况下,湿地管理措施的合理评价及其费用可以反映出湿地的最大作用和它所产生的最大效益。本章许多实例研究都对此进行了阐述。

7.3 湿地措施

本部分介绍湿地在解决水环境压力方面的实际作用。当湿地与某一特殊的基本措施密切相关时(见以上部分所述),节标题指第11.3部分的适当规定。否则,节标题指湿地的功能,这些功能有助于控制对水环境(包括污染和地下水的消耗)所产生的巨大压力,以及有助于第四部分所述的导则环境目标的实现。

7.3.1　实现社会立法的措施

导则谈到了实现水保护所需采取的措施。例如,利用湿地改进水体质量及与湿地保护和管理相关的鸟类及其栖息地条款。

7.3.2　湿地在资金回收方面的作用

导则提到的基本措施包括被认为适合第九部分的一些措施。

导则要求成员州考虑水服务的成本回收原则,包括环境成本和资源成本;同时,要保证在2010年之前制定水用户高效利用水资源的水价激励政策,保证各种形式的水资源利用都有助于水服务的成本回收。水服务是指为家庭生活、公共机构用水,或各种经济活动所提供的一切服务活动,即:①开采、蓄水、储水、地表水或地下水的治理和配置;②污水(最终回流地表水)的收集和处理设施。

案例研究9　Cassinazza"湿地农场":农业与水政策的相互作用

Cassinazza农场位于Po洪泛平原,米兰区的南部边缘,面积约400hm^2。传统的农作物有稻、冬谷类、玉米、大豆和向日葵。从1996年起,以恢复自然资源的广泛的土地管理体系取代了集约化农业生产。在CAP(公共农业政策)的指导下,农业环境的一些政策如2078/92规定、近来的农村发展1257/1999规程,以及意大利农业部支持利用生物多样性促进农业环境的政策等已经在过去短短的7年时间里相继完成。在Cassinazza农场范围内有沼泽(50hm^2)、湿草地(15hm^2)、牧场(100hm^2)和林地(70hm^2)。农田河网所分割,两排或三排的灌木和树木篱墙长达75km。一个大的坑塘(1.1hm^2)蓄水达20余万立方米。水稻生产的农业基础设施(坝、桥、路)已经建成,这些基础设施既可以用于农业,同时也可另作他用。目前,有59hm^{2}的农田仍属传统耕作方式,38hm^{2}的农田已经开发成了"一体化的耕作"。

按照1257/1999规程,通过出售少量的干草和稻谷获得了巨大的经济效益。与传统的集约化水稻耕作相比,Cassinazza稻田面积小,并且在篱墙的保护范围之内,因此减少了它对农业环境的影响。从直接经济收益来看,大范围的水稻生产与集约化的农业种植相比能够获得更大的效益;同时它还比通过"置之不管"或新F行动方式,以减少污染物扩散为目标的解决方式获得更多的效益。2002年11月,湿地农场的一部分被用做滞洪区,蓄集暴雨洪水,降低附近一个村庄的洪灾危险。据估计,暴雨所造成的损失大大超过农场湿地管理的公共投入。

CAP农业环境措施对改变水质和环境具有非常积极的作用。在以上原则的基础上,一个称做能源农业和环境的工程得到了Lumbardy政府的资助,用以开发一条位于Cassinazza附近的“能源集合线”。该工程包括利用稻田建造湿地、耕作和利用生物进行能源生产。这个工程旨在改变“整洁”即是效率、未耕作即认为是荒地的典型农民意识。

环境和资源费用的种类,以及将它们考虑到经济分析中的方法,在《环境经济学》导论——《水框架导则的实施计划》中进行了重点阐述;同时在导则的“费用(和效益)估算”部分中也进行了详细讨论。

当湿地管理是一个措施方案的一部分,或湿地受到措施方案的影响时,与其功能和价值密切相关的环境和资源费用就需要包含在导则建议的经济分析中。

案例研究10　英国湿地的遗留价值

据估计,英国湿地的考古资源有多达13 400个纪念碑,其中11 600处可以在低地湿地发现(Van der Noor et al.,2001)。湿地对英国当地居民的价值可以追溯到中石器时代,这可以为大量的典礼庆典沉积物及其纪念碑所证明(Roos Carr,Seahenge,Flag Fen, Fiskerton)。厌氧湿地环境所保留的人类活动证据通常都遗失了,特别是建筑和人工制品的有机物都未保留下来。湿地还保留着长期的古环境次序,这些是植物和微动物志年复一年的积累结果,从动植物的标志,可以知道过去人类活动如何影响环境,以及气候变迁情况。这个丰富的具有考古价值的储藏地的结构和排水极易遭到破坏,即使是季节性的干旱也可以导致有机物证据的腐烂损坏。在湿地区,很难通过法律措施保护考古场地,这是为设置考古场地并保存它们,而同时又对它们不造成影响几乎是不可能的。

湿地是文化和历史进化的最重要的组成部分。这个观点一直以来为Assynt Trust所提倡,他对难得的陆地森林的形成持有异议。在恢复湿地生态系统的过程中,必须认可湿地的存在,并把湿地当做人类、水循环和湿地环境密切关联的历史的一部分。

湿地的文化价值远大于其历史价值。今天生活和工作在湿地的人们常用艺术、戏剧、文学、诗歌进行庆祝,并把它们当做一种很有价值的教育工具。最近由Common Ground for the River Stour in Dorset组织的“汇合”工程提高了从Stourhead to Poole Harbour Stour河流域成千上万人对河流和湿地重要性的认识。

7.3.3 控制水体形态的影响

导则提出要采取措施确保水体的形态状况与需要的生态环境目标相适应。对河岸、湖岸和潮汐波动区的湿地造成的压力，其控制是一个基本措施，该部分湿地的变化将导致水体状况的明显改变。

湿地生态系统、水体形态（包括河岸、湖和潮汐变化区的情况）和生态系统的状况见3.2.3部分。

为了确定控制的合理程度，成员州将需要对可能造成导则环境目标无法实现的主要压力进行考虑。这项工作的过程参见CIS手册关于对水体的影响和压力分析(IMPRESS)。许多压力都会影响河岸、水体潮汐区以及该区域所包含湿地的结构和状况。

具有潜在显著压力的因素包括用于防洪和解决干旱问题的传统工程措施（如人工运河网，墙体、管道和水库的结构），这些工程措施对水体水力形态会产生比较大的影响。长远来讲，随着人口的不断增长，这些工程措施也不足以长期维持人口、财产和环境的可持续发展，并会加速气候变迁。人们已经越来越多地认识到湿地建造在替代这些工程措施方面所起的作用，它的作用在下面的实例研究中进行了描述。

案例研究11　用以减轻洪水危害的湿地：澳大利亚拉夫尼茨河

拉夫尼茨河是澳大利亚少数几条保存有自然低地的河流之一。自20世纪80年代中期以来，大约220hm^{2}的农田被购买并进行了更大尺度上的管理。另外，通过给予土地所有者经济补偿，610hm^{2}集约化农业生产区也被解放出来，这片区域被用来存蓄自然洪水。原来的方案是在河道上建坝，而这将导致河道下游村庄产生更大洪水的危险，同时工程成本昂贵。

从远古时候起，易于发生洪水土地的大尺度管理就是洪积平原人们避洪战略的一个组成部分。把大尺度下高质量的农业生产与流域的一体化管理相结合的这种“软”工程措施正在逐渐兴起，并必将大力促进未来文化前景的可持续发展。

2003年6月，在Athens Water Directors会议上提出的《可持续防洪的UN/ECE方针》提供了无数成功的防洪、减轻洪水危害的具体实践例子。非工程措施如植物、土壤、地表和湿地的储水作用对减轻中等洪水至关重要，也有助于减少河道淤积量。保存、保护和恢复逐渐恶化的湿地和洪积平原，包括河道的弯曲、U形河湾，特别是把河流与它的洪积平原连接起来，所有这些都是主要的预防性的非工程措施。

案例研究 12　以在高、低潮位之间创建栖息地来提高海岸防洪工程的效力

英国和威尔士的环境机构对在高、低潮位之间创建与海岸防洪有关的栖息地的经济影响作了评估。术语“管理式重调整”是用来描述有意识地在现在的海防工程上破口以让海水流向陆地现有工程新的线路。新创建的盐沼地或在高、低潮位之间的平坦地可以起到在海与陆地之间在高潮位和暴风雨时的一个缓冲区的作用，消耗了海浪的能量并使海岸对海平面的变化反映更自然。

“管理式重调整”带来的经济上的好处是显著的，重调整而升高地面通常使海防工程的高度降低，并缩短其长度，因而也就降低了维护费用。除此之外，新创建的高、低潮位之间栖息地提供了天然的防护，在这样的地方就可能省下长期的开支。英国和威尔士的环境机构估计，如果一个地方有一个 80m 宽的盐沼地形成一个防洪工程，每公里的维护费用将可减少到 3 000 英磅(约 4 700 欧元)，这归功于高、低潮位之间的栖息地削弱海浪的缓冲效果。

考虑如何利用湿地以一种与 WFD 的目标相融合的方式来应对洪水和干旱会极大地帮助各成员国实施，并帮助使洪水管理战略与流域规划融为一体。一种混合型的洪水管理比选方案成为未来可持续洪水管理的一部分是很有可能的。

案例研究 13　荷兰 Twente 的蓄洪区

位于 Regge 和 Dinkel 两河(注入一条名为 Overi jsselse Vecht 的德国与荷兰交汇的河)流域的 Twente 的乡村有着很高的历史文化和自然价值。城市化和河流渠道化加大了水的泄量。在降水较多时，上涨的水位造成周围城市的淹没；而反过来在夏季，农田往往遭受旱灾。一项水流恢复工程旨在降水较多时存蓄水，恢复流水网络，控制旱灾，开发自然山水风光，恢复乡村的历史旧貌。

7.3.4　湿地及污染控制

要获得“指示”的环境目标要求各成员国采取行动控制点源和扩散污染压力的对水体的显著影响。

人们早已认识到湿地植被和土壤在养分的循环、污染物的拦滞、拦蓄挟带污染物入水环境的悬浮固体物所起的重要作用。建立湿地所产生的清理费用的减少，以及增加的生物多样性和休闲效益，在评估点源和非点源污染情况下的水处理比选方案的财务生存能力时应该予以考虑。在考虑湿地的功能时，对现有地点野生物和文化价值保护同样重要，如果这些湿地被当做养分储蓄地，这一点有可能作出让步。另一方面，不断增加的自然保护价值的面积潜在地沿着承载着最大污染物的区域被分区，“创建”的湿地(建造的湿地)可以为养分的循环提供更大的机会。

湿地在水供给和污染管理方面的潜在作用,在2002年11月“水董事”达成的湿地问题共识文本和1995年委员会与欧洲理事会和议会关于湿地保护及水的明智使用对话中放在突出的位置。

文件中所给出的实例研究说明湿地在减轻污染物清理(特别是养分)技术和经济负担上的重要贡献。

案例研究14 摩拉维亚河下游留滞养分的价值

摩拉维亚河是多瑙河的一个主要支流,绵延328多平方公里。它的下游流过奥地利(右岸)和斯洛伐克(左岸)。斯洛伐克一侧原来160km^2的滩涂仅剩25%,许多成了农田。利用GIS技术历史地图进行分析表明,在起作用的滩涂中可耕地的面积在1920~1999年间翻了一番,导致半天然的草地减少了50%、动植物数量下降、滩涂消除养分的价值降低。

摩拉维亚河下游滩涂上传统的草地管理有一项434t/a的氮留滞指示值,这一天然的养分搬移作用的货币价值相当于一座给一个拥有216 000人口的城市处理污水的污水处理厂的运行费(约70万欧元/年)。而且,建造这样一座处理厂的首期费用为700万欧元左右,这些成效提供了赞成将原140hm^2的可耕地恢复成草地的强有力的经济上的论据。恢复滩涂所需的总体上的经济投入要远低于常规的水处理费用。

正在进行的对摩拉维亚河草地的恢复正在改进着数个栖息地和在整个欧洲几个物种数量下降的状况,这一举措通过再建一种更自然的洪水类型达到提高蓄洪能力、培育出旅游和休闲机遇的目的。在摩拉维亚河草地从事干草生产的农民们在奥地利边界找到一个现成的市场,在那里对有机产品的需求目前国内无法满足。

注意:为维持湿地的价值建议湿地应受到保护不受污染,必须防止人为污水的排放以维持湿地的水质状况及相关的水生生态系统,不能强行用湿地去控制不合理的污染。

案例研究15 Le Meleghine:为控制污染而建造的湿地

天然湿地通过生物、地理、化学过程吸纳、改变承载着溶解的和悬浮的污染物浓缩颗粒的水流。

在许多情形下,最有效的提高除污作用的方法由旨在恢复河流天然净化能力的措施组成。

Le Meleghine湿地位于Po流域的下游,靠近摩德纳城,由面积36hm^2的浅池塘和长有植被的沼泽地组成。这块重建的湿地,自1994年起发挥作用,吸纳了排自Canalazzo大运河人造主排灌渠道平均流量为0.37m^3/s的水流,排灌密集型耕作农田 8 380hm^2，主要的人造池塘 18hm^2 以上，平均深度不到 1m。

在大面积排灌之前，这一地区是一大片沼泽地，具有适于水生的结构特性的黏土。现今周围农田的农业生产潜力低下，由于一层天然的 4m 厚的不透水黏土层的存在，可以容易地将其改造成湿地。不透水黏土层将地表水和位于其下的与 Po 河系相连的浅层砂质冲积扇地层分了开来。自生的植被包括以芦苇、水烛类、苔属类植物、莎草和冲积扇林木为主的混生类植物。鸟类，包括在重建的湿地上建巢的 30 种，总共有 138 种。

调节水的滞留时间（名义上的最大滞留时间为两周）和扩大植被覆盖面积可为削减养分提供理想的条件。尽管湿地表现出显著的控制因在入口处强烈的浓度变化形成的养分载荷峰的能力，总体上滞留养分被证明随水文和气候变化而显著变化。

密集的监督项目表明湿地通过氮化合和脱氮在减少富营养水流方面非常有效，如氨减少 75%、溶解的无机氮肥减少 64%、总磷减少 63%、溶解磷减少 94%、COD 减少 40%、总悬浮固态物减少 63%。

这一重建的湿地是惟一有效的本可以用来控制由农业生产、处理的和未处理的工业水（包括食品加工行为）和污水处理厂排入 Canalazzo 大运河的污水产生的扩散性污染的工具，Canalazzo 大运河排入 Po 河，又进一步流入富营养程度很高的亚德里亚海北部。

7.3.5 利用湿地提高地下水的补给量

良好的地下水状况的取得包括保护和恢复地层水量状况的一些必备条件，在一些情况下通过湿地的保护和恢复可以更容易些。

案例研究 16 来自多瑙河国家公园的饮用水

45km 长的多瑙河河边的水质很高，可以向 250 000 人提供洁净的饮用水。如果这一地区建坝发电（正如过去和现在所建议的），给水质的补偿费用每年会达 6 300 000 欧元。

湿地冬天的储水量可以补充地下水。湿地要比可耕地的持水量大，耕地的水通常被尽快地排走以帮助作物生长。因此，湿地水能长时间地渗入地层，取得比耕地的排灌和土壤条件直接快速地将大量的水导入主河道的地方可能补给的水量要大的补充量。这类渗透通过与其下地层直接相连的区域发生，例如，灌溉沟渠、沟壕、池塘和泻湖。这样，在滩涂创建湿地在减轻冬季洪峰的影响的同时，可以提高冲击扇地层水量状况。创建于白垩丘陵地上小规模的湿地可以创造一个更有利渗流的环境以及提高地层补给量也是可能的。临近耕地有较多明水的湿地可以产生更多的效益，农业用地下水的量变得有限。

案例研究 17　为荷兰提供饮用水的湿地

因自 20 世纪 60 年代起，荷兰境内的大多数河流逐渐被污染而不能以可接受的价格提供饮用水的水源，荷兰政府开始通过让水流渗过沙丘的方法观察自然的水的净化，主要过程包括通过地层内沙和细菌的进一步作用的机械性过滤。这样天然的地貌特征显著地降低了水饮用前的处理所涉及的技术上和经济上的负担。海牙的饮用水现今仍用沙丘预处理；直到大型水库建成2003 年，同样的技术也用在为阿姆斯特丹饮用水处理中。

在荷兰的部分地区，如荷兰省的南部，没有合适的沙丘用做水的自净。这里的主要水源是马斯河，一条以流量不稳定、夏季流量最小值低为特征的河流。作为三角洲工程规划的一部分，1970 年大型 Haringvliet 坝的建成无疑改变了马斯河河口的天然地貌。一大片淡水区域浸入内陆淡水与沿海咸水二区域间的过渡区，显著地影响河口的动植物。这一工程对拓宽人们对土地和水的利用上作出了贡献。

从 Haringvliet 再向内陆地区，水管理者决定蓄水以给 Dordrecht 市供水并进一步开垦农田。Dordrecht 地区，曾经是一具有河口岛屿特征的沿海荒野区，被选作三个总面积为 673hm^2 浅水库的所在地。水从一个水库流到另一个水库，悬浮物和溶解物减少，到最后一座水库时，水已接近适合人饮用了。今天，Dordrecht 成了一个国家公园，绵延 7 100 多公顷，形成了一个人们颇受青睐的休闲地和人造水生动植物栖息地，提供了一个宝贵的野生生物资源。

作为莱茵河的一个“看点”，展望一代人后这条河的情形，荷兰政府正在从事一系列涉及许多公共机构的协作工程。新计划旨在在莱茵河口、马斯河及北海这间重新创建一个微咸水区，在以前的海水入口和位于其后的 Biesbosch 潮汐区部分恢复潮汐环境。通过最终再开一个永久的 Haringvliet 水闸，生活在淡水和微咸水潮汐环境中的动、植物将能重新繁盛起来，像三文鱼这样的迁居性鱼就能畅通无阻地沿河从海里游到它们的产卵地。

荷兰政府给河流让出更多空间的计划已摆在面前，主要是在现有的和恢复的冬季的河床上。这些重新创建的湿地是滞洪区的开发、水的净化计划、自然保护区和自然的及恢复的湿地提供的其他功能的一个机遇。

8　对地下水体和依赖性生态体系的监督

为对地下水状况做出评估，需要有关地下水水位以及为防止对直接依赖于地下水的陆地生态体系产生显著破坏所需的水质信息。对水的这些要求一经明确,地下水水位和水质的监督结果就可以用于确定生态体系需求是否可以得以满足。在许多情况下,可能需要对不同湿地类型和关键物种对水的典型的要求的研究,这些要求目前还不被人们清晰地理解。这就是说,对湿地栖息地和物种直接监督以确定它们对地下水水位上水质变化的反映,在这些地方,还没有做出这样一些估计的适当信息。

要明确直接依赖于地下水的陆地生态体系对地下水的要求有可能需要对不同湿地类型和关键物种对水的典型的要求进行初始评价。在许多情况下,这些需求还不被彻底地理解。缺少理解意味着,在风险被确定的地方,要求对陆地生态体系条件做出直接评价,以帮助设计合理的控制地下水位变化的措施,并确认这些措施是否正在有效地避免对陆地生态体系显著破坏或对破坏做了补救(见图 8)。

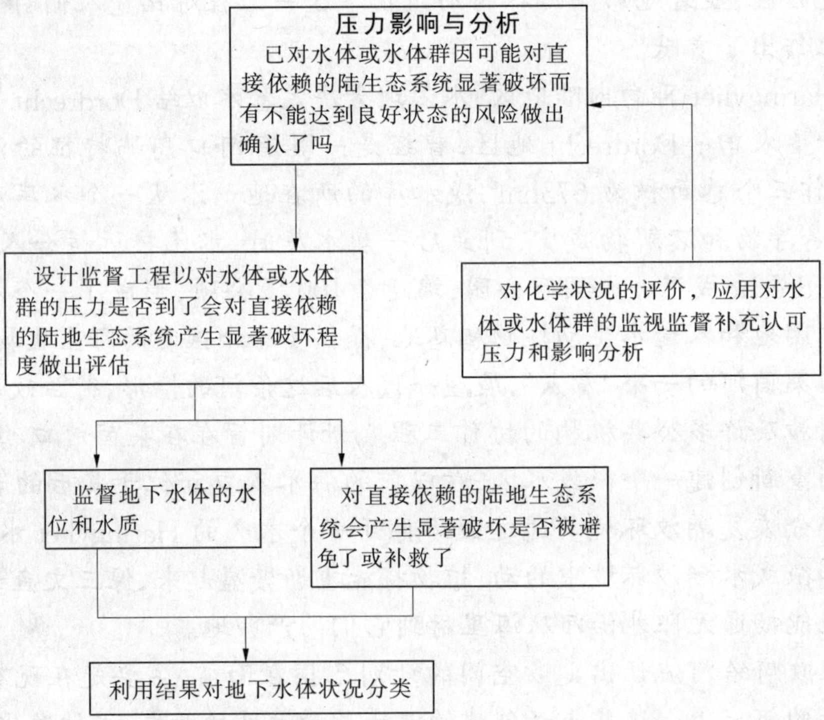

图 8　设计监督工程、评价和地下水与直接依赖的陆地生态系统相互作用有关的状况评价总原则

因对这些生态环境对水的需求的影响,有些地方地下水体存在实现不了它的目标的风险,在这些地方,强烈建议对个体湿地对水的具体要求进行研究,比如,扰乱了地表水对湿地的供给农业排灌可能显著地临近地下水的补给，阻止了地下水体实现其环境目标。这一任务依赖于未被满足的水需求的潜在风险。

关于对地下水、污染趋势和监督成果汇总鉴定的统计导则中，以下几方面被作为解释地下水水质数据以及作为对地下水水体或水体群描述的必不可少的因素罗列出来(如 WFD 所要求的，附录 2)，这些指标与有关湿地的功能可能揭示出对湿地的影响。

(1)到达地下水的深度；

(2)年地下水位起伏；

(3)水渗透率；

(4)补给情况。

9 结论

湿地在环境目标中发挥作用，并帮助完成工程措施和调节区域及当地条件。

这一指导文件介绍了一些建议，建议阐明了湿地在河流流域管理过程中的作用。实例研究对情况作了图解式说明，成员国可以根据情况、利用管理措施以确保最有利于环境和资金使用效率最高的方法。

一些问题可以从进一步的发展中受益，一些论题应在未来的活动中再做回顾(PRB 试验)。以下几方面应予以考虑：

(1)当准备措施工程本身时，更详细地明确如何在措施工程中包含湿地；

(2)认识到欧盟湿地的多样性，因此理解湿地恢复对 RBM 贡献不同的方式；

(3)为评估作为流域管理计划的一部分的湿地恢复取得的进展设立指标；

(4)确定指标和监督方法以建立湿地健康地下水水质和水量状况之间关系；

(5)在保护区内确定湿地；

(6)阐明湿地对环境方面的成本回收的贡献；

(7)研究有关按照 WFD 和 Ramsar 公约对湿地管理监督和报告的联系。

最后，认识到在 Pilot 河流域内实习地所得的湿地指导文件测试成果会对湿地在流域规划中的作用提供宝贵的实践指导是很重要。